# 中文版 **Flash CS6**
# 动画制作

# 慕课版

◎ **老虎工作室** 宋一兵 马震 编著

人民邮电出版社

北 京

**图书在版编目（CIP）数据**

中文版Flash CS6动画制作：慕课版／老虎工作室，
宋一兵，马震编著. -- 北京：人民邮电出版社，2018.1
ISBN 978-7-115-45684-7

Ⅰ. ①中… Ⅱ. ①老… ②宋… ③马… Ⅲ. ①动画制
作软件 Ⅳ. ①TP391.414

中国版本图书馆CIP数据核字(2017)第103402号

## 内 容 提 要

Flash是目前广受欢迎的矢量动画制作软件，它使用简单，功能强大，在网页制作、多媒体、影视广告等领域都有着广泛的应用。

本书系统地介绍了Flash CS6的功能和用法，以实例为引导，循序渐进地讲解了如何在Flash CS6中创建基本动画元素、引入素材、建立和使用元件，如何制作补间动画、特殊动画、图层动画等，说明了绘图工具、3D工具、骨骼工具的基本用法，分析了ActionScript 3.0的基本概念和语法规则，通过实例说明了如何设计脚本动画和交互式动画，最后还详细介绍了组件、音视频等在动画中的具体应用。每章后面都配有针对性的习题，可以加深读者对学习内容的理解和掌握。

本书借鉴慕课的教学方法，对内容进行了小片段划分，图文并茂，活泼生动，适合作为Flash CS6动画制作的基础培训教程。

◆ 编　　著　老虎工作室　宋一兵　马　震
　　责任编辑　税梦玲
　　责任印制　陈　犇

◆ 人民邮电出版社出版发行　　北京市丰台区成寿寺路11号
　　邮编　100164　　电子邮件　315@ptpress.com.cn
　　网址　http://www.ptpress.com.cn
　　固安县铭成印刷有限公司印刷

◆ 开本：787×1092　1/16
　　印张：22.25　　　　　　　　2018年1月第1版
　　字数：632千字　　　　　　2025年1月河北第9次印刷

定价：59.80元

读者服务热线：(010)81055256　印装质量热线：(010)81055316
反盗版热线：(010)81055315
广告经营许可证：京东市监广登字20170147号

Flash 是 Adobe 公司出品的交互式动画制作软件，由于其简单实用、功能强大，在全世界受到了广泛的欢迎。利用 Flash 制作的矢量动画，文件数据量非常小，可以任意缩放，并可以以"流"的形式在网上传输，这对于动画作品的网络应用是十分有利的。

本书以介绍 Flash CS6 的基本操作、基础知识为主，主要面向 Flash CS6 的初学者以及在 Flash 应用方面有一定基础并渴望提高的人士，包括学习和创作网页动画、多媒体动画的初级创作人员。同时，本书也是一本内容全面、操作性强、实例典型的入门教材，特别适合作为各类讲授"Flash 动画制作"课程培训班的基础教程。

## 一、本书使用方法

本书可单独使用，也可与人邮学院中对应的慕课课程配合使用，为了读者更好地完成对 Flash 的学习，建议结合人邮学院的慕课课程进行学习。

人邮学院（见图 1）是人民邮电出版社自主开发的在线教育慕课平台，它拥有优质、海量的课程，具有完备的在线"学习、笔记、讨论、测验"功能，提供完善的一站式学习服务，用户可以根据自身的程度，自主安排学习进度。

图 1　人邮学院首页

现将本书与人邮学院的配套使用方法介绍如下。

1. 读者购买本书后，刮开粘贴在图书封底的刮刮卡，获取激活码（见图 2）。

2. 登录人邮学院网站（www.rymooc.com），或扫描封面上的二维码，使用手机号码完成网站注册（见图 3）。

图 2　激活码

图 3　注册

3. 注册完成后，返回网站首页，单击页面右上角的"学习卡"选项（见图 4）进入"学习卡"页面（见图 5），输入激活码，即可获得慕课课程的学习权限。

# Preface

图4 单击"学习卡"选项

图5 在"学习卡"页面输入激活码

4. 获取权限后，读者可随时随地使用计算机、平板电脑及手机进行学习，还能根据自身情况自主安排学习进度（见图6）。

5. 读者在学习中遇到困难，可在讨论区提问，导师会及时答疑解惑，其他读者也可帮忙解答，互相交流学习心得（见图7）。

6. 本书有配套的PPT、源文件等资源，读者可在"Flash 动画制作"页面底部找到相应的下载链接（见图8），也可在人邮教育社区（www.ryjiaoyu.com）下载。

图6 课时列表

图7 讨论区

图8 配套资源

人邮学院平台的使用问题，可咨询在线客服，或致电 010-81055236。

## 二、内容和特点

本书面向初级用户，主要内容包括 Flash 概述，绘画工具，编辑修改工具，文本、辅助工具和色彩，导入资源和元件应用，补间动画，特殊动画，图层动画，3D 工具和骨骼工具，脚本动画设计入门，交互式动画，组件与代码片断，音视频在作品中的应用，脚本动画趣味案例，综合实例。通过这些知识，读者能够对 Flash CS6 有一个完整、清晰的初步认识，基本掌握常用动画作品的设计方法。

为了使读者能够迅速掌握 Flash CS6，书中的每个知识点都通过实例来解析，通过详细的操作步骤引导读者进行练习，进而熟悉软件中各个绘图和编辑工具的使用方法，掌握各种类型动画的设计方法，并理解动作脚本在复杂动画和交互式动画设计中的重要作用。另外，本书每章都配有针对性的习题，可以帮助读者理解和掌握所学技能。

编 者

2017 年 11 月

# 目录 / Contents

# Contents

# Contents

# Contents

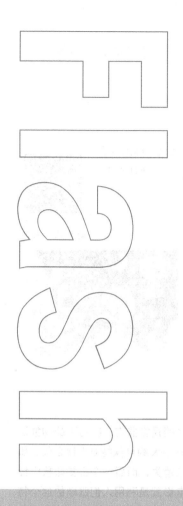

# Chapter

# 1

## 第1章
## Flash概述

Flash动画是一种矢量动画格式，具有文件数据量小、图像质量高、能够交互操作、可使用流媒体播放等诸多优点，在网站、电视、音乐、电影、广告、多媒体教学及网络贺卡等领域得到了广泛应用。Flash软件简单易用，且能够快速入门，能够快速制作出一些优美的动画作品，是动画设计师必备的基本工具。

### 学习目标

- 掌握动画及图形图像的基本知识。

- 认识Flash CS6的操作界面。

- 了解Flash动画的基本操作。

- 掌握动画作品测试的方法。

- 掌握Flash作品导出与发布的方法。

# 1.1 动画设计基础

虽然许多人是看着动画片长大的，如大家耳熟能详的《孙悟空大闹天宫》《熊出没》《喜羊羊与灰太狼》等，都是优秀的二维动画作品，如图 1-1 所示。但是对于"什么是动画"这一问题，能够回答正确的人不多。动画究竟是什么呢？

动画基本原理

图 1-1 动画片

## 1.1.1 动画的基本概念

19 世纪 20 年代，英国科学家发现了人眼的"视觉暂留"现象。人体的视觉器官，在看到的物象消失后，仍可暂时保留视觉的印象。经科学家研究证实，视觉印象在人的眼中大约可保持 0.1 秒之久。如果两个视觉印象之间的时间间隔不超过 0.1 秒，那么前一个视觉印象尚未消失，而后一个视觉印象已经产生，并与前一个视觉印象融合在一起，就形成视觉残（暂）留现象。电影就是利用人们眼睛的这个特点，将画面内容以一定的速度连续播放，从而造成景物活动的感觉。

一般我们看到的电影，主要包括两种类型：一种是用摄像机拍摄的真实景物，称为视频影片；另一种是依靠人工或计算机绘制的虚拟景物，称为动画影片。虽然两者表现的内容、对象有所区别，但它们的基本原理是一致的。

因此可以说，动画是一门在某种介质上记录一系列单个画面，并通过一定的速率回放所记录的画面而产生运动视觉的技术。动画中包含了大量的多媒体信息，融合了图、文、声、像等多种媒体形式。

在传统动画制作过程中，往往每幅画都要人工绘制，工作量大、技术要求高、效率低。而计算机动画软件的使用，大大改变了这一切，它方便快捷，简化了工作程序，提高了工作效率，并且还能够实现过去无法实现的效果，强化了视觉冲击力。通过对 Flash 的学习，读者会深刻感受到这一点。

在计算机动画制作中，构成动画的一系列画面叫作帧。因此，帧也就是动画在最小时间单位里出现的画面。Flash 动画是以时间轴为基础的帧动画，每一个 Flash 动画作品都以时间为顺序，由先后排列的一系列帧组成。每一秒中包含多少帧数，叫作帧频或者帧率。通过帧频，还可以计算动画的时间长度。比如 Flash CS6 的默认帧频是 24 帧 / 秒（fps），这意味着动画的每一秒要显示 24 帧画面，如果动画共有 48 帧，整个动画就有 2 秒。如果帧频是 12 帧 / 秒，那么 48 帧动画就会持续 4 秒。一般来讲，电影采用每秒 24 幅画面的速度拍摄和播放，电视采用每秒 25 幅（PAL 制）或 30 幅（NSTC 制）画面的速度拍摄和播放。如果以每秒低于 24 幅画面的速度拍摄和播放，就会出现停顿现象。网络动画发展的早期，由于网络传输速度的限制，特别是拨号上网速度的限制，网络动画的帧频一般都设置得比较低，因此会经常看到画面的停顿现象。

制作动画的重点在于研究物体怎样运动，其意义远大于单帧画面的绘制。所以相对每一帧画面，制作者更应该关心前后两帧画面之间的变化，以及由此产生的运动效果。这也是动画和漫画的重要差别。

### 1.1.2　图形图像基本知识

#### 1. 图形与图像

计算机屏幕上显示出来的画面与文字通常有两种描述方法：一种称为矢量图形或几何图形，简称图形（Graphics）；另一种称为点阵图像或位图图像，简称图像（Image）。

矢量图形是用一个指令集合来描述的。这些指令描述构成一幅图形的所有图元（直线、圆形、矩形、曲线等）的属性（位置、大小、形状、颜色）。显示时，需要相应的软件读取这些指令，并将其转变为计算机屏幕上所能够显示的形状和颜色。矢量图形的优点是可以方便地实现图形的移动、缩放和旋转等变换。绝大多数 CAD 软件和动画软件都是使用矢量图形作为基本图形存储格式的。

图形、图像与
色彩

位图图像是由描述图像中各个像素点的亮度与颜色的数值集合组成的。它适合表现比较细致、层次和色彩比较丰富、包含大量细节的图像。因为位图必须指明屏幕上显示的每个像素点的信息，所以所需的存储空间较大。显示一幅图像所需的 CPU 计算量要远小于显示一幅图形的 CPU 计算量，这是因为显示图像一般只需把图像写入到显示缓冲区中，而显示一幅图形则需要 CPU 计算组成每个图元（如点、线等）的像素点的位置与颜色，这需要较强的 CPU 计算能力。

#### 2. 亮度、色调和饱和度

只要是色彩都可用亮度、色调和饱和度来描述，人眼中看到的任一色彩都是这 3 个特征的综合效果。那么亮度、色调和饱和度分别指的是什么呢？

- 亮度：是光作用于人眼时所引起的明亮程度的感觉，它与被观察物体的发光强度有关。
- 色调：是当人眼看到一种或多种波长的光时所产生的彩色感觉，它反映颜色的种类，是决定颜色的基本特性，如红色、棕色就是指色调。
- 饱和度：指的是颜色的纯度，即掺入白光的程度，或者说是指颜色的深浅程度，对于同一色调的彩色光，饱和度越高，颜色越鲜明或说越纯。

通常把色调和饱和度统称为色度。一般说来，亮度是用来表示某彩色光的明亮程度，而色度则表示颜色的类别与深浅程度。除此之外，自然界常见的各种颜色光，都可由红（R）、绿（G）、蓝（B）3 种颜色光按不同比例相配而成，同样绝大多数颜色光也可以分解成红、绿、蓝 3 种色光，这就形成了色度学中最基本的原理——三原色原理（RGB）。

#### 3. 分辨率

分辨率是影响位图质量的重要因素，分为屏幕分辨率、图像分辨率、物理分辨率和像素分辨率。在处理位图图像时要理解这 4 者之间的区别。

分辨率与图像
格式

- 屏幕分辨率：指在某一种显示方式下，以水平像素点数和垂直像素点数来表示计算机屏幕上最大的显示区域。例如，VGA 方式的屏幕分辨率为 640 像素 ×480 像素，SVGA 方式为 1 024 像素 ×768 像素，现在的大屏幕显示器的屏幕分辨率往往为 1680 像素 ×1050 像素。
- 图像分辨率：指数字化图像的大小，以水平和垂直的像素点表示。当图像分辨率大于屏幕分辨率时，屏幕上只能显示图像的一部分。
- 物理分辨率：指显示屏显示的图像原始分辨率，也叫标准分辨率或真实分辨率。物理分辨率在 LED 液晶板上通过网格来划分液晶体，一个液晶体为一个像素点，像素点之间的距离称为点距。同样的屏幕尺寸，点距越小，可显示的像素点就越多，其物理分辨率就越高。通常用物理分辨率来评价显示屏的性能。
- 像素分辨率：指一个像素的宽和长的比例（也称为像素的长宽比）。在像素分辨率不同的计算机上显示同一幅图像，会得到不同的显示效果。

### 4. 图像色彩深度

图像色彩深度是指图像中可能出现的不同颜色的最大数目，它取决于组成该图像的所有像素的位数之和，即位图中每个像素所占的位数。例如，图像色彩深度为 24，则位图中每个像素有 24 个颜色值，可以包含 16 772 216 种不同的颜色，称为真彩色。

生成一幅图像的位图时要对图像中的色调进行采样，调色板随之产生。调色板是包含不同颜色的颜色表，其颜色数依图像色彩深度而定。

### 5. 图像文件的大小

图像文件的大小是指在磁盘上存储整幅图像所占的字节数，可按下面的公式进行计算。

文件字节数＝图像分辨率（高×宽）×图像深度÷8

例如，一幅 1 024 像素 ×768 像素大小的真彩色图片所需的存储空间为：

1 024×768×24÷8 = 2 359 296Byte = 2 304KB

显然，图像文件所需的存储空间很大，因此存储图像时必须采用相应的压缩技术。

### 6. 图像类型

数字图像最常见的有 3 种：图形、静态图像和动态图像。

- 图形：一般是指利用绘图软件绘制的简单几何图案的组合，如直线、椭圆、矩形、曲线或折线等。
- 静态图像：一般是指利用图像输入设备得到的真实场景的反映，如照片、印刷图像等。
- 动态图像：是由一系列静止画面按一定的顺序排列而成的，这些静止画面被称为动态图像的"帧"。每一帧与其相邻帧的内容略有不同，当帧画面以一定的速度连续播放时，由于视觉的暂留现象而造成了连续的动态效果。动态图像一般包括视频和动画两种类型：对现实场景的记录被称为视频，利用动画软件制作的二维或三维动态画面被称为动画。为了使画面流畅而没有跳跃感，视频的播放速度一般应达到每秒 24 ～ 30 帧，动画的播放速度要达到每秒 20 帧以上。

### 7. 常见图像格式

（1）静态图像存储格式主要有以下几种。

- 位图文件。
  Adobe Photoshop（.PSD）、OS/2 位图（.BMP）、Windows 位图（.bmp）、CALS 光栅（.CAL）、光标（.CUR、.DLL、.EXE）、FlashPix、图形交换格式（.GIF）、图标（.ICO、.DLL、.EXE）、MACintosh 绘画（.MAC）、kodak Photo CD（.PCD）、PICT 格式、画笔（.pcx）、TarGA（.TGA）、标签图像文件格式（.TIF）。
- 图示文件。
  Harvard 图形 2.0（.FLW）、Lotus Freelance（.FLW）、PDF。
- 矢量文件。
  Adobe Illustrator（.AI）、AutoCAD（.DXF）、HGL、IBM PIF（.PIF）、MAC QuickDraw（.PCT）、MicroGrafx Draw（.DRW）。
- 元文件。
  计算机图形元文件夹（.CGM）、NAPLAS 图形元文件（.NAP）、OS/2 PM 元文件（.MET）、Windows 元文件（.WMF）、Wordperfect 图形（.WPG）。

（2）常用的视频文件格式主要有以下几种。

- 微软视频：wmv、asf、asx。
- Real Player：rm、rmvb。

- MPEG 视频：mpg、mpeg、mpe。
- 手机视频：3gp。
- Apple 视频：mov。
- Sony 视频：mp4、m4v。
- 其他常见视频：avi、dat、mkv、flv、vob。

# 1.2 认识 Flash

1996 年 8 月，乔纳森·盖伊和他的 6 人小组研制开发图像软件 Future Splash Animator，这是世界上第一款商用的二维矢量动画软件，能够在较小的网络带宽下实现较好的动画和互动效果。1996 年 11 月，Macromedia 公司收购了 Future Splash Animator，并将该软件更名为 Macromedia Flash 1.0。2005 年，Adobe 公司收购 Macromedia 公司后，Flash 也从一款专业的动画创作工具发展成为一种功能强大的网络多媒体创作工具，能够设计包含交互式动画、视频、网站和复杂演示文稿在内的各种网络作品。2012 年 4 月，Adobe 推出了 Flash CS6 版本。这个版本能够在各种类型的操作系统上运行，得到了广泛的使用，所以本书以 Flash CS6 为例讲解其基本功能。

## 1.2.1 Flash CS6 界面

运行 Flash CS6，会出现一个酷炫的启动界面，如图 1-2 所示。

认识 Flash CS6

图 1-2　Flash CS6 启动界面

稍后，会自动出现 Flash CS6 的初始用户界面。这是一个创建文件、辅助学习的选择面板，如图 1-3 所示。

图 1-3　Flash CS6 的初始用户界面

一般情况下，当用户需要创建一个新的 Flash 动画时，可以选择【 ActionScript 3.0 】选项，就直接进入 Flash CS6 的操作界面，如图 1-4 所示。界面采用了一系列浮动的可组合面板，用户可以按照自己的需要来调整其状态，使其使用更加简便。

图 1-4　Flash CS6 操作界面

Flash CS6 的操作界面主要包括系统菜单栏、场景与舞台、时间轴、工具、属性面板、库以及对齐、变形等功能面板，下面对各部分的功能进行简要介绍，让读者对它们有一个整体的感性认识。其具体应用方法将在后面的章节中结合实例详细介绍。

### 1. 系统菜单栏

系统菜单栏中主要包括【文件】、【编辑】、【视图】、【插入】、【修改】、【文本】、【命令】、【控制】、【调试】、【窗口】和【帮助】等菜单，每个菜单又都包含了若干菜单项，它们提供了包括文件操作、编辑、视窗选择、动画帧添加、动画调整、字体设置、动画调试和打开浮动面板等一系列命令。

### 2. 场景和舞台

在当前编辑的动画窗口中，我们把动画内容编辑的整个区域叫作场景。在电影或话剧中，经常要更换场景。通常，在 Flash 动画中，为了设计的需要，也可以更换不同的场景，每个场景都有不同的名称。可以在整个场景内进行图形的绘制和编辑工作，但是最终动画仅显示场景中白色（也可能会是其他颜色，这是由动画属性设置的）区域内的内容，把这个区域称为舞台。而舞台之外灰色区域的内容是不显示的，把这个区域称为后台区，如图 1-5 所示。

图 1-5　场景与舞台

舞台是绘制和编辑动画内容的矩形区域，动画内容包括矢量图形、文本框、按钮、导入的位图图像或视频等。动画在播放时仅显示舞台上的内容，对于舞台之外的内容是不显示的。

在设计动画时往往要利用后台区做一些辅助性的工作，但主要的内容都要在舞台中实现。这就如同演出一样，在舞台之外（后台）可能要做许多准备工作，但真正呈现给观众的就只是舞台上的表演。

### 3．时间轴

时间轴用于组织和控制文档内容在一定时间内播放的层数和帧数，就像剧本决定了各个场景的切换以及演员的出场、表演的时间顺序一样。

【时间轴】面板有时又被称为【时间轴】窗口，其主要组件是层、帧和播放头，还包括一些信息指示器，如图 1-6 所示。【时间轴】窗口可以伸缩，一般位于动画文档窗口内，可以通过鼠标拖动使它独立出来。按其功能来看，【时间轴】窗口可以分为左右两个部分：层控制区和帧控制区。时间轴显示文档中哪些地方有动画，包括逐帧动画、补间动画和运动路径，可以在时间轴中插入、删除、选择和移动帧，也可以将帧拖到同一层中的不同位置，或是拖到不同的层中。

图 1-6　【时间轴】窗口

帧是进行动画创作的基本时间单元，关键帧是对内容进行了编辑的帧，或包含修改文档的"帧动作"的帧。Flash 可以在关键帧之间补间或填充帧，从而生成流畅的动画。

层就像透明的投影片一样，一层层地向上叠加。用户可以利用层组织文档中的插图，也可以在层上绘制和编辑对象，而不会影响其他层上的对象。如果一个层上没有内容，那么就可以透过它看到下面的层。当创建了一个新的 Flash 文档之后，它就包含一个层。用户可以添加更多的层，以便在文档中组织插图、动画和其他元素。可以创建的层数只受计算机内存的限制，而且层不会增加发布后的 SWF 文件的大小。

### 4．浮动功能面板

Flash CS6 中有许多功能面板，这些面板都可以通过【窗口】菜单中的子菜单来打开和关闭。面板可以根据用户的需要进行拖动和组合，一般拖动到另一个面板的临近位置，它们就会自动停靠在一起；若拖动到靠近右侧边界，面板就会折叠为相应的图标。

下面介绍几个常用的功能面板。

浮动面板与
工作区布局

（1）【工具】面板。

Flash 利用面板的方式对常用工具进行组织。【工具】面板提供了各种工具，可以绘图、上色、选择和修改插图，并可以更改舞台的视图，如图 1-7 所示。面板分为如下几个部分。

- 【选择调整】区域：包含选择、变形、旋转、套索等工具。
- 【绘画编辑】区域：包含钢笔、文本、线条形状等基本绘图工具，以及骨骼、颜料、滴灌、擦除等编辑工具。
- 【移动缩放】区域：包含在应用程序窗口内进行缩放和移动的工具。
- 【颜色填充】区域：包含用于笔触颜色和填充颜色的工具。
- 【工具选项】区域：显示当前所选工具的功能和属性。

（2）【属性】面板。

【属性】面板也称为【属性】检查器。使用【属性】面板可以很方便地查看舞台或时间轴上当前选定的文档、文本、元件、位图、帧或工具等的信息和设置。当选定了两个或多个不同类型的对象时，它会显示选定对象的总数。【属性】面板会根据用户选择对象的不同而变化，以反映当前对象的各种属性。

（3）【库】面板。

【库】面板用于存储和组织在 Flash 中创建的各种元件以及导入的文件，包括位图图像、声音文件和视频剪辑等。【库】面板可以组织文件夹中的库项目，查看项目在文档中使用的频率，并按类型对项目排序。

此外，还有动作、历史记录、对齐、信息、变形、颜色、样本等各种辅助面板，其功能都比较明确，这里就不一一介绍。后面在具体的动画设计中会用到。

### 5. 工作区布局

工作区是指整个用户界面，包括界面的大小、各个面板的位置形式等。用户可以自定义工作区：首先按照自己的使用需要和个人爱好对界面进行调整，然后选择菜单命令【窗口】/【工作区】/【新建工作区】，就可以将当前的工作区风格保存下来。

Flash 系统提供了几种典型的工作区布局。从系统菜单栏中选择【窗口】项，在其下拉菜单中展开【工作区】子菜单，可以看到其中列出的几种布局形式，如图 1-8 所示。选择不同的类型，Flash 用户界面上各个功能面板的位置就会发生变化。作为初学者，一般可以选择【动画】类型的工作区布局。

图 1-7 【工具】面板和功能面板　　　　　　　　　图 1-8 工作区布局

## 1.2.2 动画的测试

最简单的动画测试方法是直接使用编辑环境下的播放控制器。选择菜单命令【窗口】/【工具栏】/【控制器】，会出现【控制器】面板，如图 1-9 所示。利用其中的按钮可以实现动画的播放、暂停、逐帧前进或倒退等操作。当然，也可以直接拖动时间轴窗口中的播放头来查看各帧的内容。

图 1-9 独立的控制器

作品的测试与
发布

对于简单的动画来说，如补间动画、逐帧动画等，都可以利用播放控制器进行测试。当作品中含有影片剪辑元件实例、多个场景或动作脚本时，直接使用编辑界面内的播放控制按钮就不能完全正常地显示动画效果了，这时就需要利用【测试影片】命令对动画进行专门的测试。

（1）选择菜单命令【文件】/【打开】，弹出【打开】对话框，选择需要打开的文件夹，如图 1-10 所示，其中罗列了当前文件夹下的文件。

（2）选择"蜗牛火箭.fla"文件，然后单击 打开⑩ 按钮，则该文件被调入 Flash CS6 中并打开，能够对其进行编辑。

（3）选择菜单命令【控制】/【测试影片】/【测试】，进入动画测试环境，如图 1-11 所示。其中【视图】菜单主要提供了用于设置带宽和显示数据传输情况的命令。

图 1-10 【打开】对话框

图 1-11 动画测试环境及【视图】菜单

【视图】菜单中比较重要的几个命令说明如下。

- 【缩放比率】: 按照百分比或完全显示的方式显示舞台中的内容。
- 【带宽设置】: 显示带宽特性窗口, 用以表现数据流的情况。
- 【数据流图表】: 以条形图的形式模拟下载方式, 显示每一帧的数据量大小。
- 【帧数图表】: 以条形图的形式显示每一帧数据量的大小。
- 【模拟下载】: 模拟在设定传输条件下, 以数据流方式下载动画时的播放情况。其中播放进度标尺上的绿色进度块表示下载情况, 当它始终领先于播放指针的前进速度时, 说明动画在下载时播放不会出现停顿。
- 【下载设置】: 设置模拟的下载条件, Flash CS6 按照典型的网络环境预先设定了几种常用的传输速率。用户也可以根据自己的实际需要设置网络测试环境, 对网络传输速率进行自定义, 如图 1-12 所示。

图 1-12 下载速率设置

在模拟下载速度的时候, Flash CS6 使用典型 Internet 的性能估计, 而不是精确的调制解调器速度。例如, 如果选择模拟 56Kbit/s 的调制解调器速度, 则 Flash 将实际的速率设置为 4.7KB/s 来反映典型的 Internet 性能。这种做法有助于以各种准备支持的速度以及在准备支持的各种计算机上测试影片。

- 【品质】: 选择显示动画画面的精度, 如果采用【低】方式, 则画面图像比较粗糙, 但显示速度较快。如果采用【高】方式, 画面图像就会比较光滑精细, 但速度会有所降低。
- 【显示重绘区域】: 显示动画中间帧的绘图区域, 如图 1-13 所示。

图 1-13 显示重绘区域

### 1.2.3 作品的导出

利用 Flash CS6 的导出命令, 可以将作品导出为影片或图像。例如, 可以将整个影片导出为 Flash 影片、一系列位图图像、单一的帧或图像文件以及不同格式的活动、静止图像等, 包括 GIF、JPEG、

PNG、BMP、PICT、QuickTime 或 AVI 等格式。

下面利用"蜗牛火箭.fla"文件举例说明如何导出动画作品。

（1）打开素材文件"素材文件\01\蜗牛火箭.fla"。

（2）选择菜单命令【文件】/【导出】/【导出影片】，弹出【导出影片】对话框，如图 1-14 所示，要求用户选择导出文件的名称、类型及保存位置。

图 1-14 【导出影片】对话框

（3）首先选择一种保存类型，如"swf 影片（*.swf）"，再输入一个文件名。单击 保存(S) 按钮，弹出一个导出进度条，很快作品就被导出为一个独立的 Flash 动画文件了。

（4）关闭 Flash CS6 软件。找到刚才导出的文件，双击该文件，即可播放这个动画。这说明动画文件已经可以脱离 Flash CS6 编辑环境而独立运行了。

Flash CS6 能够将作品导出为多种不同的格式，其中【导出图像】命令将导出一个只包含当前帧内容的单个或序列图像文件，如图 1-15（a）所示；而【导出影片】命令将作品导出为完整的动画或图像序列，如图 1-15（b）所示。

（a）

（b）

图 1-15 将作品导出为多种不同的格式

要点提示

Flash CS6 默认的 SWF 播放器为 Flash Player 11，如图 1-16 所示。若您的 SWF 文件无法使用其播放，请手工将 SWF 文件关联到该播放器。Flash Player 11 文件一般位于软件安装目录下的【Players】文件夹中。

图 1-16 Flash Player 11

### 1.2.4　作品的发布

【发布】命令可以创建 SWF 文件，并将其插入浏览器窗口中的 HTML 文档，也可以以其他文件格式（如 GIF、JPEG、PNG 和 QuickTime 格式）发布 FLA 文件。

选择菜单命令【文件】/【发布设置】，弹出【发布设置】对话框，如图 1-17 所示，在其中选择发布文件的名称及类型。

图 1-17　【发布设置】对话框

在左侧的【发布】类型栏中，可以根据需要选择其中的一种或几种格式。

输出文件的默认目录是当前文件所在的目录，也可以选择其他的目录。单击 📄 按钮，即可选择不同的目录和名称，当然也可以直接在文本框中输入目录和名称。

设置完毕后，如果单击 确定 按钮，则保存设置，关闭【发布设置】对话框，但并不发布文件。只有单击 发布 按钮，Flash CS6 才按照设定的文件类型发布作品。

Flash CS6 能够发布 8 种格式的文件。当选择某个发布类型后，相应类型文件的参数就会在窗口的右侧显示出来，如图 1-18 所示。

SWF 格式文件的参数　　　　　　　HTML 格式文件的参数

图 1-18　文件的参数

**要点提示**

选择【Win 放映文件】和【Mac 放映文件】复选项不会出现文件参数，生成的文件能够直接在 Windows 中播放而不需要 Flash 播放器。

# 1.3 课堂案例

下面通过入门动画作品来说明 Flash CS6 基本的文件操作，以使大家对 Flash CS6
软件有一个感性的认识。

跳动的小球

## 1.3.1 跳动的小球

下面来制作一个简单的 Flash 动画，动画的效果是一个小球从画面的左侧跳动到右
侧，最后又回到原始位置。动画效果如图 1-19 所示。

图 1-19　跳动的小球

**步骤提示**

**STEP 1** 选择菜单命令【文件】/【新建】，弹出【新建文档】对话框。

**STEP 2** 选择"ActionScript 3.0"，单击 确定 按钮，进入文档编辑界面，也就是前面介绍
的 Flash CS6 操作界面。

**要点提示**

在 Flash CS6 软件启动时，也会自动创建一个新的 Flash 文档，其默认的文件名为"未命名-1"。此后
创建新文档时，系统将会自动顺序定义默认文件名为"未命名-2"和"未命名-3"等。

**STEP 3** 在【工具】面板中选择 工具，并设置其绘制选项，如图 1-20 所示。从【颜色】
面板中可以看出，这是一个放射状的红黑渐变色彩。

图 1-20　选择椭圆形工具

**STEP 4** 将鼠标光标移动到舞台上，此时光标变为"＋"状态；按下鼠标左键，然后拖动鼠
标光标，在舞台左侧位置绘制出一个圆形。

**STEP 5** 从【工具】面板中选择 工具，然后在圆形左上位置单击鼠标左键，则圆形被填充
以高光的模样，具有圆球的形态了，如图 1-21 所示。

**STEP 6** 选择【工具】面板左上角的 工具，在舞台上拖出一个选择框，将圆形全部选中（包
括边框和中间的填充颜色），如图 1-22 所示。

图 1-21 绘制彩色圆形

图 1-22 将圆形全部选中

 **要点提示**

Flash 将图形（包括圆形等）分割为边框和填充颜色，这样能够方便线条、色彩的编辑处理。如果只在圆形中单击一下鼠标左键，一般只能选中圆形的填充颜色。

**STEP 7** 在【动画预设】面板中展开【默认预设】文件夹，选择其中的【波形】效果，如图 1-23 所示。这时，面板中的预览窗口能够显示这种预设动画的效果。

**STEP 8** 单击 应用 按钮，会弹出一个提示对话框，如图 1-24 所示，说明要将图形转换为元件并创建一个补间动画。

图 1-23 【动画预设】面板

图 1-24 提示信息

**STEP 9** 单击 确定 按钮，则当前选中的动画效果被加载到舞台对象上，如图 1-25 所示。其中绿色的小点就是小球在每一帧的位置，它们连续起来就是一个波动的轨迹。

图 1-25 动画效果被加载到舞台对象上

**STEP 10** 选择菜单命令【控制】/【测试影片】/【测试】，将会出现动画测试窗口，在其中可见小球会不停地从窗口左侧跳动到右侧，然后又跳回到左侧。

**STEP 11** 保存文档为"跳动的小球 .fla"。

### 1.3.2 发布动画作品

下面继续使用前面制作的"跳动的小球"来说明如何发布一个文档。

**步骤提示**

STEP ⬇1 选择菜单命令【文件】/【发布】，弹出【正在发布】的进度条。很快，完成文件发布。

STEP ⬇2 打开"跳动的小球 .fla"所在的文件夹，可以看到发布的动画和网页文件。

STEP ⬇3 双击"跳动的小球 .html"文件，就可以利用浏览器观看已发布的包含 Flash 动画的网页了，如图 1-26 所示。

图 1-26 利用浏览器观看包含 Flash 动画的网页

# 1.4 课堂练习

下面根据前面所学内容练习制作一个简单的动画，以便对 Flash 有一个初步的认识。

## 1.4.1 旋转的圆盘

利用系统提供的预设动画，设计一个旋转的圆盘，动画效果如图 1-27 所示。

图 1-27 旋转的圆盘

图 1-28 说明了动画的操作要点。

图 1-28 操作思路分析

## 步骤提示

- 选择椭圆形工具，然后设置其填充颜色为水平排列的色带。
- 在舞台上绘制圆形。
- 对圆形运用预设动画效果"3D 螺旋"。

### 1.4.2 发布作品为 EXE 文件

将上面设计的动画，发布成一个 EXE 格式的可执行文件，图 1-29 说明了操作要点。

图 1-29 操作思路分析

 **要点提示**

在 Adobe 公司的官方网站和联机帮助系统中，对于 Flash 作品大都使用"影片"这个名称。考虑到 Flash 作品的特点与传统意义上的"动画"具有同样的概念，因此，本书倾向于使用"Flash 动画"这样的名称，而且在使用时对这两者不加区别。

# 1.5 课后习题

### 1. 填空题

（1）19 世纪 20 年代，英国科学家发现了人眼的_____现象。

（2）电影主要包括_____和_____两种类型。

（3）在计算机动画制作中，构成动画的一系列画面叫作_____。

（4）在电视制式中，采用每秒 25 幅画面的称为_____制，采用每秒 30 幅画面称为_____制。

（5）每一秒中包含多少帧数，叫作_____。

（6）_____是由描述图像中各个像素点的亮度与颜色的数值集合组成的。

（7）一般说来，_____是用来表示某彩色光的明亮程度，而_____则表示颜色的类别与深浅程度。

（8）色度学中最基本的原理是_____。

（9）分辨率是影响位图质量的重要因素，分为_____、_____、_____和_____几种描述方式。

（10）矢量图形是用一个_____来描述的。

### 2. 选择题

（1）一般来讲，电影采用每秒_____幅画面的速度拍摄和播放。

　　A. 6　　　　　　　B. 12　　　　　　　C. 24　　　　　　　D. 30

（2）通常把色调和饱和度统称为_____。

    A. 色调           B. 色度           C. 亮度           D. 照度

（3）通常用_____来评价显示屏的性能。

    A. 屏幕分辨率     B. 图像分辨率     C. 物理分辨率     D. 像素分辨率

### 3. 操作题

（1）打开素材文件"蜗牛火箭 .fla"，将其另存为"蜗牛的理想 .fla"文件。

（2）对"蜗牛火箭 .fla"文件进行测试、发布，观察各种格式的区别。

（3）绘制一个多边形，用水平色带填充，效果如图 1-30 所示。

（4）设计一个圆球，并应用预设动画"脉搏"效果，如图 1-31 所示。

图 1-30 多边形

图 1-31 "脉搏"圆球

Chapter

2

第2章
绘画工具

　　Flash提供了丰富的工具绘制图形，工具的使用也很简便，便于初学者理解和应用。通过对绘制工具的学习，掌握绘制矢量图形的使用方法是设计者进行动画设计的基础，也是原创Flash必须要掌握的"武器"。Flash动画允许发布矢量图形作品，其优势就是对其缩放不产生失真变形，而且使文件的容量比较小。

**学习目标**

- 利用【工具】面板认识基本绘图工具。
- 体验不同绘图工具的功能特点。
- 掌握使用绘图工具进行动画设计的技巧。

# 2.1 功能讲解

Flash CS6 的【工具】面板中包含有多个绘图及编辑工具。【工具】面板一般可以划分为工具选择区和选项设置区，大家在使用某个工具时需要注意选项设置区相应工具功能选项的变化，通过这个区的属性调整可以全面发挥工具效能。

## 2.1.1 【铅笔】工具

在绘画和设计中，线条作为重要的视觉元素一直发挥着举足轻重的作用。弧线、曲线和不规则线条能传达轻盈、生动的情感；直线、粗线和紧密排列的线条能传达刚毅、果敢的情感。只要在 Flash CS6 中有效利用【工具】面板中的工具，充分发挥线条优势，就可以创作出充满生命力的作品。

应用【铅笔】工具的关键是选择铅笔的模式，不同模式的选择直接影响创建线条的效果。根据作品的整体创作趋向选择对应的铅笔模式，才能创建出理想的作品。在【工具】面板中选择 工具，将鼠标光标移至【工具】面板下方的【选项】区，单击 按钮会弹出【铅笔】工具的 3 个属性设置选项，如图 2-1 所示。

图 2-1　属性设置选项和铅笔工具属性设置

在使用【铅笔】工具时，预先选择任何一种属性，都会对最终的结果产生直接的影响。这 3 种铅笔工具的属性具体区别如下。

- 【伸直】选项：选择该属性后，可以使绘制的矢量线自行趋向于规整的形态，如直线、方形、圆形和三角形等。在使用过程中，大家要有意识地将线条绘制成接近预想效果的形态，只有这样，【铅笔】工具才能使绘制的图形更加接近于预想的效果，如图 2-2 所示。
- 【平滑】选项：选择该属性后，所绘制的线条将趋向于更加流畅平滑的形态。在画卡通图形时，用户可以很好地利用这个选项。如图 2-3 所示，图中的作品就是直接利用【铅笔】工具绘制出来的。
- 【墨水】选项：选择该属性后，用户可以绘出接近手写体效果的线条。如图 2-4 所示的藏书签名就是利用这一属性创建的钢笔书法效果。

图 2-2　选择【伸直】选项　　　　图 2-3　选择【平滑】选项　　　　图 2-4　选择【墨水】选项

### 2.1.2 【线条】工具

【线条】工具的使用相对其他工具来说是比较简单的，但会用并不等同于用好，如果想利用【线条】工具制作出好的作品，就需要简要学习一下平面构成方面的知识，如图 2-5 所示。【线条】工具的使用方法就是在舞台中确认一个起点后按下鼠标左键，然后拖动鼠标光标到结束点松开鼠标左键就可以了。

粗细变化　　交叉排列　　斜线排列

图 2-5　直线的排列组合效果

### 2.1.3 【椭圆】工具

【椭圆】工具分为对象绘制模式和图元绘制模式两种。对象绘制模式是非参数化绘制方式，该模式对应【椭圆】工具 。图元绘制模式是参数化绘制方式，该模式对应【基本椭圆】工具 ，用户可以随时使用【属性】面板中的参数项调整【椭圆】的【开始角度】、【结束角度】和【内径】，如图 2-6 所示，两个工具的基本属性一致。

使用【椭圆】工具从一个角向另一个对角拖动可以绘制光滑精确的椭圆。【椭圆】工具没有特殊的选项，但可以在【属性】面板中设置不同的线条和填充样式。

选择【椭圆】工具 和【基本椭圆】工具 ，在【工具】面板的【颜色】区会出现矢量边线和内部填充色的属性。

图 2-6　【基本椭圆】工具设置区

如果要绘制无外框线的椭圆，可以选择笔画色彩按钮 ，在【颜色选择器】面板中单击 按钮，取消外部矢量线色彩。

如果只想得到椭圆线框的效果，可以选择填充色彩按钮 ，在【颜色选择器】面板中单击 按钮，取消内部色彩填充。

设置好【椭圆】工具的色彩属性后，移动鼠标光标到舞台中，鼠标光标变为 "+" 形状，按住鼠标左键不放，拖动鼠标光标，就可以绘制出所需要的椭圆。

### 2.1.4 【矩形】工具

【矩形】工具分为对象绘制模式和图元绘制模式两种。对象绘制模式是非参数化绘制方式，该模式对应【矩形】工具 。图元绘制模式是参数化绘制方式，该模式对应【基本矩形】工具 ，两种模式的基本属性一致，用户可以随时使用【属性】面板中的【矩形边角半径】参数项。

使用【矩形】工具 和【基本矩形】工具 ，选择不同类型的边线（实线、虚线、点画线等）和填充色（单色、渐变色、半透明色），可以在舞台中绘制不同的矩形。按住 Shift 键可以绘出正方形。

使用【基本矩形】工具 ，在【属性】面板中的【矩形边角半径】区可以设置矩形圆角，默认状态下调整一组参数，其余三组参数一起发生变化。如果取消中间的锁定按钮，就可以分别调整 4 组参数。

其中，在【矩形边角半径】选项定义了矩形圆角的程度，可以在 –100 ～ 100 的范围内设置，数值越大，圆角就越明显，当参数值为 "–100" 时矩形趋向于 4 角星形，当参数值为 "100" 时可以使矩形趋向于圆形。

### 2.1.5 【多角星形】工具

利用【多角星形】工具 可以绘制任意多边形和星形图形，方便用户创建较为复杂的图形。为了更精确地绘制多边形，需要在【属性】面板中单击【选项】按钮 选项... ，弹出【工具设置】对话框，利用该对话框设置相关参数，如图 2-7 所示。

【工具设置】对话框中各参数选项的作用如下。

- 【样式】：在该下拉列表中可以选择【多边形】或【星形】选项，确定将要创建的图形形状。
- 【边数】：在该文本框中可以输入一个介于 3～32 的数值，确定将要绘制的图形的边数。
- 【星形顶点大小】：在该文本框中可以输入一个介于 0～1 的数值，以指定星形顶点的深度。此数字越接近 0，创建的顶点就越深（如针）。如果是绘制多边形，应保持此设置不变（它不会影响多边形的形状）。

图 2-7 【工具设置】对话框

### 2.1.6 【刷子】工具

传统手工绘画中，画笔作为基本的创作工具，相当于美画师手掌的延伸。Flash 提供的【刷子】工具和现实生活中的画笔起异曲同工的作用，相对而言，【刷子】工具更为灵活和随意。要创作优秀的绘画作品，首先要选择符合创作需求的色彩，并选择理想的画笔模式，再结合手控鼠标的能力，这样才能使创作变得得心应手。

【刷子】工具可以创建多种特殊的填充图形，同时要注意与【铅笔】工具的区别。【铅笔】工具无论绘制何种图形都是线条；【刷子】工具无论绘制何种图形都是填充图形。

【刷子】工具面板下方的【选项】区有【对象绘制】、【刷子模式】、【刷子大小】、【刷子形状】和【锁定填充】5 个功能选项，如图 2-8 所示。

单击【刷子模式】按钮，在弹出的菜单中将显示出 5 种刷子模式，如图 2-9 所示。

图 2-8 【刷子】工具功能选项

图 2-9 【刷子模式】选择菜单

【刷子模式】选择菜单中各选项的作用介绍如下。

- 【标准绘画】模式：在同一图层上绘图时，所绘制的图形会遮挡并覆盖舞台中原有的图形或线条。
- 【颜料填充】模式：对填充区域和空白区域涂色，不影响线条。
- 【后面绘画】模式：在舞台上同一层的空白区域涂色，不影响线条和填充。
- 【颜料选择】模式：可以将新的填充应用到选区中。
- 【内部绘画】模式：仅对刷子起始所处的区域进行涂色。这种模式将舞台上的图形对象看作一个个分散的实体，如同一层层的彩纸一样（虽然各对象仍然处于一个图层中）；当刷子从哪个彩纸上开始，就只能在这个彩纸上涂色，而不会影响到其他彩纸。

### 2.1.7 【喷涂刷】工具

【喷涂刷】工具类似于粒子喷射器，使用它可以一次将形状图案"刷"到舞台上。默认情况下，使用当前选定的填充颜色喷射粒子点，如图 2-10 所示。也可以使用【喷涂刷】工具将影片剪辑或图形元件作为图案应用。

【喷涂刷】工具【属性】面板中各选项的作用介绍如下。

- 【编辑】按钮 编辑...：打开【选择元件】对话框，如图 2-11 所示，可以在其中选择影片剪辑或图形元件以用作喷涂刷粒子。选中库中的某个元件时，其名称将显示在该按钮的旁边。
- 【颜色选取器】：选择用于默认粒子喷涂的填充颜色。使用库中的元件作为喷涂粒子时，将禁用颜色选取器。

图 2-10 【喷涂刷】工具功能选项

图 2-11 【交换元件】对话框

- 【宽度】：缩放用作喷涂粒子的元件的宽度。例如，输入值 10% 将使元件宽度缩小 10%，输入值 200% 将使元件宽度增大 200%。
- 【高度】：缩放用作喷涂粒子的元件的高度。例如，输入值 10% 将使元件高度缩小 10%，输入值 200% 将使元件高度增大 200%。
- 【随机缩放】：指定按随机缩放比例将每个基于元件的喷涂粒子放置在舞台上，并改变每个粒子的大小。使用默认喷涂点时，会禁用此选项。

## 2.2 课堂案例

用户在学习图形、图像处理软件时，首要的任务就是掌握绘图和编辑工具的使用。绘图和编辑工具是创建复杂作品的基础，只有打好这个基础才能随心所欲地应用 Flash，下面将通过范例学习相关工具的使用方法。

### 2.2.1 咖啡杯

创建如图 2-12 所示的蓝色咖啡杯，实现这一效果，主要是利用【基本矩形】、【基本椭圆】工具和相关参数设置来完成图形的创建。

图 2-12 咖啡杯

咖啡杯

## 步骤提示

STEP 1 新建一个 Flash 文档，选择【基本椭圆】工具，在【工具】面板的【颜色】区修改边线和填充图形的颜色。

STEP 2 移动鼠标光标到舞台中，光标变为 "+" 形状时，按住 Shift 键，在舞台中拖曳出蓝色黑边圆形。

STEP 3 在【属性】面板设置【内径】为 "80"，图形改变为圆环，如图 2-13 所示。

STEP 4 选择【基本矩形】工具，在圆环右侧绘制蓝色黑边矩形，如图 2-14 所示。

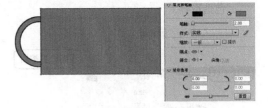

图 2-13　绘制圆环　　　　　　　　　　　　　　　　　　　　　图 2-14　绘制矩形

**STEP 5** 在【属性】面板的【矩形选项】区，单击锁定按钮，取消参数设置关联。

**STEP 6** 设置左下角和右下角的【矩形边角半径】参数为"50"，矩形下部变为倒角，如图 2-15 所示。

图 2-15　设置【矩形边角半径】

**STEP 7** 选择【基本矩形】工具，在倒角矩形下方绘制蓝色黑边矩形，如图 2-16 所示。

**STEP 8** 选择【基本矩形】工具，按住 Shift 键，在倒角矩形上面绘制白色黑边正方形，设置【矩形边角半径】为"−100"，调整为白色菱形，结果如图 2-17 所示。

图 2-16　绘制矩形　　　　　　　　　　　　　　　　　　　　　图 2-17　调整菱形

**STEP 9** 按住 Alt 键，选择并拖曳白色菱形，向右侧复制出两个新图形，结果如图 2-18 所示。

**STEP 10** 选择蓝色黑边圆环，按住 Alt 键，向下复制出 1 个新图形。

**STEP 11** 设置【基本椭圆】工具【属性】面板中【开始角度】为"180"，【结束角度】为"270"，调整图形为半圆弧形，结果如图 2-19 所示。

图 2-18　拖曳复制图形　　　　　　　　　　　　　　　　　　　图 2-19　设置图形参数

**STEP 12** 选择半圆弧形，按住 Alt 键，向右侧复制出 1 个新图形。

STEP 13 选择菜单命令【修改】/【变形】/【水平翻转】，翻转图形，结果如图 2-20 所示。

STEP 14 选择【基本矩形】工具□，在倒角矩形下方绘制蓝色黑边矩形，连接两个半圆弧形，如图 2-21 所示。

STEP 15 单击填充颜色按钮▣■，在弹出的【颜色样本】面板中选择棕色，结果如图 2-22 所示。

图 2-20　翻转图形

图 2-21　绘制矩形

图 2-22　调整颜色

### 2.2.2　彩色联通管

创建如图 2-23 所示的彩色联通管效果。联通管由 3 段独立的圆环组成，每段圆环的色彩和角度各不相同。

实现这一效果，主要是利用【基本椭圆】工具和相关参数设置来完成不同形态联通管的创建。

图 2-23　彩色联通管

彩色联通管

**步骤提示**

STEP 1 新建一个 Flash 文档。

STEP 2 选择【基本椭圆】工具◯，在【工具】面板的【颜色】区修改边线和填充图形的颜色。

STEP 3 移动鼠标光标到舞台中，光标变为"+"形状时，按住 Shift 键的同时按住鼠标左键，拖动鼠标光标，在舞台中拖曳出黑边红色的圆形，如图 2-24 所示。

STEP 4 设置【基本椭圆】工具【属性】面板中【开始角度】为"90"，图形改变为缺角圆形，如图 2-25 所示。

图 2-24　绘制圆形

图 2-25　设置【开始角度】

STEP 5 设置【内径】为"50"，图形改变为缺角圆环，如图 2-26 所示。

STEP 6 按住 Alt 键，选择拖曳图形，复制出一个新图形，如图 2-27 所示。

图 2-26　设置【内径】

图 2-27　拖曳复制图形（1）

STEP 7 单击填充颜色按钮▣■，在弹出的【颜色样本】面板中选择黄色，设置【基本椭圆】

工具【属性】面板中【结束角度】为"180"，如图 2-28 所示。

**STEP 8** 按住 Alt 键，选择黄色环形并拖曳图形，复制出一个新图形，如图 2-29 所示。

图 2-28  设置【结束角度】      图 2-29  拖曳复制图形（2）

**STEP 9** 选择填充颜色按钮，在弹出的【颜色样本】面板中选择蓝色，设置【开始角度】为"270"，【结束角度】为"90"，如图 2-30 所示。

**STEP 10** 移动 3 个图形，使其互相衔接，最终图形效果如图 2-31 所示。

图 2-30  设置图形参数      图 2-31  调整图形位置

### 2.2.3  金属螺丝

创建如图 2-32 所示的金属螺丝效果，螺丝由半圆、矩形和倒角矩形共同组合而成，应用渐变色彩产生立体效果。

实现这一效果，主要利用【椭圆】工具和【矩形】工具绘制基本形态，再利用【合并对象】命令修剪图形。

图 2-32  金属螺丝    金属螺丝

**步骤提示**

**STEP 1** 新建一个 Flash 文档。

**STEP 2** 选择【椭圆】工具，绘制黑边灰色的圆形。选择【矩形】工具，绘制黑边灰色矩形，遮挡在圆形的下方，如图 2-33 所示。

**STEP 3** 选择并删除矩形，得到半圆图形。选择图形，设置【填充色】为白色到黑色的放射状渐变，如图 2-34 所示。

图 2-33  绘制遮挡矩形      图 2-34  改变填充色

**STEP 4** 选择图形，然后选择菜单命令【修改】/【合并对象】/【联合】，将半圆形的边线和填充色联合在一起，如图 2-35 所示。

**STEP 5** 选择【矩形】工具⬜，在【属性】面板中确认【对象绘制】按钮◎为按下状态，绘制黑边灰色矩形，遮挡在半圆形的上方，如图 2-36 所示。

图 2-35　联合图形

图 2-36　绘制遮挡矩形

**STEP 6** 同时选择两个图形，然后选择菜单命令【修改】/【合并对象】/【打孔】，使下面图形与上面图形重合的区域被裁剪掉，如图 2-37 所示。

**STEP 7** 选择【矩形】工具⬜，设置【笔触颜色】✏️■为黑色，设置【填充色】🎨■为白色到黑色的线性渐变，在半圆形的下方绘制矩形，如图 2-38 所示。

图 2-37　裁切图形

图 2-38　绘制矩形

**STEP 8** 选择【椭圆】工具◯，绘制黑边灰色椭圆形。

**STEP 9** 选择【矩形】工具⬜，绘制黑边灰色矩形，遮挡在椭圆形的中部，如图 2-39 所示。

**STEP 10** 同时选择新绘制的两个图形，然后选择菜单命令【修改】/【合并对象】/【交集】，两个图形的重叠部分保留下来（保留的是上面图形的部分），其余部分被裁剪掉，得到螺纹图形。

**STEP 11** 选择螺纹图形，设置【填充色】🎨■为白色到黑色的线性渐变，如图 2-40 所示。

图 2-39　绘制遮挡矩形

图 2-40　改变填充色

**STEP 12** 移动螺纹图形到螺丝上面，按住 Alt + Shift 组合键在垂直方向上拖曳复制 3 个螺纹图形，如图 2-41 所示。

**STEP 13** 选择所有图形，调整【笔触高度】为 "3"，此时螺丝图形如图 2-42 所示。

图 2-41　移动复制图形

图 2-42　调整【笔触高度】

### 2.2.4 漫天繁星

创建如图 2-43 所示的漫天繁星效果，将 3 个简单星型组合元件效果，喷涂为带状星河的图形效果。

漫天繁星

在选择【喷涂刷】工具喷涂图形时，只要设置【工具设置】对话框中的相关参数和选项，就可以制作不同形态的图形。再结合创建个性的图形元件，使喷涂产生丰富的变化。元件的创建将在后续章节中详细讲述，练习时按照步骤执行即可，操作方法如下。

图 2-43　漫天繁星

## 步骤提示

**STEP 1** 新建一个 Flash 文档，设置背景颜色为"深蓝色"。

**STEP 2** 选择菜单命令【插入】/【新建元件】，创建名称为"群星"的"影片剪辑"元件，如图 2-44 所示。

**STEP 3** 选择【多角星形】工具，在【属性】面板中设置【笔触颜色】为无。

**STEP 4** 在【属性】面板中单击 选项 按钮，弹出【工具设置】对话框，在【样式】下拉列表中选择【星形】，单击 确定 按钮关闭【工具设置】对话框，在舞台中绘制如图 2-45 所示的 3 个星形效果。

图 2-44　创建"影片剪辑"元件

图 2-45　绘制五角星形

**STEP 5** 单击左上角的按钮，返回"场景 1"。

**STEP 6** 选择【喷涂刷】工具，在【属性】面板中单击 编辑 按钮，弹出【选择元件】对话框，选择"群星"元件，单击 确定 按钮关闭对话框，如图 2-46 所示。

**STEP 7** 在【属性】面板中选择【随机缩放】、【旋转元件】和【随机旋转】复选项，使喷涂效果拥有更多变化，如图 2-47 所示。

**STEP 8** 按住鼠标左键在舞台中喷涂星形效果。

图 2-46　选择元件

图 2-47　修改设置选项

在这个实例中，通过创建个性的元件形态，再结合【喷涂刷】工具的相关变化选项，使喷涂产生更加丰富的形态效果。

# 2.3 实训

这一节通过两个例子的制作，讲述运用绘图工具绘制各种图形，产生复杂的视觉效果。

### 2.3.1 搭积木

创建如图 2-48 所示的效果，将 6 个简单的六边形通过排列组合组成积木效果，再创建一个边数为 32 的星形代表太阳图案。

搭积木　　　图 2-48　积木

在选择【多角星形】工具绘制图形时，设置【工具设置】面板中的相关参数和选项，制作六边形和多边形。

## 步骤提示

STEP 1　新建一个 Flash 文档。

STEP 2　选择【多角星形】工具 ○，在【属性】面板中设置【笔触颜色】 ⁄ ■ 为黑色和【填充颜色】为红色。

STEP 3　在【属性】面板中单击 选项... 按钮，弹出【工具设置】对话框，设置【边数】选项为"6"，单击 确定 按钮关闭【工具设置】对话框。在舞台中绘制正六边形，如图 2-49 所示。

STEP 4　选择六边形，按住 Alt 键拖曳复制出一个六边形，修改【填充色】 ◇ ■ 为绿色，如图 2-50 所示。

图 2-49　绘制六边形

图 2-50　复制新六边形

STEP 5　按照相同的方法，再复制 4 个六边形，并分别填充不同的颜色，图形排列效果如图 2-51 所示。

STEP 6　选择所有图形，在【属性】面板中修改【笔触高度】为"10"，如图 2-52 所示。

图 2-51　复制 4 个新六边形

图 2-52　修改【笔触高度】

STEP 7　选择【多角星形】工具 ○，在【属性】面板中设置【笔触颜色】 ⁄ ■ 为黑色，设置【填充颜色】 ◇ ■ 为红色。

STEP 8　在【属性】面板中单击 选项... 按钮，弹出【工具设置】对话框，在【样式】下拉列表中选择【星形】，设置【边数】为"32"，单击 确定 按钮关闭【工具设置】对话框，在舞台中绘制如图 2-53 所示的星形效果。

图 2-53 绘制太阳

在这个实例中，通过简单图形的变化排列组成复杂有趣的图形，结合后面章节学习的动画效果，能够实现丰富的教学演示效果。

### 2.3.2 闪闪的红星

创建如图 2-54 所示的效果，一个富有立体感的红色五角星，散发出金色的光芒。

闪闪的红星

图 2-54 闪闪的红星

主要利用【多角星形】工具完成本例，在选择【多角星形】工具绘制图形时，只要设置【工具设置】对话框中的相关参数和选项，就可以制作不同形态的图形。再结合不同的排列组合形式，使图形产生丰富的变化。

**步骤提示**

**STEP 1** 新建一个 Flash 文档。

**STEP 2** 在【矩形】工具□上按住鼠标左键，从弹出的菜单中选择【多角星形】工具○，在【属性】面板中设置【笔触颜色】／■为黑色和【填充颜色】为红色。

**STEP 3** 在【属性】面板中单击 选项... 按钮，弹出【工具设置】对话框，设置【边数】选项为"5"，单击 确定 按钮关闭【工具设置】对话框。在舞台中绘制五角星形，如图 2-55 所示。

**STEP 4** 选择【线条】工具＼，连接五角星对应的角点，如图 2-56 所示。

图 2-55 绘制五角星

图 2-56 连接五角星对应的角点

**STEP 5** 按住 Ctrl 键，间隔选择五角星红色填充区域，修改【填充颜色】 为深红色，如图 2-57 所示。

**STEP 6** 选择【多角星形】工具 ，在【属性】面板中单击 选项... 按钮，弹出【工具设置】对话框，在【样式】下拉列表中选择【星形】，设置【边数】为"32"，单击 确定 按钮关闭【工具设置】对话框，在舞台中绘制无边黄色星形，如图 2-58 所示。

图 2-57　填充颜色

绘制 32 角星形

图 2-58　绘制多角星

**STEP 7** 分别选择五角星和 32 角星图形，按 Ctrl + G 键组合图形，排列图形效果如图 2-59 所示。

图 2-59　排列图形效果

在这个实例中，通过精心构思和创意将简单的图形变化组合成复杂图形，在实际应用时可以组成多种有趣的图形。五星红旗图形也可以通过这个实例的方法排列出来。

### 2.3.3　化学实验室

利用【基本矩形】工具、【基本椭圆】工具、【线条】工具绘制试管和分子球，创建如图 2-60 所示的效果。

化学实验室

图 2-60　化学实验室

使用【基本矩形】工具时，可以细化参数调整，产生更为丰富的图形效果。

## 步骤提示

STEP **1** 新建一个 Flash 文档。

STEP **2** 选择【基本矩形】工具▢，绘制蓝色黑边矩形，作为试管基本图形。

STEP **3** 在【属性】面板的【矩形选项】区设置【矩形边角半径】为"100"，如图 2-61 所示。

STEP **4** 单击锁定按钮，取消参数设置关联。

STEP **5** 设置左上角和右上角的【矩形边角半径】为"0"，矩形上部变成直角，如图 2-62 所示。

图 2-61 设置倒角矩形的属性

图 2-62 断开参数关联

STEP **6** 选择【基本矩形】工具▢，设置【矩形边角半径】为"100"，绘制倒角矩形作为试管的管口，如图 2-63 所示。

STEP **7** 选择【基本椭圆】工具◯，绘制浅蓝黑边椭圆，作为试管液体平面。选择所有图形，按 Ctrl + B 键打散图形。

STEP **8** 选择【线条】工具╲，绘制一条水平和垂直交叉线，作为液体的明暗交界线，如图 2-64 所示。

STEP **9** 选择【颜料桶】工具◢，选择深蓝色填充液体阴影区。选择并删除明暗交界线和液体平面上部的色块，如图 2-65 所示。

图 2-63 绘制椭圆形　　　　　　图 2-64 绘制直线　　　　　　图 2-65 调整线段

STEP **10** 选择【基本椭圆】工具◯，按住 Shift 键，绘制 3 个白色无边圆形，作为液体的气泡，如图 2-66 所示。

STEP **11** 选择◯工具，绘制浅蓝黑边正圆形，作为分子球基本图形。再绘制白色无边正圆形，作为分子球高光图形，如图 2-67 所示。

STEP **12** 选择分子球图形，按 Alt 键拖曳复制 4 个图形，并放置在不同的位置，如图 2-68 所示。

**STEP 13** 选择【线条】工具＼，设置【笔触大小】为 "6"，连接分子球，最终效果如图 2-60 所示。

图 2-66　绘制气泡　　　　图 2-67　绘制分子球　　　　图 2-68　排列图形

### 2.3.4　立体透视图

创建如图 2-69 所示的效果，绘制多组直线相连、具有透视感的立体透视图效果。

图 2-69　立体透视图

立体透视图主要利用【线条】工具绘制直线，选择部分线条，设置不同的线条属性，相互组合形成图案效果，绘制图形时，要调整线条的透视方向，使其具有立体感和透视感。

## 步骤提示

**STEP 1** 新建一个 Flash 文档。

**STEP 2** 选择【线条】工具＼，在舞台中绘制几何图形，如图 2-70 所示。

**STEP 3** 选择几何图形，按住 Alt + Shift 组合键向下拖曳复制一个新图形，如图 2-71 所示。

图 2-70　设置图形的属性　　　　　　　图 2-71　绘制水平直线

**STEP 4** 选择【线条】工具＼，连接上下 2 个几何图形的对应顶点，如图 2-72 所示。

**STEP 5** 根据遮挡关系，选择被遮挡的线条，设置【笔触样式】实线 ▽为虚线。

**STEP 6** 选择所有线条，设置【笔触高度】为 "3"，设置【笔触颜色】／■为红色，如图 2-73 所示。

图 2-72　绘制垂直直线

图 2-73　设置【笔触高度】

在这个实例中，通过简单图形的变化排列组成复杂有趣的图形，结合后面章节学习的动画效果，能够实现丰富的教学演示效果。

### 2.3.5　停车指示牌

创建如图 2-74 所示的效果，绘制一个圆形的立柱停车指示牌。

图 2-74　停车指示牌

停车指示牌通过设置【椭圆】工具的边线和填充色，再设置渐变色彩使其具有立体感，使图形不再平面化。

**步骤提示**

**STEP 1** 新建一个 Flash 文档，设置背景色为黄色。

**STEP 2** 选择【椭圆】工具，按住 Shift 键，在舞台中绘制圆形。

**STEP 3** 选择圆形，在【椭圆】工具【颜色】区中，选择【笔触颜色】按钮，在弹出的【颜色选择器】面板中选择白色到黑色的线性渐变色。选择填充色彩按钮，在弹出的【颜色选择器】面板中选择红色到黑色的放射状渐变色。

**STEP 4** 在【属性】面板中，设置【笔触高度】为"15"，如图 2-75 所示。

**STEP 5** 选择【线条】工具，选择【笔触颜色】按钮，在【颜色选择器】面板选择窗口中灰色，在圆形内部绘制 1 条直线，如图 2-76 所示。

图 2-75　设置圆形的属性

图 2-76　绘制水平直线

STEP **6** 选择【线条】工具 ，选择【笔触颜色】按钮 ，在弹出的【颜色选择器】面板中灰色，在圆形内部绘制 1 条直线，设置【笔触高度】为 "35"，如图 2-77 所示。

STEP **7** 选择【椭圆】工具 ，在舞台下方绘制无边土黄色椭圆形，如图 2-78 所示。

图 2-77　绘制垂直立杆

图 2-78　绘制椭圆形阴影

在这个实例中，通过简单图形的变化排列组成复杂有趣的图形，结合后面章节学习的动画效果，能够实现丰富的教学演示效果。

### 2.3.6　彩色图标

创建如图 2-79 所示的效果，巧妙地组合 4 个倒角的方形，形成标志形态的彩色图标。

图 2-79　彩色图标

彩色图标是利用【基本矩形】工具 所绘制的图形，可以继续进行参数设置进行细化调整，再通过有创意的图形排列，能够组合出更为精彩的图案。

**步骤提示**

STEP **1** 新建一个 Flash 文档，选择【基本矩形】工具 ，在【工具】面板【颜色】区修改边线和填充图形的颜色。

STEP **2** 移动鼠标指针到舞台中，指针形状变为 "+" 形状，按住鼠标左键不放，拖动鼠标光标，在舞台中拖曳出黑边蓝色正方形，如图 2-80 所示。

STEP **3** 按住 Alt 键，移动复制 3 个新图形，分别改变新图形的颜色如图 2-81 所示。

图 2-80　绘制矩形

图 2-81　复制图形

STEP **4** 选择 4 个矩形，在【属性】检查器【矩形边角半径】栏输入"–150"，改变图形的 4 个角如图 2-82 所示。

STEP **5** 单击 重置 按钮，恢复默认设置状态。

STEP **6** 选择 4 个矩形，在【属性】检查器【矩形边角半径】栏输入"100"，改变图形的 4 个角如图 2-83 所示。

图 2-82 调整矩形选项

图 2-83 再次调整矩形选项

STEP **7** 选择 4 个矩形，取消【属性】检查器【矩形边角半径】选项中间的锁定 。

STEP **8** 选择左上角的矩形，设置【矩形边角半径】选项右下角选项栏输入"0"，按照相同的方法，分别设置另外 3 个矩形的内部角，效果如图 2-84 所示。

图 2-84 设置矩形的内部角

在这个实例中，通过差异化设置基本矩形的倒角参数，使图形更富有变化，本例中的图形演化可以用于制作标志等特殊的图形。

### 2.3.7 一朵红花

创建如图 2-85 所示的红花效果。

图 2-85 一朵红花

图形是综合利用【多角星形】工具和【线条】工具，调整【工具设置】面板中的相关参数和选项，制作六边形，再通过复制图形排列组合形成红色花朵。

步骤提示

STEP **1** 新建一个 Flash 文档，在【矩形】工具 上单击并按住鼠标左键，从弹出的快捷菜单中选择【多角星形】工具 ○ ，在【属性】面板中设置【笔触颜色】 ✐ ■ 为黑色，填充色为红色。

**STEP ⬇2** 在【属性】面板中单击 选项... 按钮，弹出【工具设置】面板，设置【边数】选项
为 "6"，单击 确定 按钮关闭【工具设置】面板，绘制正六边形，如图 2-86 所示。

**STEP ⬇3** 选择六边形，按住 Alt 键拖曳复制出 1 个新六边形，如图 2-87 所示。

图 2-86　绘制六边形　　　　　　　　　　　　　　　　图 2-87　复制新六边形

**STEP ⬇4** 按照相同的方法，再复制 5 个新六边形，图形排列效果如图 2-88 所示，选择中间的
六边形，修改【填充色】 ◇ ■ 为黄色形成花蕊。

**STEP ⬇5** 选择【线条】工具 ＼ ，在图形下部绘制 1 条直线，如图 2-89 所示。

图 2-88　复制 5 个新六边形　　　　　　　　　　　　　图 2-89　绘制直线

**STEP ⬇6** 选择所有图形，在【属性】面板中修改【笔触高度】为 "5"，如图 2-90 所示。

图 2-90　设置【笔触高度】

在这个实例中，学习将复杂的图案进行简化，利用软件中的简单工具绘制排列出精美的图形效果，
比如植物、动物等图形效果。

# 2.4 综合案例——圣诞小屋

创建如图 2-91 所示的效果，浅蓝色的背景，一组形态可爱的卡通小房子，房子前还有一堆厚厚的
积雪。

图 2-91 圣诞小屋

利用 Flash 制作雪后风景效果，如果在此基础上继续丰富，比如添加雪花效果、音乐和祝福语就是一件很好的圣诞节贺卡作品。主要绘制几组色彩形态不同的房子效果，要求色彩鲜明、布局生动。

**步骤提示**

**STEP 1** 选择菜单命令【文件】/【新建】，创建一个新文档，设置背景颜色为蓝色。

**STEP 2** 选择 ✏ 和 ✎ 工具，选择黑色实线绘制房子的外形，选择 ▷ 工具调整线条的弧度，如图 2-92 所示。

**STEP 3** 选择 🪣 工具，选择深蓝色填充房子的暗面，如图 2-93 所示。

图 2-92 绘制房子边线

图 2-93 填充房子的暗面

**STEP 4** 选择 🪣 工具，选择浅蓝色和白色填充房子的亮面，如图 2-94 所示。

**STEP 5** 选择 🪣 工具，选择两种不同的黄色填充房门的两个面，如图 2-95 所示。

**STEP 6** 选择 ▷ 工具，选择并删除图形的边缘线。选择"图层 1"第 1 帧，单击鼠标右键，选择【复制帧】命令。

图 2-94 填充房子的亮面

图 2-95 填充房门的两个面

**STEP 7** 在【时间轴】面板中单击 🔒 按钮，锁定"图层 1"层，如图 2-96 所示。

**STEP 8** 在【时间轴】面板中单击  按钮，增加"图层 2"层，如图 2-97 所示，选择第 1 帧，单击鼠标右键，选择【粘贴帧】命令。

图 2-96　锁定"图层 1"层

图 2-97　创建新图层

**STEP 9** 选择 工具，调整新图形的形状，使其变得瘦长一些。选择 工具，选择两种不同的红色填充墙面的颜色，如图 2-98 所示。

**STEP 10** 选择"图层 1"第 1 帧，单击鼠标右键，选择【复制帧】命令，并锁定"图层 2"。

**STEP 11** 在【时间轴】面板中增加一个新层"图层 3"，单击鼠标右键，选择【粘贴帧】命令。

**STEP 12** 选择 工具，适当调整新图形的形状。选择 工具，选择两种不同的浅蓝色填充墙面的颜色，如图 2-99 所示。

图 2-98　调整房子的色彩

图 2-99　调整房子的形态

**STEP 13** 在【时间轴】面板中增加一个新层"图层 4"，选择 工具，选择白色绘制房前积雪图形，如图 2-100 所示。

注意使图形能够遮挡房子的底部

绘制积雪图

图 2-100　绘制房屋积雪效果

# 2.5 课后习题

1. 在同一层中绘制两个叠加在一起的图形，然后移动处于上面的图形，会出现如图 2-101 所示的效果。为什么图形会粘在一起？

2. 如何绘制如图 2-102 所示的五角星形？

图 2-101 移动处于上面的图形　　　　　　　　图 2-102 绘制五角星形

# Chapter

# 3

## 第3章
## 编辑修改工具

在作品创作过程中，设计者不可能一次性将图形创建得很完美，一般都需要进一步编辑调整才能达到理想效果。他们经常用到编辑修改工具，比如【墨水瓶】、【颜料桶】等工具，可以实现对笔触、填充色等元素进行修改，也可以结合此类工具的使用技巧使制作过程更加简化。

### 学习目标

● 了解各种编辑工具的基本功能。

● 掌握编辑修改工具的基本用法。

● 掌握创建自由形态图形的技巧。

● 综合利用各种工具设计图像。

# 3.1 功能讲解

下面将针对一些常用编辑修改工具进行讲解，让读者熟悉这些工具的基本设置方法，为以后在作品中灵活应用做好铺垫。

## 3.1.1 【墨水瓶】和【颜料桶】工具

要更改线条或者形状轮廓的笔触颜色、宽度和样式，可以使用【墨水瓶】工具。对直线或形状轮廓的修改可以应用纯色、渐变或位图填充。

【颜料桶】工具 ，可以用于填充封闭或半封闭区域。该工具既可以填充空的区域也可以更改已涂色区域的颜色。填充的类型包括纯色、渐变填充以及位图填充。

图 3-1 【空隙大小】设置栏

选择【颜料桶】工具 ，【工具】面板【选项】区包括【空隙大小】 、【锁定填充】 两个按钮选项。【空隙大小】按钮 下面包含 4 种属性设置，如图 3-1 所示。

## 3.1.2 【滴管】工具

【滴管】工具 具有吸取画面中矢量线、矢量色块及位图等相关属性，并直接将其应用于其他矢量对象的功能，帮用户简化了许多重复的属性选择步骤，可以直接利用已编辑好的效果。【滴管】工具 主要能够提取 4 种对象属性。

- 提取线条属性：吸取源矢量线的笔触颜色、笔触高度和笔触样式等属性，并将其应用到目标矢量线上，使后者具有前者的线属性。
- 提取色彩属性：吸取填充颜色的相关属性，不论是单色还是复杂的渐变色，都可以被复制下来，转移给目标矢量色块。
- 提取位图属性：吸取外部引入的位图样式作为填充图案，使填充的图形像编织的花布一样，重复排列吸取的位图图案。
- 提取文字属性：吸取文字的字体、文本颜色以及字体大小等属性，但不能吸取文本内容。

## 3.1.3 【橡皮擦】工具

使用【橡皮擦】工具 进行擦除可删除笔触和填充。利用该工具可以快速擦除舞台上的任何内容。【橡皮擦】工具的 形状可以设置为圆形或方形，同时还可以设置 5 种橡皮擦尺寸。

在【橡皮擦】工具 下方【选项】区包含【橡皮擦模式】 、【水龙头】 、【橡皮擦形状】 3 个属性设置选项，如图 3-2 所示。

通过设置【橡皮擦】工具 的擦除模式可以只擦除笔触、只擦除数个填充区域或单个填充区域。单击【橡皮擦模式】按钮 ，弹出的菜单如图 3-3 所示。

图 3-2 【选项】区

图 3-3 【橡皮擦模式】弹出菜单

- 【标准擦除】：擦除同一层上的笔触和填充。
- 【擦除填色】：只擦除填充，不影响笔触。
- 【擦除线条】：只擦除笔触，不影响填充。

- 【擦除所选填充】：只擦除当前选定的填充，不影响笔触（不论笔触是否被选中）。
- 【内部擦除】：只擦除橡皮擦笔触开始处的填充。如果从空白点开始擦除，则不会擦除任何内容。

文字和位图是作品创作中经常用到的元素，如果要擦除这两种元素对象，必须先将其分离，然后再用【橡皮擦】工具 进行擦除。

### 3.1.4 【选择】工具

【选择】工具 在创作中较为常用，利用它可以进行选择、移动、复制、调整矢量线或矢量色块形状等操作。

【选择】工具的编辑修改功能主要体现在对矢量线和矢量色块的调整上。一般是将原始的线条和色块变得更加平滑，使图形外形线更加饱满流畅。当然也可以调整线条的节点位置。

单击【选择】工具，查看【工具】面板下方【选项】区的变化，包括【贴紧至对象】、【平滑】和【伸直】3 个功能按钮。各按钮的作用介绍如下。

- 【贴紧至对象】 ：用于完成吸附功能的选项，在以后利用链接引导层制作动画时，必须使其处于激活状态。拖动运动物体到运动路径的起始点和终结点，才能使运动物体主动吸附到路径上，从而顺利完成物体沿路径的运动。这是制作此类动画时特别要注意的一点。
- 【平滑】 ：使线条或填充图形的边缘更加平滑。
- 【伸直】 ：使线条或填充图形的边缘趋向于直线或折线效果。

### 3.1.5 【套索】工具

【套索】工具 用于选择画面中的图形，也包括被分离的位图。分离位图会将图像中的像素分到离散的区域中，用户可以分别选中这些区域并进行修改。当位图分离时，可以使用 Flash 绘画和涂色工具修改位图。

选择【套索】工具 ，其【选项】区共有【魔术棒】 、【魔术棒设置】 和【多边形模式】 3 个功能按钮。通过使用【套索】工具 【选项】区中的【魔术棒】工具 ，可以选择已经分离的位图区域。

单击【魔术棒设置】按钮 ，会弹出【魔术棒设置】对话框，其中两个选项的作用介绍如下。

- 【阈值】：此选项可以在 0 ~ 200 范围内进行调节，值越大，容差范围就越大。
- 【平滑】：此选项是对阈值的进一步补充，其中包括【像素】、【粗略】、【一般】、【平滑】4 个选项，读者可以在实践过程中对比其效果。

### 3.1.6 【Deco】工具

【Deco】工具 主要包括【藤蔓式填充】【网格填充】和【对称刷子】等 13 种绘制效果。借助【Deco】工具 可以将创建的图形形状转换成复杂的几何图案，这种绘制图形的方式称为过程绘图。可以将默认元件替换为库中的自定义元件，也可以修改默认图形的色彩，如果元件中包含动画，绘制的图形就会产生动画效果。

【Deco】工具绘制效果如图 3-4 所示。

【藤蔓式填充】效果　　　　　【网格填充】效果　　　　　【对称刷子】效果

图 3-4 【Deco】工具绘制效果

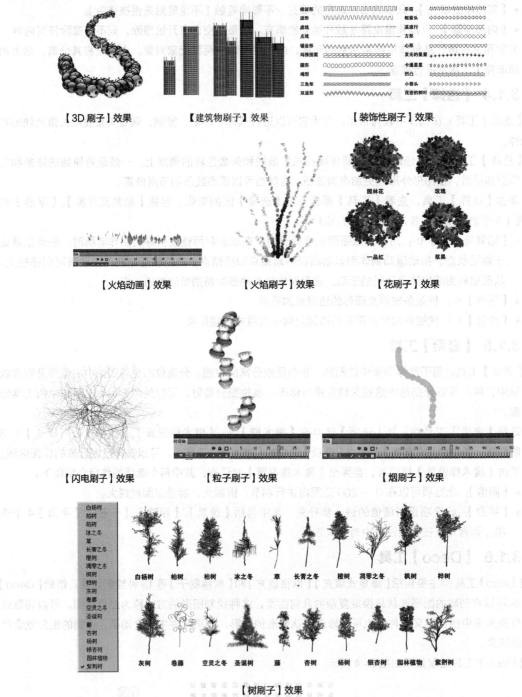

【3D刷子】效果　　　　　【建筑物刷子】效果　　　　　【装饰性刷子】效果

【火焰动画】效果　　　　　【火焰刷子】效果　　　　　【花刷子】效果

【闪电刷子】效果　　　　　【粒子刷子】效果　　　　　【烟刷子】效果

【树刷子】效果

图3-4 【Deco】工具绘制效果（续）

### 3.1.7　创建自由形态图形

通过前面的介绍，读者已经掌握了图形创建工具的用法，但要创建一些比较随意的图形，这些知识还远远不够。为了能够创建更加灵活多样的自由形态，Flash CS6为用户提供了强大的创建和编辑工具。其中【任意变形】工具是用于把规则的图形调整为自由的形态。【钢笔】工具可以独立创建矢量线和矢量图形，也可以编辑修改已经创建的矢量对象。【部分选取】工具可以对已经绘制出来的矢量线或矢量图形进行再次编辑。用好这些工具对创建自由形态的不规则图形大有帮助。

使用【任意变形】工具或菜单命令【修改】/【变形】中的选项，可以将图形对象、组、文本块和实例进行变形。根据所选的元素类型，可以任意变形、旋转、倾斜、缩放或扭曲该元素。在变形操作期间，可以更改或添加选择内容。

要绘制精确的路径，如直线或者平滑流畅的曲线，可以使用【钢笔】工具。先创建直线或曲线段，然后调整直线段的角度和长度以及曲线段的斜率。

【钢笔】工具包含 4 个用于添加、删除点以及调整的工具：【钢笔】工具、【添加锚点】工具、【删除锚点】工具和【转换锚点】工具。

【钢笔】工具显示的不同指针反映其当前的绘制状态，以下为指针指示的各种绘制状态。

- 初始锚点指针：选中【钢笔】工具后看到的第一个指针。指示下一次在舞台上单击鼠标时将创建初始锚点，是新路径的开始。
- 连续锚点指针：指示下一次单击鼠标时将创建一个锚点，并用一条直线与前一个锚点相连接。
- 添加锚点指针：指示下一次单击鼠标时将向现有路径添加一个锚点。若要添加锚点，必须选择路径，并且【钢笔】工具不能位于现有锚点的上方。根据其他锚点，重绘现有路径。一次只能添加一个锚点。
- 删除锚点指针：指示下一次在现有路径上单击鼠标时将删除一个锚点。若要删除锚点，必须用【选择】工具选择路径，并且指针必须位于现有锚点的上方。根据删除的锚点，重绘现有路径。一次只能删除一个锚点。
- 连续路径指针：从现有锚点扩展新路径。若要激活此指针，鼠标光标必须位于路径上现有锚点的上方。仅在当前未绘制路径时，此指针才可用。锚点未必是路径的终端锚点；任何锚点都可以是连续路径的位置。
- 闭合路径指针：在正绘制的路径的起始点处闭合路径。用户只能闭合当前正在绘制的路径，并且现有锚点必须是同一个路径的起始锚点。生成的路径没有将任何指定的填充颜色设置应用于封闭形状；单独应用填充颜色。
- 连接路径指针：除了鼠标光标不能位于同一个路径的初始锚点上方外，与闭合路径指针基本相同。该指针必须位于唯一路径的任一端点上方。可能选中路径段，也可能不选中路径段。
- 回缩贝塞尔手柄指针：当鼠标位于显示其贝塞尔手柄的锚点上方时显示。单击鼠标将回缩贝塞尔手柄，并使得穿过锚点的弯曲路径恢复为直线段。
- 转换锚点指针：将不带方向线的转角点转换为带有独立方向线的转角点。

# 3.2 课堂案例

矢量图形的编辑和调整，主要是围绕矢量线和矢量色块来进行的，比如改变线条的样式，改变填充色块的色彩及填充类型等。下面将结合具体范例体会调整工具的应用技巧。

## 3.2.1 红苹果

绘制一个苹果并做调整，使苹果轮廓更加平滑顺畅，创建如图 3-5 所示的效果。

实现这一效果，主要利用【选择】工具和相关选项进行处理。

图 3-5 红苹果

## 步骤提示

**STEP 1** 新建一个 Flash 文档，选择【线条】工具，在画面中绘制一个苹果图形，如图 3-6 所示。

**STEP 2** 选择【选择】工具，将光标移到要调整的线条上，拖曳图形边线直至得到合适弧度为止，如图 3-7 所示，此时的图形会比先前更理想。

**STEP 3** 将光标移动到图形的节点位置，当出现方形标识时就可以对矢量图形的节点位置进行调整了，如图 3-8 所示。

图 3-6 绘制一个苹果基本图形　　　　图 3-7 调整矢量线　　　　图 3-8 调整节点位置

**STEP 4** 选择【颜料桶】工具，为圆形填充桔红色，叶柄填充褐色和棕色，叶子填充绿色，如图 3-9 所示。

**STEP 5** 选择整个图形，移动复制出 1 个副本，如图 3-10 所示。

图 3-9 填充颜色　　　　　　　　　　图 3-10 移动复制图形

**STEP 6** 选择左侧的图形，单击【选项】区中【平滑】按钮多次后，减少矢量色块边缘的棱角，使之更加平滑，但是形态上有些变形，如图 3-11 所示。

**STEP 7** 选择右侧的图形，单击【伸直】按钮多次后，使矢量色块的边缘趋向于直线，如图 3-12 所示。

使外形更加平滑

图 3-11 平滑线条　　　　　　　　　　图 3-12 伸直线条

### 3.2.2　绿树葱葱

绘制树木并做调整，包括绿色的树冠、褐色的树干和树枝，如图 3-13 所示。实现这一效果，主要利用【选择】工具和相关选项进行处理。

绿树葱葱

图 3-13　绿树葱葱

## 步骤提示

**STEP 1** 新建一个 Flash 文档，选择【直线】工具，绘制一个三角形作为树干图形，如图 3-14 左图所示。

**STEP 2** 选择【选择】工具，将鼠标光标移到要调整的线条上，拖曳图形边线直至得到合适弧度为止，如图 3-14 右图所示。

**STEP 3** 选择【直线】工具，绘制 3 个三角形作为树枝图形，如图 3-15 所示。

**STEP 4** 选择【选择】工具，拖曳树枝图形边线弧度，如图 3-16 所示。

图 3-14　绘制调整树干基本图形　　　图 3-15　绘制树枝干基本图形　　　图 3-16　调整树枝曲线

**STEP 5** 选择并删除树干和树枝图形连接的线段，如图 3-17 所示。

**STEP 6** 选择【直线】工具，绘制 4 个菱形作为树冠图形，如图 3-18 所示。

**STEP 7** 选择【选择】工具，拖曳树冠图形边线弧度和节点位置，如图 3-19 所示。

图 3-17　删除线段　　　　　图 3-18　绘制树冠基本图形　　　　　图 3-19　调整树冠曲线

**STEP 8** 选择图形，单击【选项】区中【平滑】按钮几次后，减少矢量色块边缘的棱角，使之更加平滑，如图 3-20 所示。

STEP 9 选择【颜料桶】工具 🖌，填充树干和树枝图形为棕色，填充树冠为绿色，最终效果如图 3-21 所示。

图 3-20 平滑线条

图 3-21 填充颜色

### 3.2.3 律动五线谱

绘制 5 条波浪状曲线并做调整，在线上增加乐符曲线，如图 3-22 所示。实现这一效果，主要利用【任意变形】工具 🖼 变形图形，再利用【Deco】工具 🖌 添加乐符。

图 3-22 律动五线谱

律动五线谱

**步骤提示**

STEP 1 新建一个 Flash 文档，选择【直线】工具 🖊，绘制 5 条水平直线。

STEP 2 选择 5 条直线，在【属性】面板设置【笔触】为"4"，如图 3-23 所示。

STEP 3 选择【任意变形】工具 🖼，单击【选项】区【封套】按钮 🔲，在封套外框出现 8 个方形手柄，如图 3-24 所示。

图 3-23 绘制 5 条水平直线

图 3-24 封套外框

STEP 4 选择圆形调整手柄，拖曳调节杆的位置和方向，如图 3-25 所示。

STEP 5 单击【选项】区的【扭曲】按钮 🔲，调整外框右上角的手柄位置，直至出现图 3-26 所示的效果。

图 3-25 拖曳调节杆

图 3-26 扭曲图形

STEP 6 单击【选项】区的【旋转与倾斜】按钮 🔄，向右侧倾斜一定角度，如图 3-27 所示。

STEP 7 选择【Deco】工具 🖌，选择【绘制效果】下拉菜单中的【装饰性刷子】选项，如图 3-28 所示。

图 3-27　倾斜线条

图 3-28　【绘制效果】下拉菜单

**STEP 8** 选择【高级选项】下拉菜单中的【11：乐符】，如图 3-29 所示。

**STEP 9** 分别调整【图案大小】和【图案宽度】选项为 "100" 像素，延五线谱曲线方向绘制乐符线条，如图 3-30 所示。

图 3-29　【高级选项】下拉菜单

图 3-30　绘制乐符线条

### 3.2.4　多变的图形

创建如图 3-31 所示的效果，利用简单的图形实现不同的图形排列形式。

实现这一效果，主要利用【Deco】工具 丰富的图形排列功能，只要绘制一组简单的图形就可以调整出复杂而精美的图案效果。

多变的图形

图 3-31　多变的图形

**步骤提示**

**STEP 1** 新建一个 Flash 文档。

**STEP 2** 选择菜单命令【文件】/【导入】/【导入到库】，导入素材文件 "素材文件 \03\ 云纹 .swf"，素材以图形元件的形式被引入到库中。

**STEP 3** 选择【Deco】工具 ，在【属性】面板的【绘制效果】选项区选择下拉列表中的【对称刷子】选项。

**STEP 4** 在【属性】面板【模块】选项区右侧单击 编辑... 按钮，弹出【选择元件】对话框，选择 "云纹 .swf" 元件，单击 确定 按钮退出，如图 3-32 所示。

**STEP 5** 在【属性】面板【高级选项】选项区的下拉列表中选择【跨线反射】选项，并取消选择【测试冲突】复选项，如图 3-33 所示。

图 3-32 【选择元件】对话框　　　　　　　　图 3-33 【测试冲突】选项

**STEP 6** 在舞台上按住鼠标左键并拖曳鼠标光标，当出现适合的图形形态时释放鼠标左键，如图 3-34 所示。

**STEP 7** 拖曳旋转手柄，调整两个图形的对称角度，如图 3-35 所示。

**STEP 8** 在【高级选项】选项区的下拉列表中选择【跨点反射】选项，如图 3-36 所示。

图 3-34 图形排列形态　　　　图 3-35 旋转对称角度　　　　图 3-36 【跨点反射】选项

**STEP 9** 在【高级选项】选项区的下拉列表中选择【旋转】选项。

**STEP 10** 双击✐工具，擦除舞台上的图形。选择【Deco】工具✐，拖曳鼠标光标出现如图 3-37 所示的图形。

**STEP 11** 拖曳图形角度手柄，使图形之间夹角变小，如图 3-38 所示。

**STEP 12** 在【高级选项】选项区的下拉列表中选择【网格平移】选项，并选择【测试冲突】复选项。

**STEP 13** 双击✐工具，擦除舞台上的图形。

**STEP 14** 选择✐工具，拖曳鼠标光标，调整图形角度、夹角、长度和宽度选项，最终效果如图 3-39 所示。

图 3-37 【绕点旋转】选项　　　　图 3-38 调整图形角度手柄　　　　图 3-39 调整网格图形排列效果

# 3.3 实训

这一节通过两个例子的制作讲述图形的调整变化方法，简单图形经过精心调整也可以创作出精致的图形。

### 3.3.1　动感星形图标

创建如图 3-40 所示的效果，绘制并调整动感的五角星。

动感星形图标

图 3-40　动感五角星

在调整星形效果时，应注意图形动态的把握，赋予图形人性化，使其最终效果像一个飞跃的小人形态，操作方法如下。

**步骤提示**

**STEP ☟1** 新建一个 Flash 文档，将鼠标光标放到【矩形】工具 ▢，上按住鼠标左键，从弹出的菜单中选择【多角星形】工具 ◯，在【属性】面板中设置笔触为黑色，【笔触高度】设置为 "2"，设置【填充颜色】 ◈▢ 为黄色。

**STEP ☟2** 在【属性】面板中单击 选项... 按钮，弹出【工具设置】对话框，在【样式】下拉列表中选择【星形】，设置【边数】为 "5"，单击 确定 按钮关闭【工具设置】对话框，在舞台中绘制如图 3-41 所示的五角星。

**STEP ☟3** 选择【部分选取】工具 ▸，选择五角星左下角的控制点向左下角拖曳，如图 3-42 所示。

图 3-41　绘制五角星

向左下角拖曳顶点

图 3-42　调整控制点

**STEP ☟4** 分别选择并拖曳五角星左右两侧的控制点，效果如图 3-43 所示。

**STEP ☟5** 按住 Alt 键，选择并拖曳五角星中间的控制点，产生两个控制柄，调整中心点为曲线点，效果如图 3-44 所示。

向下拖曳顶点

向上拖曳顶点

图 3-43　分别调整控制点

图 3-44　调整曲线控制点

这个实例的调整过程比较简单，主要在于事先构思。受这一点启发，在调整图形时最好先精心构思布局，必要时可以先绘制草图，这样在具体调整时就不会盲目。

### 3.3.2 积雨云

创建如图 3-45 所示的效果，绘制并调整乌云和雨滴图形。

积雨云

图 3-45 积雨云

在调整图形时，应注意积雨云外形圆润形态的把握以及水滴图形边线的流畅度。

**步骤提示**

**STEP 1** 新建一个 Flash 文档。

**STEP 2** 选择【椭圆】工具 ○，绘制多个深灰色无边椭圆，组成乌云基本图形，如图 3-46 所示。

**STEP 3** 选择【线条】工具 ＼，绘制两条连接的直线，作为云尾图形。选择【颜料桶】工具 ◇，填充深灰色色彩，如图 3-47 所示。

图 3-46 绘制乌云基本图形

图 3-47 云尾图形

**STEP 4** 选择 ▶ 工具，调整云尾图形弧度。选择【墨水瓶】工具 ◇，设置【笔触大小】为"1"，为图形填充黑色边线，如图 3-48 所示。

**STEP 5** 选择【钢笔】工具 ◇，绘制乌云图形的明暗交界线曲线，如图 3-49 所示。

调整云尾图形弧度

图 3-48 调整线段弧度

明暗交界线曲线

图 3-49 绘制曲线

**STEP 6** 选择【颜料桶】工具 ◇，选择浅灰色填充乌云图形亮部色块，选择并删除明暗交界线曲线，如图 3-50 所示。

**STEP 7** 选择【钢笔】工具 ◇，绘制水滴闭合曲线。选择【部分选取】工具 ▶，调整曲线控制点，使弧度更加平滑，如图 3-51 所示。

**STEP 8** 选择【颜料桶】工具 🪣，为水滴图形填充蓝色色彩。选择水滴图形，按住 Alt 键拖曳图形，复制两个图形，如图 3-52 所示。

图 3-50　填充颜色

图 3-51　绘制水滴闭合曲线

图 3-52　拖曳复制图形

### 3.3.3　艺术标识字

创建如图 3-53 所示的效果，通过调整字体形态，使字型更符合设计要求。

图 3-53　艺术标识字

艺术标识字

标识字设计是企业形象设计的一个重要组成部分，Flash 中将普通文本转换为图形后就可以进行进一步的调整，根据创意的需要对文字进行艺术化处理。这个例子就是采用这个思路。

**步骤提示**

**STEP 1** 新建一个 Flash 文档，选择【文本】工具 T，在舞台中输入"庆华门诊"4 个蓝色字符，设置字体为"方正综艺简体"（也可根据用户现有字体库自行设置字体样式），如图 3-54 所示。

**STEP 2** 选择文字，连续选择菜单命令【修改】/【分离】，把文字彻底分离。

**STEP 3** 选择【橡皮擦】工具 ✐，擦除"门诊"2 字的"、"部首图形，如图 3-55 所示。

调整字体大小

删除"门诊"2字的点划

图 3-54　输入文字

图 3-55　擦除标点

**STEP 4** 选择【部分选取】工具 ⬧，选择"诊"字"讠"部首左侧的控制点，向左移动字符的控制点，如图 3-56 所示。

**STEP 5** 选择【椭圆】工具 ◯，在"门诊"2 字上方绘制 2 个无边蓝色正圆形，替换原有的"、"部首图形，如图 3-57 所示。

向左移动"讠"部首的控制点

绘制2个无边蓝色正圆形

图 3-56　连接两个文字

图 3-57　绘制图形

STEP **6** 选择 工具，选择"庆"字"大"部首右侧笔画的控制点，向右移动字符的控制点，如图 3-58 所示。

STEP **7** 选择全部图形，选择【任意变形】工具，调整控制点，效果如图 3-59 所示。

向右移动字符的控制点

图 3-58　连接两个文字

图 3-59　调整图形弧度

在这个实例中，只要将文字分离后就可以通过绘制新的图形，使两个文字连贯成一个图形。在文字变形的过程中尽量保留文字的主体部分，否则不便于识别，在变形部分可以根据创意需要来绘制更加复杂的图形替代偏旁部首，比如祥云、浪花等图形都可以丰富文字的内涵。

### 3.3.4　提取分离位图

创建如图 3-60 所示的效果，利用【滴管】工具 改变目标区域的填充图案。

图 3-60　提取分离位图

填充位图的方式有多种，通过后续的学习还可以直接利用【颜色】面板中的"位图填充"进行填充，本例主要通过【滴管】工具直接提取分类的位图图案进行填充。

**步骤提示**

STEP **1** 新建一个 Flash 文档，选择【矩形】工具 ，在舞台中创建 1 个矩形。

STEP **2** 选择【文件】/【导入】/【导入舞台】命令，打开素材文件"鹤.jpg"，单击 打开(O) 按钮引入位图，如图 3-61 所示。

STEP **3** 选择【滴管】工具 ，将鼠标移到图像上部蓝天位置，光标变为吸取状态，单击鼠标，吸取蓝色，填充矩形为蓝色，如图 3-62 所示。

STEP **4** 引入的位图并不能直接用滴管工具吸取图像中的图案，需要选择【修改】/【分离】命令，将位图转换为矢量图形。

STEP **5** 选择【滴管】工具 ，将鼠标移到图像上，光标变为吸取状态，单击鼠标，吸取图案样本。

图 3-61　导入位图　　　　　　　　　　　　　　　图 3-62　填充矩形为蓝色

**STEP** 6 在目标矩形填充区域，光标变成【颜料桶】工具符号，单击鼠标将位图图案填充到该区域，如图 3-63 所示。

**STEP** 7 用【渐变变形】工具调整填充图案大小，如图 3-64 所示，发现填充图案重复排列。

图 3-63　吸取并填充位图　　　　　　　　　　　　　　　　图 3-64　调整填充图案

这个实例可以通过【滴管】工具，简便地实现位图填充的效果，可以通过【渐变变形】工具，对所填图案精心调整，使填充图案更富有变化，比如倾斜、旋转等属性。

### 3.3.5　擦除金鱼

创建如图 3-65 所示的效果，利用【橡皮擦】工具擦除文字和位图。

图 3-65　擦除文字和位图　　　　　　　　　　　　　　　　图 3-66　引入位图

橡皮工具的擦除功能是有一定限制，对于文字和图像这类特殊对象的擦除，是需要进行事先的处理，才能正常地擦除，一般是采用分离对象的功能进行预处理，然后再根据创作需求擦除对象。

**步骤提示**

**STEP** 1 新建一个 Flash 文档，选择【文本】工具 T，在舞台中输入"金鱼—金色池塘"。

**STEP** 2 然后选择【文件】/【导入】/【导入舞台】命令，导入素材文件"金鱼 .jpg"，如图 3-66 所示。

**STEP** 3 同时选择文字和位图，选择【修改】/【分离】命令，把文字和位图一起分离，如图 3-67 所示。

**STEP** 4 然后选择【橡皮擦】工具，可以在舞台中轻松擦除文字和图像，如图 3-68 所示。

图 3-67　分离文字和位图　　　　　　　　　　　　　　　　图 3-68　擦除文字和位图

### 3.3.6　选择修改位图

创建如图 3-69 所示的效果，删除位图不需要的区域。

图 3-69　删除不需要的区域

　　图像的修改一般通过 Photoshop 等专用处理软件进行调整，再行导入，其实 Flash 也可以进行适度的编辑，免除对其他编辑软件的依赖。

## 步骤提示

**STEP 1** 新建一个 Flash 文档，选择【文件】/【导入】/【导入到舞台】命令，导入素材文件"笔记簿 .jpg"。

**STEP 2** 选择【修改】/【分离】命令将位图分离。

**STEP 3** 在画面空白处按下鼠标，拖曳选择位图局部区域，松开鼠标，形成一个封闭的选区，按 Delete 键删除选中的图形，如图 3-70 所示。

**STEP 4** 按 Ctrl + Z 组合键，恢复到位图分离状态。

**STEP 5** 在工具面板下方【选项】区，单击【多边形模式】按钮，在图像上单击鼠标左键，松开鼠标移到下一个位置点，再单击鼠标，按此步骤将你要想选取的区域围起来，最后双击鼠标结束，按 Delete 键删除图形，如图 3-71 所示。

图 3-70　输入文字

图 3-71　擦除标点

**STEP 6** 单击【魔术棒设置】，弹出【魔术棒设置】对话框，如图 3-72 所示。设置【阈值】为 "10"，单击 确定 按钮退出。

**STEP 7** 选择套索工具的【魔术棒】按钮，在位图红色区域单击鼠标左键，选择背景色块，按 Delete 键删除图形，如图 3-73 所示。

图 3-72　连接两个文字

图 3-73　绘制图形

在这个实例中，只要将文字分离后就可以通过绘制新的图形，使两个文字连贯成一个图形。在文字变形的过程中尽量保留文字的主体部分，否则不便于识别，在变形部分可以根据创意的需要来绘制更加复杂的图形替代偏旁部首，比如祥云、浪花等图形都可以丰富文字的内涵。

## 3.4　综合案例——破碎的蛋壳

创建如图 3-74 所示的效果，通过精心调整一个简单椭圆形使其呈现破碎的蛋壳效果。

图 3-74　破碎的蛋壳

绘制过程中要注意辐射状渐变的调整，按照蛋壳的光影效果均匀分布高光和阴影。在蛋壳上，还要注意通过较粗的线条表现蛋壳厚度，这样图形才能比较真实自然。

### 步骤提示

STEP 01　新建一个 Flash 文档。

STEP 02　选择【椭圆】工具 ◎，设置填充色 ◑■ 为由白到黑的放射状渐变色，设置笔触颜色 ✏■ 为由白到黑的线性渐变色，设置【笔触高度】为 "2"，在舞台中绘制一个椭圆形，如图 3-75 所示。

STEP 03　选择填充色，选择【渐变变形】工具 ▥，向左上角移动中心点手柄位置，如图 3-76 所示。

向上移动中心的圆点

图 3-75　绘制椭圆形　　　　　　　图 3-76　移动中心点手柄位置

STEP 04　向左拖曳移动宽度手柄 ▫ 的位置，压缩渐变色横向比例，使渐变色的渐变形状和椭圆形基本一致，如图 3-77 所示。

STEP 05　向右下角拖曳移动大小手柄 ◎ 的位置，放大渐变色区域，使图形内部的渐变色变浅，如图 3-78 所示。

STEP 06　选择【线条】工具 ✎，设置笔触颜色为黑色，在椭圆形上绘制裂纹线条，如图 3-79 所示。

STEP 07　选择裂纹线条中间的填充色，修改填充色为黑色。选择【选择】工具 ▸，向图形内部调整裂纹外边线，如图 3-80 所示。

图 3-77 压缩渐变色横向比例

图 3-78 放大渐变色区域

图 3-79 绘制裂纹线条

图 3-80 调整裂纹外边线

**STEP 8** 选择裂纹下边线，修改笔触颜色为白色，设置【笔触高度】为"4"，如图 3-81 所示。

**STEP 9** 选择椭圆形的边缘线，选择【渐变变形】工具，顺时针拖曳线性渐变旋转手柄，调整图形边线的渐变角度，如图 3-82 所示。

**STEP 10** 选择【椭圆】工具，设置填充色为无色，在舞台中绘制一个无边线椭圆形作为蛋壳的投影，如图 3-83 所示。

图 3-81 调整裂纹下边线

图 3-82 旋转渐变色

图 3-83 绘制鸡蛋的投影

# 3.5 课后习题

1. 如何利用【选择】工具移动复制 1 个圆环变成如图 3-84 所示的重复排列图形？
2. 如何用编辑工具设计如图 3-85 所示的变形文字效果？

图 3-84 重复排列图形

图 3-85 变形文字效果

3. 如何利用【Deco】工具 的【对称刷子】选项创建出如图 3-86 所示的旋转排列图形效果?

4. 如何利用【Deco】工具 的【装饰性刷子】选项创建出如图 3-87 所示的打绳结效果?

图 3-86 旋转排列图形

图 3-87 打绳结

# Chapter
# 4

## 第4章
## 文本、辅助工具和色彩

文字是信息传递的主要途径，灵活掌握其编辑和使用方法是十分重要的。辅助工具和面板工具包括【手形】工具、【缩放】工具以及【对齐】和【变形】面板等。辅助工具在调整图形显示和大小比例、对齐方式等方面起到重要的作用。色彩是作品表现力的重要因素，掌握色彩应用方法除了熟悉色彩搭配的原理外，还要充分理解各类颜色面板的使用方法。

### 学习目标

● 掌握文本的输入方法与编辑技巧。

● 掌握辅助工具和辅助面板的使用方法。

● 掌握色彩的选择与编辑技巧。

# 4.1 功能讲解

　　文本和色彩作为作品重要的元素，其各种设置和调整方法都应该熟练掌握。下面从相关工具的面板设置和调整角度来详细介绍文本、色彩和辅助工具的基本应用方法。

## 4.1.1 文本输入与编辑

　　Flash CS6 包括两种文本引擎，一种是 TLF 文本，一种是传统文本。与传统文本相比，TLF 文本支持更多丰富的文本布局功能和对文本属性的精细控制。文本【属性】面板如图 4-1 所示。

图 4-1　【文本】工具 TLF 文本引擎模式【属性】面板

与传统文本相比，TLF 文本增强了下列功能。

- 更多字符样式，包括行距、连字、加亮颜色、下画线、删除线、大小写及数字格式等。
- 更多段落样式，包括通过栏间距支持多列、末行对齐选项、边距、缩进、段落间距和容器填充值。
- 控制更多亚洲字体属性，包括直排内横排、标点挤压、避头尾法则类型和行距模型。
- TLF 文本可以直接应用 3D 旋转、色彩效果以及混合模式等属性，而无需将 TLF 文本转换为图形元件。
- TLF 文本可按顺序排列在多个文本容器中。这些容器称为链接文本容器。
- 能够针对阿拉伯语和希伯来语文字创建从右到左的文本。
- 支持双向文本，其中从右到左的文本可包含从左到右文本的元素。当遇到在阿拉伯语或希伯来语文本中嵌入英语单词或阿拉伯数字等情况时，此功能必不可少。

文本【属性】面板中主要包括【字符】、【高级字符】、【段落】、【高级段落】、【容器和流】卷展栏。要设置字符样式，可使用文本【属性】面板中的【字符】和【高级字符】卷展栏选项。要设置段落样式，则使用【段落】和【高级段落】卷展栏选项。要设置 TLF 文本跨多个容器的文本排版，则使用【容器和流】卷展栏选项，但不适用于传统文本引擎模式。

### 4.1.2　辅助工具

辅助工具可以方便地观察、编辑作品，有利于提高创作效率的工具，包括【手形】工具和【缩放】工具。在对创建对象编辑过程中，辅助工具也是经常使用的工具，所以在此对辅助工具进行比较详细的讲解。

要在屏幕上查看整个舞台，或要以高缩放比率的情况下查看绘图的特定区域，可以更改缩放比率。最大的缩放比率取决于显示器的分辨率和文档大小。

【缩放】工具可以通过更改缩放比率或在 Flash 工作环境中移动舞台来更改舞台中的视图显示。此外，还可以使用菜单命令【视图】/【缩放比例】调整舞台的视图。

单击放大按钮可以放大舞台中的对象，单击缩小按钮可以缩小舞台中的对象。要放大绘画的特定区域，请使用【缩放】工具拖出一个矩形选取框。

双击【缩放】按钮可以使舞台中的画面恢复到 100% 的显示比例。

### 4.1.3　辅助编辑面板

在 Flash CS6 软件中创建和编辑图形时，辅助编辑面板功能使用效率比较高，在优化作品的制作效果时发挥了较大的作用，如【对齐】和【变形】面板等。

【对齐】面板为用户提供了多种排列图形对象的选项，通过这些选项，能够方便、快捷地设置对象之间的相对位置，比如对齐、平分间距及调整图形长、宽比例等操作。

选择菜单命令【窗口】/【对齐】，调出【对齐】面板，如图 4-2 所示。

在【对齐】栏中包含 6 个按钮，分别实现对象的垂直左对齐、垂直中心对齐、垂直右对齐、水平上对齐、水平居中对齐和水平下对齐。

在【分布】栏中包含 6 个按钮，分别实现多个对象在垂直方向上的上端间距相等、中心间距相等、下端间距相等，水平方向上的左端间距相等、中心间距相等、右端间距相等。

【匹配大小】栏是对选取对象进行等尺寸调整，包含 3 个按钮，其作用介绍如下。

- ：在水平方向上等尺寸变形，以所选对象中最长的或画面尺寸为基准。
- ：在垂直方向上等尺寸变形，以所选对象中最长的或画面尺寸为基准。
- ：在水平和垂直方向上同时进行等尺寸变形，以所选对象中最长的或画面尺寸为基准。

【间隔】栏中包含两个按钮，其作用介绍如下。

- ：选取对象在纵向上间距相等。
- ：选取对象在横向上间距相等。

【与舞台对齐】选项，其作用是以整个舞台范围为标准，在等距离调整时，先将对象的外边线吸附到画面的对应边缘后，再等分对象之间的距离。在尺寸匹配时，以对应边长为基准拉伸对象。不选择此项时，则以选取对象所在的区域为标准。

使用【变形】面板可以根据所选元素的类型，进行任意变形、旋转、倾斜、缩放或扭曲操作，【变形】面板如图 4-3 所示。

图 4-2　【对齐】面板

图 4-3　【变形】面板

### 4.1.4　色彩的选择与编辑

Flash CS6 使用 RGB 或 HSB 颜色模型应用、创建和修改颜色。RGB 颜色模式常被人们称为三原色模式，包括红（Red）、绿（Green）、蓝（Blue）3 个要素。HSB 颜色模式便是基于人对颜色的心理感受的一种颜色模式，包括色泽（Hue）、饱和度（Saturation）和亮度（Brightness）3 个要素。

用户可以使用默认调色板或者自己创建的调色板，也可以将设置好的笔触或填充的颜色应用到要创建的或舞台中已有的对象上。将笔触颜色应用到形状，将会用这种颜色对形状的轮廓涂色。将填充颜色应用到形状，将会用这种颜色对形状的内部涂色。

在【颜色选择器】面板菜单中包含常用的色彩编辑和管理命令，结合这些命令，可以方便地对颜色进行编辑操作。下面详细地介绍此面板的功能，如图 4-4 所示。

图 4-4　【颜色选择器】面板主要功能

【颜色选择器】面板主要包括如下内容。

- 色彩预览区：位于面板的左上角，用于预览选取的色彩。
- 色彩样本区：位于面板下方，包括 216 种纯色。其中最左侧是由 6 种从黑到白的梯度渐变色和红、绿、蓝、黄、青、紫 6 种纯色组成。
- 十六进制编辑文本框：在定制色彩选择面板的左上角还有一个输入区，可以用来显示或直接在其中输入十六进制色彩数值来获取色彩。
- 透明度设置区：在面板的右上角，用于设置色彩的透明程度。
- 颜色选择器按钮：是用于调出自选纯色编辑面板，以选择更加个性的色彩。

【样本】面板的基本功能和【颜色选择器】面板的功能基本一致，如图 4-5 所示。对于【样本】面板，还可以通过面板菜单提供的一系列命令进行有效管理。单击【样本】面板右上角的 ≡ 按钮，弹出一个下拉式菜单，如图 4-6 所示。

图 4-5 【样本】面板

图 4-6 【样本】面板菜单

【样本】面板菜单中主要菜单命令的作用介绍如下。

- 【直接复制样本】：用于将该面板中的色彩复制出一个新的色彩。
- 【删除样本】：删除该面板中的某一种色彩。
- 【添加颜色】：将在系统中保存的色彩文件增加到【样本】面板中，其所调用的文件格式包括"*.clr""*.act"和"*.gif"。
- 【替换颜色】：将在系统中保存的色彩文件增加到【样本】面板中，并替换掉原有色彩，其所调用的文件格式包括"*.clr""*.act"和"*.gif"。
- 【加载默认颜色】：恢复到【样本】面板的初始状态。
- 【保存颜色】：将当前编辑修改的色彩以"*.clr"和"*.act"等格式保存到系统中，方便以后再次调用。
- 【保存为默认值】：用当前编辑修改的色彩替换掉系统默认的色彩，在进行这项操作时要注意这一点。
- 【清除颜色】：清除当前面板中的所有色标。
- 【Web 216 色】：调用符合互联网标准的色彩。
- 【按颜色排序】：将左侧色彩选择栏中的色标按色相来排列。

在【颜色】面板中可以选择、编辑纯色与渐变色。用户可以设置渐变色的类型，也可以在 RGB、HSB 模式下选择颜色，或者展开该面板，使用十六进制模式选择色彩，还可以指定 Alpha 值来定义颜色的透明度。

选择菜单命令【窗口】/【颜色】，打开【颜色】面板，如图 4-7 所示。

图 4-7 【颜色】面板

- 单击  按钮，可以选择、编辑矢量线的色彩。
- 单击 按钮，可以选择、编辑矢量色块的色彩。

在【填充颜色】按钮下面分别对应的 3 个按钮的功能介绍如下。

- 【黑白】按钮 ：默认色彩按钮，可以快速地切换到黑白两色状态。
- 【没有颜色】按钮 ：用于取消矢量线的填充或是取消对矢量色块的填充。
- 【交换颜色】按钮 ：用于快速地切换矢量线和矢量色块之间的色彩。

【颜色】面板中色彩的选择、设置包括以下 5 部分。

- HSB 模式设置区：可以通过 HSB 三种颜色心理感受数值来获取标准色。
- RGB 模式设置区：可以通过 RGB 三色数值（0 ~ 255）来获取标准色。
- 【Alpha】设置选项：其取值范围是 1 ~ 100，取值越小越透明。每个数值输入区的右侧都有一个滑动调整杆，可用来快速地调整出所需的色彩。
- 直观色彩选取区：用于选择随意性较强的色彩，其操作方法是将鼠标光标移至要选取的色彩选择区上，然后单击鼠标选取色彩就可以了。
- 十六进制色彩设置区：可以直接输入十六进制颜色数值选择色彩。

渐变色编辑主要包括【线性】渐变和【放射状】渐变两种方式。当要增加渐变色彩的数量时，在【颜色】面板中的渐变色条下面的合适位置单击鼠标左键，对该色标的色彩进行调整。色标就代表渐变过程中的一个色阶，用户可以根据需要不断增加色标，也可以将色标拖曳到色条外删除某一色阶。

# 4.2 课堂案例

下面将通过范例分别讲述文本和辅助面板的调整方法。

### 4.2.1 再别康桥

设置一首诗词图文混合排版的效果，如图 4-8 所示。主要利用 TLF 文本引擎丰富的设置选项，细化调整文字样式；利用容器流创建丰富的版式效果。

再别康桥

图 4-8　诗词排版

## 步骤提示

STEP 1　新建一个 Flash 文档。将素材文件"诗词背景 .jpg"导入到舞台。

STEP 2　在【时间轴】面板中单击【新建图层】按钮 ，增加"图层 2"层。

**STEP 3** 打开素材文件"素材文件 \04\ 再别康桥 .txt"，复制诗词文字信息。

**STEP 4** 选择【文本】工具 **T**，设置【文本引擎】选项"TLF 文本"。

**STEP 5** 在舞台中拖曳文本框，粘贴文字信息。此时文本内容超出容器范围，如图 4-9 所示。

图 4-9　粘贴文本

**STEP 6** 在文本容器（蓝色线框）右下角田图标上单击鼠标左键，鼠标光标变为符号，在右侧单击鼠标左键，出现新文本容器，如图 4-10 所示。

**STEP 7** 调整新文本容器边缘控制柄，当容器右下角出现□图标时，表示已经显示全部文本，如图 4-11 所示。

图 4-10　创建第二个文本容器

图 4-11　调整文本容器大小

**STEP 8** 在左侧文本容器左上方的□图标上单击鼠标左键，在上方拖曳出新文本容器。调整容器大小和位置，诗词标题文本容器效果如图 4-12 所示。

**STEP 9** 双击诗词标题文本容器进入编辑状态，选择诗词标题，利用【字符】卷展栏选项调整文本的颜色和大小，如图 4-13 所示。通过这种方式可以独立编辑单个容器的文本属性。

图 4-12　创建新文本容器

图 4-13　调整标题

**STEP 10** 选择右侧文本容器，在【容器和流】卷展栏调整列选项为"2"，文本被分成两栏。

**STEP 11** 设置容器边框颜色为深灰色，【边框宽度】选项为"3"。设置容器背景颜色为浅黄色，如图 4-14 所示。

**STEP 12** 双击右侧文本容器，选择文字，在【字符】卷展栏设置【加亮显示】选项颜色为棕黄色，如图 4-15 所示。

图 4-14　细化调整参数

图 4-15　加亮显示文本

**STEP 13** 双击左侧文本容器，选择第一段文字，在【字符】卷展栏设置【字符旋转】旋转 自动 选项为 "270°"，如图 4-16 所示。

**STEP 14** 在【时间轴】面板中单击【新建图层】按钮，增加 "图层 3" 层。

**STEP 15** 将素材文件 "素材文件 \04\ 书籍 .jpg" 导入到舞台，排版效果如图 4-17 所示。

图 4-16　旋转字符

图 4-17　导入位图

## 4.2.2　数学公式

数学公式、化学方程式等都是日常学习中常用的内容。下面创建一个简单的数学公式，以说明文本的格式应用。

**STEP 1** 新建一个 Flash 文档。选择【文本】工具 T，在舞台中单击鼠标左键后输入一个数学公式，如图 4-18 所示。

数学公式

**STEP 2** 选择字符 "2"，在【属性】面板中单击【切换下标】按钮，文字将会成为前一字符的下标，如图 4-19 所示。

**STEP 3** 选择字符 "3"，在【属性】面板中单击【切换上标】按钮，文字将会成为前一字符的上标，如图 4-20 所示。

图 4-18　输入数学公式　　　　图 4-19　选择下标　　　　图 4-20　选择上标

**STEP 4** 选择文本框，单击【改变文本方向】按钮，在弹出的菜单中选择【垂直，从左向右】选项，使数字变为纵向排列，如图 4-21 所示。

**STEP 5** 操作完成后，这时公式处于一种不正常的状态；用鼠标调整文本框的角点，使文本框变窄，则公式变化为竖排的一种基本形态，如图 4-22 所示。

图 4-21 纵向排列数字

图 4-22 调整文本框的宽度

**STEP 6** 这时，【属性】面板中又增加了一个【旋转】按钮。单击该按钮，使文字旋转90°，则公式呈现一个正常的竖排样式，如图 4-23 所示。

图 4-23 使文字旋转 90°

### 4.2.3 排列矩形

利用【对齐】面板中的不同按钮对齐 3 个矩形，创建如图 4-24 所示的效果。实现这一效果，需要熟悉【对齐】面板上按钮的功用，体会不同的对齐方式。

图 4-24 对齐 3 个矩形

排列矩形

## 步骤提示

**STEP 1** 新建一个 Flash 文档。选择【矩形】工具，绘制 3 个不同色彩和大小的矩形，如图 4-25 所示。

**STEP 2** 选择菜单命令【窗口】/【对齐】，调出【对齐】面板。

**STEP**  选择 3 个矩形，单击【水平平均间隔】按钮 ，使选取对象的横向间距相等，如图 4-26 所示。

图 4-25　绘制 3 个矩形　　　　　　　　　　图 4-26　等分矩形间距

**STEP**  单击【底对齐】按钮 ，使选取对象的下边缘对齐，如图 4-27 所示。

**STEP** 选择【与舞台对齐】复选项，在面板中单击【垂直中齐】按钮 ，使 3 个矩形横向中心对齐，如图 4-28 所示。

**STEP** 取消选择【与舞台对齐】复选项，然后单击【匹配高度】按钮 ，使选取对象以纵向长度最大的矩形为标准拉伸其他矩形，如图 4-29 所示。

图 4-27　基于下边缘对齐位图　　　图 4-28　横向中心对齐矩形　　　图 4-29　拉伸图形长度

# 4.3 实训

这一节通过两个制作的例子，讲述【变形】面板和【颜色】面板的应用，熟悉这两个使用频率较高的面板可以提高制作效率。

## 4.3.1 有趣的图形

旋转复制图形组合，创建如图 4-30 所示有趣的效果。经过分析后发现，图形是基于同一中心旋转而成的。首先绘制基础图形，接下来调整旋转中心，再算出图形旋转间隔 20° 角，基本上就能把握该图形的绘制方法。

图 4-30　旋转复制图形

有趣的图形

**步骤提示**

**STEP** 新建一个 Flash 文档。选择菜单命令【插入】/【新建元件】，打开【创建新元件】对话框，在【类型】下拉列表中选择【图形】选项，如图 4-31 所示，然后单击 确定 按钮退出。

图 4-31　创建新元件

**STEP** **2** 选择【椭圆】工具◎，在【属性】面板中确认【对象绘制】按钮◎为按下状态，在舞台中绘制一个蓝色黑边正圆形。

**STEP** **3** 选择【线条】工具＼，绘制垂直线，和圆形一起相对舞台中心对齐，如图 4-32 所示。

图 4-32　排列图形

**STEP** **4** 按Alt键，选择并拖曳圆形，在垂直方向上复制一个圆形。

**STEP** **5** 选择菜单命令【窗口】/【变形】，打开【变形】面板。

**STEP** **6** 选择新圆形，单击◎◎按钮，调整◆参数为"50%"，等比例缩小图形如图 4-33 所示。

**STEP** **7** 在【时间轴】面板中，单击■场景1，将舞台切换到主场景。选择【窗口】/【库】命令，打开【库】面板。将面板中的"元件 1"，拖放到舞台中。

**STEP** **8** 选择【任意变形】工具▦，移动图形的旋转中心位置到下部，调整【旋转】选项为"20"，如图 4-34 所示。

图 4-33　缩小圆形

图 4-34　设置图形旋转角度

**STEP** **9** 连续单击【重制选区和变形】按钮▣，使图形旋转复制出如图 4-35 所示的效果。

**STEP** **10** 选择舞台中的一个元件，双击鼠标左键进入元件编辑状态。

**STEP** **11** 选择直线段，选择【倾斜】选项，设置【水平倾斜】选项∅为"12"，按Enter键确认，图形倾斜效果如图 4-36 所示。

图 4-35　旋转复制图形

图 4-36　倾斜线段

**STEP 12** 选择小圆形，设置【垂直倾斜】选项为 "60"，效果如图 4-37 所示。

图 4-37　倾斜圆形

**STEP 13** 在【时间轴】面板中，单击　场景 1，将舞台切换到主场景。

**STEP 14** 选择菜单命令【控制】/【测试影片】，打开播放器窗口观看效果。

通过对【变形】面板中参数的调整，可以使图形产生规律性变化，对于有序的多组图形，该面板可以发挥很好的作用。

### 4.3.2　水晶台球

绘制精美的水晶状台球，如图 4-38 所示。

图 4-38　水晶台球

水晶台球

要实现水晶渐变色填充效果，首先根据图形明暗规律设置放射状渐变色色彩，再通过透明渐变色调整出图形亮部和高光效果。

**步骤提示**

**STEP 1** 新建一个 Flash 文档。选择【椭圆】工具，按下选项区【对象绘制】按钮，按 Shift 键，绘制黑边圆形。

**STEP 2** 选择圆形，在【颜色】面板单击【填充颜色】按钮，选择【颜色类型】中的【径向渐变】选项。

**STEP 3** 移动光标到【颜色】面板渐变色条下方，当出现光标时，单击鼠标左键增加两个

色标。

**STEP 4** 分别选择 4 个色标，在色彩选择区调整不同色差的蓝色，如图 4-39 所示。

**STEP 5** 选择【椭圆】工具，在蓝色正圆形上方绘制一个无边椭圆形。

**STEP 6** 在【颜色】面板的【颜色类型】中选择【线性渐变】选项，选择左侧的色标，调整为白色，设置【Alpha】值为"79%"，选择右侧的色标，调整为白色，设置【Alpha】值为"0%"，如图 4-40 所示。

图 4-39　编辑渐变色　　　　　　　　　　　　　　　图 4-40　调整反光效果

**STEP 7** 选择工具，按 Shift 键，绘制两个无边白色圆形，大小和位置如图 4-41 所示。

**STEP 8** 选择【文本】工具 **T**，输入"8"。调整文字的大小、角度和位置，如图 4-42 所示。

图 4-41　绘制圆形　　　　　　　　　　　　　　　图 4-42　输入并调整文字

在本实例中，重点是掌握【颜色】面板相关选项的设置方法，这对丰富作品色彩起到很重要的作用。

### 4.3.3　九角星

创建如图 4-43 所示的效果，旋转复制图形。

图 4-43　旋转复制图形

**步骤提示**

**STEP 1** 新建一个 Flash 文档。选择【矩形】工具，在舞台中绘制绿色黑边矩形，调整矩形上部为尖角，如图 4-44 所示。

**STEP 2** 选择【窗口】/【变形】命令，打开【变形】面板。

**STEP**  选择矩形，勾选【约束】选项，在前面输入框中输入"80%"，按 Enter 键确定，图形缩小效果如图 4-45 所示。

图 4-44　创建三角形

图 4-45　缩小图形

**STEP** 取消勾选【约束】选项，在 ↕ 输入框中输入"110%"，按 Enter 键确定，图形拉伸效果如图 4-46 所示。

**STEP** 在【旋转】选项中输入"60"，按 Enter 键确定，图形旋转如图 4-47 所示。

图 4-46　拉伸图形

图 4-47　旋转图形角度

**STEP** 勾选【倾斜】选项，在水平倾斜输入框 中输入"10"，按 Enter 键确定，图形倾斜效果如图 4-48 所示。

**STEP** 单击面板右下角的 按钮，图形恢复到初始状态。

图 4-48　倾斜图形

图 4-49　移动图形的旋转中心位置到下部

**STEP** 选择【任意变形】工具 ，移动图形的旋转中心位置到下部，如图 4-49 所示。

**STEP** 在【旋转】选项中输入"40"，单击面板右下角的 按钮，图形旋转复制出如图 4-50 所示的效果。

图 4-50　旋转复制图形

通过对【变形】面板中参数的调整，可以使图形产生规律性变化，对于有序的多组图形，该面板可以发挥很好的作用。

### 4.3.4　丰富的渐变色

创建如图 4-51 所示的效果，绘制渐变色矩形并编辑、调整到理想状态。

图 4-51　编辑渐变色

渐变色彩的设置一般比较简单，但是编辑出协调的色彩，需要有一定的色彩审美意识才能把握得比较理想。本例主要侧重于渐变色的基本编辑技巧。对色彩的规律和审美，需要大家在日常设计作品中多进行积累。

**步骤提示**

STEP 1　新建一个 Flash 文档。

STEP 2　选择【窗口】/【颜色】命令，打开【颜色】面板。

STEP 3　单击按钮右侧的色彩区域，在弹出的【颜色样本】面板中选择一种线性渐变色。

STEP 4　在工具面板中选择【矩形】工具，在舞台中任意拖曳出具有渐变色彩的矩形，如图 4-52 所示。

STEP 5　选择【渐变变形】工具，向左移动渐变色的中心位置，并缩小渐变范围，如图 4-53 所示。

图 4-52　绘制矩形

图 4-53　调整渐变色

STEP 6　在【颜色】面板中选择【流】选项中第 2 个选项，超出渐变范围的渐变色会以镜像的方式继续填充图形，如图 4-54 所示。

**STEP**  在【颜色】面板中选择【流】选项中第 3 个选项，超出渐变范围的渐变色会以重复模式继续填充图形，如图 4-55 所示。

图 4-54　镜像的方式继续填充图形　　　　　　　　图 4-55　重复渐变色填充

**STEP**  在【颜色】面板中，单击【类型】选项，从下拉列表中选择【径向渐变】选项，切换到放射状渐变色面板，如图 4-56 所示。

图 4-56　编辑应用放射状渐变色

在本实例中，重点是掌握【颜色】面板相关选项的设置方法。较为精确的色彩设置，可以通过参数进行。这样数值完全一致的色彩，可以创作出更为严谨的作品。

# 4.4 综合案例——圣诞树

绘制卡通效果的圣诞树，并为其添加白色的裙边效果，给人以明快轻松的感觉，如图 4-57 所示。在绘制过程中，首先要把握圣诞树塔状图形的层叠效果，再利用渐变色生成圣诞树的阴影等光效，增强图形的立体效果，最后利用白色的雪色裙边加强画面的对比效果。

图 4-57　圣诞树

## 步骤提示

**STEP 1** 新建一个 Flash 文档，设置背景色为浅蓝色，并以文件名"圣诞树 .fla"保存。

**STEP 2** 选择【矩形】工具□，绘制无边线线性渐变矩形，调整矩形形态接近于树干的形态，在【颜色】面板中调整线性渐变为两种棕色色彩渐变，如图 4-58 所示。

**STEP 3** 在【时间轴】面板中新建"图层 2"，选择【线条】工具\，选择黑色实线绘制 1 个三角形树冠外形，选择【选择】工具▶调整线条下边缘的弧度。

**STEP 4** 在【颜色】面板中调整线性渐变为两种绿色色彩渐变。选择【颜料桶】工具◇填充图形。

**STEP 5** 选择【渐变变形】工具圖，调整渐变色的渐变角度，如图 4-59 所示，产生光线从左上角照射的感觉。

图 4-58　绘制树干形状

图 4-59　调整渐变色

**STEP 6** 选择"图层 2"第 1 帧，单击鼠标右键，弹出快捷菜单，选择【复制帧】命令。新建"图层 3"，选择第 1 帧，单击鼠标右键，在弹出的快捷菜单中选择【粘贴帧】命令。

**STEP 7** 将图形的填充色调整为深绿色，并在【颜色】面板中设置【Alpha】选项为"60%"。选择【选择】工具▶调整线条下边缘的弧度，使其露出左下角的区域，如图 4-60 所示。

**STEP 8** 同时选择"图层 2"和"图层 3"的第 1 帧，单击鼠标右键选择【复制帧】命令。新建"图层 4"和"图层 5"，选择"图层 4"的第 1 帧，单击鼠标右键选择【粘贴帧】命令。

**STEP 9** 同时选择新粘贴的两个图形，选择【任意变形】工具圖缩小图形，并移动到画面的上部，如图 4-61 所示。

图 4-60　绘制树冠的阴影

图 4-61　创建并调整第 2 组树冠形态

**STEP 10** 选择"图层 2"第 1 帧，单击鼠标右键选择【复制帧】命令。新建"图层 6"，选择第 1 帧，单击鼠标右键选择【粘贴帧】命令。选择【任意变形】工具圖缩小图形，并移动到画面的上部，如图 4-62 所示。

**STEP 11** 在【时间轴】面板中增加一个新层"图层 7"，选择【刷子】工具✎，选择白色，绘制积雪图形，如图 4-63 所示。

图 4-62　创建并调整第 3 组树冠形态

图 4-63　绘制树木的积雪效果

# 4.5　课后习题

1. 选择文字工具创建如图 4-64 所示的文本排版效果。
2. 选择文字工具创建如图 4-65 所示的竖排文本效果。

图 4-64　文本排版效果

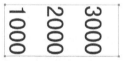

图 4-65　竖排文本

3. 利用【颜色】面板编辑并填充如图 4-66 所示的放射状渐变色效果。

图 4-66　放射状渐变色效果

Chapter

# 5

## 第5章
## 导入资源和元件应用

丰富的媒体资源引用对增加作品生动性起到至关重要的作用，不同的媒体具有不同的特性，熟练处理各类媒体之间的差异，根据作品需求有选择地利用媒体，才能使作品锦上添花。元件是在利用媒体时经常接触到的应用形式，结合Flash CS6元件的使用，对优化作品品质、提高效率都能产生很大的影响。

**学习目标**

- 理解元件和实例的概念。
- 掌握元件、实例的特点和制作方法。
- 掌握滤镜与混合的应用技巧。

# 5.1 功能讲解

Flash 资源的应用是一个相对复杂的环节，不同类型的资源引用会有不同的途径和方法，这需要平时多比较不同资源的应用差异，熟悉相关设置。

## 5.1.1 元件与实例

元件是指创建一次即可以多次重复使用的矢量图形、按钮、字体、组件或影片剪辑。想成为一位成熟的 Flash 软件用户，一定要学会熟练创建和应用元件。元件是可以在文档中重新使用的元素。元件包括图形、按钮、视频剪辑、声音文件或字体。当创建一个元件时，该元件会存储在文件的库中。当将元件放在舞台上时，就会创建该元件的一个实例。

每个元件都有唯一的时间轴和舞台。创建元件时首先要选择元件类型，这取决于用户在影片中如何使用该元件。常见的元件类型有 3 种，即图形元件🖾、按钮元件🖺和影片剪辑元件🖾。

- 图形元件🖾：对于静态位图可以使用图形元件，并可以创建几个连接到主影片时间轴上的可重用的动画片段。图形元件与影片的时间轴同步运行。交互式控件和声音不会在图形元件的动画序列中起作用。可以在这种元件中引用和创建矢量图形、位图、声音和动画等元素。

- 按钮元件🖺：使用按钮元件可以在影片中创建响应鼠标点击、滑过或其他动作的交互式按钮。可以定义与各种按钮状态关联的图形，然后指定按钮实例的动作。在创建按钮元件时，关键是区别 4 种不同的状态帧。其中包括【弹起】、【指针经过】、【按下】和【点击】。前 3 种状态帧根据字面意思就很容易理解，最后一种状态是确定激发按钮的范围，在这个区域创建的图形是不会出现在画面中的。

- 影片剪辑元件🖾：使用影片剪辑元件可以创建可重用的动画片段。影片剪辑拥有它们自己的独立于主影片的时间轴播放的多帧时间轴，即可以将影片剪辑看作主影片内的小影片（包含交互式控件、声音甚至其他影片剪辑实例），也可以将影片剪辑实例放在按钮元件的时间轴内，以创建动画按钮。

实例是指位于舞台上或嵌套在另一个元件内的元件副本。实例可以与它的元件在颜色、大小和功能上差别很大。编辑元件会更新它的所有实例，但对元件的一个实例应用效果则只更新该实例。创建元件之后，可以在文档中任何需要的地方（包括在其他元件内）创建该元件的实例。重复使用实例不会增加文件的大小，是使文档文件保持较小的一个很好的方法。

当创建影片剪辑元件🖾和按钮元件🖺实例时，Flash 将为它们指定默认的实例名称。可以在【属性】面板中将自定义的名称应用于实例，也可以在动作脚本中使用实例名称来引用实例。如果要使用动作脚本控制实例，必须为其指定一个唯一的名称。

每个元件实例都有独立于该元件的属性。用户可以更改实例的色调、透明度和亮度，重新定义实例的行为，并可以设置动画在图形实例内的播放形式。也可以倾斜、旋转或缩放实例，这并不会影响元件本身。

在【属性】面板左侧的【实例行为】选项中包含 3 个选项，用于实例在图形元件🖾、按钮元件🖺和影片剪辑元件🖾之间相互转换。用户可以改变实例的类型来重新定义它在影片中的行为。如果一个图形实例包含用户想要独立于主影片的时间轴播放的动画，可以将该图形实例重新定义为影片剪辑实例。

在【属性】面板左侧的【实例名称】选项文本框可以为引入舞台后的元件命名。相同的元件只要重复被引用到舞台，就可以拥有一个相对独立的引用名称，供以后设置动作语言时制定调用对象。

每个元件实例都可以有自己的色彩效果。要调整实例的颜色和透明度，可使用【属性】面板中【色彩效果】区的【样式】选项进行设置。为了追求比较丰富的作品变化效果，需要对元件的色彩、亮度和透明度进行调整。

【样式】选项下拉列表中的其他 4 个选项介绍如下。

- 【亮度】：调节图像的相对亮度或暗度，参数是从黑（–100%）到白（100%）。选择该选项后，拖动滑块，或者在文本框内输入一个值调节图像的亮度。
- 【色调】：用相同的色相为实例着色，参数从透明（0%）到完全饱和（100%）。选择该选项后，拖动滑块，或者在文本框内输入一个值来调节色调。要选择颜色，可在各自的文本框中输入红、绿和蓝色的值，或单击颜色框，并从弹出窗口中选择一种颜色，也可以单击【颜色选择器】按钮▯。
- 【Alpha】：调节实例的透明度，参数从透明（0%）到完全饱和（100%）。拖动滑块，或者在文本框内输入一个值，即可调节透明度。
- 【高级】：分别调节实例的红、绿、蓝和透明度的值。对于在诸如位图这样的对象上创建和制作具有微妙色彩效果的动画时，该选项非常有用。左侧的控件使用户可以按指定的百分比降低颜色或透明度的值。右侧的控件使用户可以按常数值降低或增大颜色、透明度的值。

## 5.1.2　滤镜及应用

使用滤镜，可以为文本、按钮和影片剪辑增添丰富的视觉效果，投影、模糊、发光和斜角都是常用的滤镜效果。Flash CS6 还可以使用补间动画让应用的滤镜活动起来。应用滤镜后，可以随时改变其选项，或者重新调整滤镜顺序以试验组合效果。在【属性】面板中，可以启用、禁用或者删除滤镜。删除滤镜时，对象恢复原来外观。

（1）【投影】滤镜可以模拟对象向一个表面投影的效果，或者在背景中剪出一个形似对象的洞，来模拟对象的外观。其面板如图 5-1 所示。

图 5-1　【投影】滤镜参数设置面板

（2）【模糊】滤镜可以柔化对象的边缘和细节。模糊滤镜的参数比较少，主要包括模糊程度和品质两项参数，其面板如图 5-2 所示。

（3）【发光】滤镜可以为对象的整个边缘应用颜色，其面板如图 5-3 所示。

（4）【斜角】滤镜就是为对象应用加亮效果，使其看起来凸出于背景表面。可以创建内斜角、外斜角或者完全斜角，其面板如图 5-4 所示。

图 5-2　【模糊】滤镜参数设置面板　　　图 5-3　【发光】滤镜参数设置面板　　　图 5-4　【斜角】滤镜参数设置面板

（5）【渐变发光】滤镜可以在发光表面产生带渐变颜色的发光效果。渐变发光要求选择一种颜色作为渐变开始的颜色，该颜色的 Alpha 值为"0"，且无法移动其位置，但可以改变该颜色。渐变发光滤镜的效果和发光滤镜的效果基本一样，只是可以调节发光的颜色为渐变颜色，还可以设置角度、距离和类型，其面板与图 5-4 类似，不再赘述。

（6）【渐变斜角】滤镜可以产生一种凸起效果，使对象看起来好像从背景上凸起出来，且斜角表面有渐变颜色。渐变斜角要求渐变的中间有一个颜色，颜色的 Alpha 值为"0"。且此颜色的位置无法移动，但可以改变该颜色。它的控制参数和斜角滤镜的相似，所不同的是它能更精确地控制斜角的渐变颜色。

（7）使用【调整颜色】滤镜可以调整所选影片剪辑、按钮或者文本对象的亮度、对比度、色相和饱和度。

### 5.1.3 混合方式

一直以来，Flash 的图像处理功能都不强，一般需要利用第三方软件处理后才能导入到软件中。现在，Flash CS6 引入了 Photoshop 的混合模式功能。混合模式是利用数学算法通过一定运算来混合叠加在一起的两层图像。利用混合模式，可以改变两个或两个以上重叠对象的透明度或者颜色间的相互关系，创建复合的图像，从而创造独特的效果。

Flash CS6 提供了以下 14 种混合模式。

- 【一般】：正常应用颜色，不与基准颜色有相互关系。
- 【图层】：可以层叠各个影片剪辑，而不影响其颜色。
- 【变暗】：只替换比混合颜色亮的区域，比混合颜色暗的区域不变。
- 【正片叠底】：将基准颜色复合以混合颜色，从而产生较暗的颜色。
- 【变亮】：只替换比混合颜色暗的区域，比混合颜色亮的区域不变。
- 【滤色】：应用此模式，用背景颜色乘以前景颜色的反色，产生高亮度的画面效果。
- 【叠加】：进行色彩增值或滤色，具体情况取决于基准颜色。
- 【强光】：进行色彩增值或滤色，具体情况取决于混合模式颜色。该效果类似于用点光源照射对象的效果。
- 【增加】：在基准颜色的基础上增加混合颜色。
- 【减去】：从背景颜色中去除前景颜色。
- 【差值】：从基准颜色中减去混合颜色，或者从混合颜色中减去基准颜色，具体情况取决于哪个的亮度值较大。
- 【反相】：取基准颜色的反色。
- 【Alpha】：应用此模式，可以完全透明显示背景图像或图形。
- 【擦除】：擦除前景颜色，显示背景颜色，效果和【Alpha】选项相似。

## 5.2 课堂案例

本节首先讲述图像资源引用方法并设置相关属性，再以图形元件为例讲述元件的基本创建方法。

### 5.2.1 爱牙日广告

创建如图 5-5 所示的效果，保留 psd 的图层和原始信息。实现这一效果，主要利用【PSD 导入】面板设置相关选项，根据作品创作需求保留相对独立的文件信息，为后续的动画制作提供较

爱牙日广告

图 5-5 爱牙日广告

好的基础条件。

## 步骤提示

**STEP 1** 新建一个 Flash 文档，选择菜单命令【文件】/【导入】/【导入到舞台】，导入素材文件"爱牙日广告 .psd"。

**STEP 2** 在弹出的 PSD 导入对话框中选择【将舞台大小设置为与 Photoshop 画布大小相同】复选项，如图 5-6 所示，将使舞台大小设置为与 Photoshop 画布大小相同的"800 像素 ×600 像素"。

**STEP 3** 在左侧导入 PSD 文件中的图层区选择"广告语"图层，在右侧的可导入选项设置区选择【为此图层创建影片剪辑】复选项，设置【实例名称】为"标语"，如图 5-7 所示。

图 5-6　导入对话框　　　　　　　　　　　　　　　　图 5-7　创建影片剪辑

**STEP 4** 选择"背景"图层，在右侧的可导入选项设置区选择【压缩】下拉列表中的【无损】选项，如图 5-8 所示，使用无损压缩格式压缩图像。

**STEP 5** 选择"爱牙日"图层，在右侧的可导入选项设置区选择【可编辑文本】单选项，如图 5-9 所示，保持文本的可编辑性。

图 5-8　使用无损压缩格式压缩图像　　　　　　　　　图 5-9　保持文本的可编辑性

**STEP 6** 选择"彩带"图层，在右侧的可导入选项设置区选择【具有可编辑图层样式的位图图像】单选项，如图 5-10 所示，使该层的元素保持可编辑矢量形状。

图 5-10　保持可编辑矢量形状

STEP 07　查看导入后的文件保留图层信息，便于后续操作，如图 5-11 所示。

图 5-11　导入后的 psd 文件

## 5.2.2　减小位图输出容量

创建如图 5-12 所示的图像效果，左图为未压缩图像，右图为压缩图像。实现这一效果，主要利用【位图属性】文本框中图像质量的调整方法。

减小位图输出
容量

图 5-12　位图输出效果比较

## 步骤提示

**STEP 01** 新建一个 Flash 文档，选择菜单命令【文件】/【导入】/【导入到舞台】，导入素材文件"小狗 .jpg"。

**STEP 02** 选择菜单命令【窗口】/【库】，打开【库】面板，查看【库】面板中的位图，如图 5-13 所示。

**STEP 03** 选择菜单命令【文件】/【导出】/【导出影片】，导出"减小位图输出容量 1.swf"文件。

**STEP 04** 在【库】面板中双击位图资源图标，打开【位图属性】对话框，查看位图文件的属性，如图 5-14 所示。

图 5-13 【库】面板中的位图资源

图 5-14 【位图属性】对话框

**STEP 05** 在【位图属性】对话框中取消选择【自定义】单选项，设置【品质】选项的参数为"10"，单击 测试(T) 按钮查看效果，如图 5-15 所示。

**STEP 06** 单击 确定 按钮，退出【位图属性】对话框。

**STEP 07** 再次选择菜单命令【文件】/【导出】/【导出影片】，导出"减小位图输出容量 2.swf"文件。

**STEP 08** 打开输出文件所在的文件夹，比较输出文件的大小，如图 5-16 所示。发现经过压缩后的位图文件容量比较小。

图 5-15 测试结果显示

图 5-16 比较输出文件容量

### 5.2.3 牧羊犬

创建如图 5-17 所示的图像效果，实现两幅图像交替变化的图形元件效果。实现这一效果，主要利用图形元件的基本属性，再利用相关技巧制作丰富的动画画面效果。

牧羊犬

图 5-17 牧羊犬

## 步骤提示

**STEP 1** 新建一个 Flash 文档。选择菜单命令【插入】/【新建元件】，打开【创建新元件】对话框，在【名称】文本框中输入名称"过渡"，在【类型】下拉列表中选择【图形】选项，如图 5-18 所示，然后单击 确定 按钮退出。

**STEP 2** 选择菜单命令【文件】【导入】【导入到舞台】，选择素材文件"素材文件\05\狗1.jpg"，弹出提示窗口，提示"是否导入序列中的所有图像"，单击 否 按钮导入 1 个图像文件，如图 5-19 所示。

图 5-18 【创建新元件】窗口

图 5-19 导入位图

**STEP 3** 在【时间轴】面板中单击【插入图层】按钮，增加"图层 2"层。

**STEP 4** 选择菜单命令【文件】【导入】【导入到舞台】，选择素材文件"狗2.jpg"，方法同上，单击 否 按钮导入文件，如图 5-20 所示。

**STEP 5** 在【时间轴】面板中单击【插入图层】按钮，增加"图层 3"层。

**STEP 6** 选择【矩形】工具，设置填充色为"黑色"，在"图层 3"上绘制如图 5-21 所示的矩形。

图 5-20 导入第 2 张位图

图 5-21 绘制矩形

**STEP 7** 选择"图层 3"中的第 1 帧，单击鼠标右键，选择【创建补间动画】命令，如图 5-22 所示。弹出【将所选的内容转换为元件以进行补间】对话框，勾选【不再显示】项，单击 确定 按钮继续。

**STEP 8** 在【时间轴】面板中同时选择 3 个图层的第 30 帧，按F5键增加普通帧，如图 5-23 所示。

图 5-22 创建补间动画

图 5-23 增加普通帧

**STEP 9** 选择"图层3"中第1帧上的矩形对象，移动矩形到画面的左侧。

**STEP 10** 选择"图层3"层，移动播放头到第30帧，移动矩形到画面的右侧，如图5-24所示。

**STEP 11** 在"图层3"层名称上单击鼠标右键，选择【遮罩层】命令，创建遮罩层，如图5-25所示。

图5-24　向右移动矩形位置

图5-25　创建遮罩层

**STEP 12** 在【时间轴】面板中单击 场景1 按钮，将舞台切换到场景中。

**STEP 13** 选择菜单命令【窗口】/【库】，打开【库】面板，将"过渡"元件从库中拖到舞台中。

**STEP 14** 在【时间轴】面板中选择图层的第30帧，按F5键增加普通帧，如图5-26所示。

**STEP 15** 选择菜单命令【控制】/【测试影片】/【测试】命令，打开播放器窗口，观看展开画面的效果。

**STEP 16** 选择菜单命令【文件】/【保存】，将文件保存为"牧羊犬.fla"文件。

图5-26　从库中拖曳元件到舞台

# 5.3 实训

本节首先制作影片剪辑元件和按钮元件，要注意比较元件之间的差异，然后来学习【渐变发光】和【模糊】两种滤镜的应用方法。

## 5.3.1 八连环

创建如图5-27所示的旋转八连环效果。本例重点掌握影片剪辑元件的相关属性，在制作时会发现动画的制作方法并没有什么特殊性，只是在初始创建元件时选择影片剪辑元件类型而已，只有在元件应用为实例时才会体会元件之间的差异。

八连环

图 5-27　八连环

## 步骤提示

**STEP 1** 新建一个 Flash 文档。导入素材文件"背景 .jpg"，如图 5-28 所示。

**STEP 2** 选择菜单命令【插入】/【新建元件】，弹出【创建新元件】对话框，在【名称】文本框中输入"圆环"，在【类型】下拉列表中选择【影片剪辑】选项，如图 5-29 所示，单击 确定 按钮创建一个影片剪辑。

图 5-28　导入位图

图 5-29　【创建新元件】对话框

**STEP 3** 选择【基本椭圆】工具 ，绘制浅黄色边线橘黄色圆形。设置【笔触高度】为"3"，设置【内径】为"80"，圆环效果如图 5-30 所示。

**STEP 4** 选择圆环，拖曳到【库】面板，弹出【转换为元件】对话框，在【名称】文本框中输入"基础"，在【类型】下拉列表中选择【图形】选项，如图 5-31 所示，单击 确定 按钮创建图形。

图 5-30　绘制圆环

图 5-31　【创建新元件】对话框

**STEP 5** 双击【橡皮擦】工具 ，擦除当前舞台中的圆环图形。

**STEP 6** 选择【Deco】工具 ，在【属性】面板【绘制效果】选项区的下拉列表中选择【对称刷子】选项。

**STEP 7** 在【模块】选项区右侧单击 编辑... 按钮，弹出【选择元件】对话框，选择【基础】图形元件，单击 确定 按钮退出。

**STEP 8** 在【高级选项】选项区的下拉列表中选择【旋转】选项，并取消选择【测试冲突】复选项，绘制如图 5-32 所示的八连环效果。

图 5-32 旋转复制图形

**STEP 9** 在【时间轴】面板中选择"图层 1"层第 1 帧，单击鼠标右键，选择【创建补间动画】菜单命令。

**STEP 10** 选择第 24 帧，在【属性】面板【旋转】区的【方向】下拉列表中选择【顺时针】选项，如图 5-33 所示，制作八连环旋转动画。

图 5-33 选择【顺时针】选项

**STEP 11** 双击舞台中的八连环图形元件，进入元件编辑状态。

**STEP 12** 新建"图层 2"，导入素材文件"苹果汁 .png"，酒杯图形放置在中心位置，如图 5-34 所示。

**STEP 13** 在【时间轴】面板中单击 场景，将舞台切换到主场景。

**STEP 14** 新建"图层 2"，从【库】面板中拖曳"圆环"影片剪辑元件到舞台中。

**STEP 15** 选择菜单命令【控制】/【测试影片】/【测试】，打开播放器窗口，观看图形旋转的效果。

**STEP 16** 选择菜单命令【文件】/【保存】，将文件保存为"八连环 .fla"文件。

在这个顺时针旋转动画的效果中，要注意【属性】面板的动画设置选项。在动画制作结束引用到舞台中时，用户不需要延长帧的长度，只要有一帧就可以播放影片剪辑元件中的 12 帧旋转动画。这种现象和图形元件的实例应用效果存在差异。

图 5-34　排列引入元件

### 5.3.2　媒体按钮

创建如图 5-35 所示的图像效果，学习按钮元件的制作，同时应用到媒体界面中。

媒体按钮

图 5-35　多媒体按钮

按钮元件的制作和另外两种元件有很大不同，按钮元件内部的时间轴只有 4 帧，通过前 3 个关键帧的设置就可以完成基本按钮的创建。随着对相关知识的丰富，在按钮元件状态帧中也可以引用影片剪辑元件，会制作出动画效果的按钮，操作方法如下。

### 步骤提示

STEP 🔼1　新建一个 Flash 文档。在【属性】面板中设置文档大小为"1024 像素 ×510 像素"。

STEP 🔼2　选择菜单命令【文件】/【导入】/【导入到舞台】，在【导入】对话框中选择素材文件"媒体界面 .jpg"，单击 打开(O) 按钮，如图 5-36 所示。

图 5-36　导入位图

**STEP 3** 选择菜单命令【插入】/【新建元件】，打开【创建新元件】对话框，在【名称】文本框中输入"立体按钮"，在【类型】下拉列表中选择【按钮】选项，如图 5-37 所示，单击 确定 按钮。

**STEP 4** 选择【基本矩形】工具 ，绘制黑边由白到黑的线性渐变矩形。

**STEP 5** 选择矩形，在【属性】面板的【矩形选项】区设置【矩形边角半径】为"100"，如图 5-38 所示。

图 5-37 【创建新元件】对话框

图 5-38 【矩形设置】面板

**STEP 6** 选择【渐变变形】工具 ，旋转 90° 渐变角度，调整渐变范围如图 5-39 所示。

**STEP 7** 选择倒角矩形，选择菜单命令【窗口】/【颜色】，打开【颜色】面板，在面板中编辑线性渐变色彩。选择右侧的色标 ，设置为"红色"，如图 5-40 所示。

图 5-39 调整渐变色

图 5-40 调整按钮渐变色

**STEP 8** 选择倒角矩形，按 Ctrl + C 键复制图形，选择菜单命令【编辑】/【粘贴到当前位置】，保持选择状态。

**STEP 9** 选择【任意变形】工具 ，调整图形的大小和位置。

**STEP 10** 单击【笔触颜色】按钮 右侧的颜色选择区，在弹出的窗口中单击 按钮，去除矩形边线。

**STEP 11** 在【颜色】面板中单击【填充颜色】按钮 ，选择左侧的色标 ，调整为白色，设置【Alpha】值为"0%"。

**STEP 12** 选择右侧的色标 ，调整为白色，设置【Alpha】值为"76%"，高光效果如图 5-41 所示。

**STEP 13** 在【时间轴】面板中选择【按下】状态帧，按 F6 键增加关键帧，如图 5-42 所示。

图 5-41 调整高光色彩

图 5-42 增加关键帧

**STEP 14** 选择【指针经过】状态帧，按 F6 键增加关键帧。

**STEP 15** 选择红色渐变矩形，调整色彩为灰红色，如图 5-43 所示。

**STEP 16** 在【时间轴】面板中单击【新建图层】按钮，增加"图层 2"层。选择 **T** 工具，输入"点击进入"黑色黑体文字，如图 5-44 所示。

图 5-43 调整颜色

图 5-44 输入文字

**STEP 17** 单击 场景 按钮，将舞台切换到场景，拖放【库】面板中的"立体按钮"元件到舞台。

**STEP 18** 选择菜单命令【控制】/【启用简单按钮】，测试按钮效果如图 5-45 所示。

**STEP 19** 选择菜单命令【文件】/【保存】，将文件保存为"媒体按钮 .fla"文件。

在本实例中，通过在按钮元件不同的状态帧设置翻转的图形快速制作出按钮效果。同时要注意比较按钮元件帧和其他元件类型的区别，在其他类型元件中也有 4 个关键帧时，如不设置相应脚本语句就会循环播放，而在按钮元件中会变成相对独立的状态帧，随鼠标光标的移入移出自动跳转到对应关键帧。

图 5-45 测试按钮效果

### 5.3.3 发光的标志

创建如图 5-46 所示的效果，尝试【发光】滤镜的设置方法。

在本例中，通过绘制圆环和圆形相结合的图形组合成标志形态，然后将其转换为影片剪辑元件，最后为其增加发光滤镜效果，一般添加滤镜后，会有其默认的设置，可以根据作品需要增强滤镜的效果，以达到理想的创作目的。

图 5-46 发光的标志

**步骤提示**

**STEP 1** 新建一个 Flash 文档。

**STEP 2** 选择【文件】/【导入】/【导入到舞台】命令，在【导入】窗口中同时选择素材中的"背景 2.jpg"文件，单击 打开(O) 按钮确定，如图 5-47 所示。

**STEP 3** 在【时间轴】编辑窗口中，单击【插入图层】按钮，增加"图层 2"层。

**STEP 4** 选择【基本椭圆】工具，在【工具】面板【颜色】区修改边线和填充图形的颜色。

图 5-47 引入位图

**STEP 5** 移动鼠标指针到舞台中，在舞台中拖曳出黑边绿色正圆图形。

**STEP 6** 在【属性】检查器中设置【起始角度】为"360"，【结束角度】为"270"，【内径】为"60"，图形改变为缺角圆形，如图 5-48 所示。

**STEP 7** 选择【椭圆】工具 ◎ ，按住 Shift 键，在舞台中绘制黑边绿色放射渐变正圆形，如图 5-49 所示。

图 5-48  调整圆环参数                图 5-49  绘制正圆形

**STEP 8** 同时选择圆形和圆环图形，按 F8 键弹出【转换为元件】窗口，在【名称】栏中输入名称"标志"，在【类型】项中选择【影片剪辑】选项，然后单击 确定 按钮退出，如图 5-50 所示。

**STEP 9** 选择实例，单击【添加滤镜】按钮 ，选择【发光】滤镜。

**STEP 10** 拖动【模糊 X】和【模糊 Y】滑块，设置发光的宽度和高度为"32"。

**STEP 11** 单击【颜色】框，打开【颜色】弹出窗口，然后设置发光颜色为黄色。

**STEP 12** 拖动【强度】滑块，设置发光的清晰度为"200%"，如图 5-51 所示。

图 5-50  转换为元件                图 5-51  设置滤镜参数

【发光】滤镜属于比较常用的滤镜类型，在其他图形处理软件中一般也提供这个功能，其主要作用是使前景图形和背景图形之间形成间色，既突出了前景，又推远了背景，形成烘托的中间层次。

### 5.3.4  三星级房卡

创建如图 5-52 所示的效果，尝试【斜角】滤镜的设置方法。

在软件中，不是所有的对象直接就可以应用滤镜效果，一般要先将其转换成元件之后，才能正常地添加滤镜效果。另外，滤镜的参数变化是可以制作动画效果的，该例中的五角星的立体效果就可以制作由平面转换成立体的动画效果，可以结合后续章节学习的动画效果的制作，继续完善作品效果。

图 5-52  三星级房卡

## 步骤提示

**STEP 1** 新建一个 Flash 文档。

**STEP 2** 选择【文件】/【导入】/【导入到舞台】命令，在【导入】窗口中同时选择素材中的"卡片 .jpg"文件，单击 打开(O) 按钮确定，如图 5-53 所示。

**STEP 3** 在【时间轴】编辑窗口中，单击【插入图层】按钮，增加"图层 2"层。

**STEP 4** 选择【多角星形】工具，在【属性】检查器中取消笔触，选择红色填充色。

**STEP 5** 在【属性】检查器中单击 选项... 按钮，弹出【工具设置】面板，在【样式】下拉列表中选择【星形】，单击 确定 按钮关闭【工具设置】面板，在舞台中绘制星形。

**STEP 6** 选择图形，按 F8 键弹出【转换为元件】窗口，在【名称】栏中输入名称"星"，在【类型】项中选择【影片剪辑】选项，然后单击 确定 按钮退出，如图 5-54 所示。

图 5-53　引入位图

图 5-54　转换为元件

**STEP 7** 选择实例对象，在【属性】检查器中，选择【滤镜】选项卡。单击【添加滤镜】按钮，选择【斜角】滤镜，如图 5-55 所示。

**STEP 8** 拖动【模糊 X】和【模糊 Y】滑块，设置斜角的宽度和高度为"8"。

**STEP 9** 调整【阴影】选项，从弹出的调色板中，选择斜角的阴影为暗红色。

**STEP 10** 拖动【强度】滑块，设置为"150%"，进一步增强对比效果，如图 5-56 所示。

图 5-55　选择【斜角】选项

图 5-56　拖动【模糊 X】和【模糊 Y】滑块

**STEP 11** 选中【挖空】复选框挖空源对象，在挖空图形上显示斜角，如图 5-57 所示。

**STEP 12** 按住 Alt 键，拖曳复制 2 个新元件，如图 5-58 所示。

图 5-57　选中【挖空】复选框

图 5-58　拖曳复制图形

【斜角】滤镜可以增加图形的立体感，使平面的图形绘制转换成立体效果，不用再去绘制图形的不同里面，简化了绘制流程，丰富了图案效果，同时可以设置不同的参数，使前景和背景融合得更加自然。

# 5.4 综合案例——白云遮月

创建如图 5-59 所示的效果，调整出朦胧的月色和飘渺的白云效果。

图 5-59　白云遮月

处理画面效果时，需要综合应用【渐变发光】滤镜和【模糊】滤镜工具，用户可以比较两种不同滤镜的设置方法。

## 步骤提示

**STEP 1** 新建一个 Flash 文档，设置背景色为浅蓝色。

**STEP 2** 选择菜单命令【文件】/【导入】/【导入到舞台】，在【导入】对话框中选择素材文件"星空 .jpg"，单击 打开(O) 按钮确定，如图 5-60 所示。

**STEP 3** 在【时间轴】面板中单击【新建图层】按钮，增加"图层 2"层。

**STEP 4** 选择菜单命令【插入】/【新建元件】，弹出【创建新元件】对话框，在【名称】文本框中输入"圆月"，在【类型】下拉列表中选择【影片剪辑】选项，单击 确定 按钮创建一个影片剪辑。

**STEP 5** 选择【椭圆】工具，在舞台中绘制无边白色圆形，如图 5-61 所示。

图 5-60　引入位图

图 5-61　绘制正圆形

**STEP 6** 在【时间轴】面板中单击 场景1 按钮，将舞台切换到场景中，从【库】面板中将"圆月"元件拖放到舞台中。

**STEP 7** 选择"圆月"实例，在【属性】面板中选择【滤镜】选项卡，单击【添加滤镜】按钮，然后在弹出的菜单中选择【渐变发光】滤镜，如图 5-62 所示。

**STEP 8** 分别在【模糊 X】和【模糊 Y】选项参数区，设置发光的宽度和高度为"60"，使发光效果更加柔和。

**STEP 9** 设置发光【强度】为"500%"，使发光对比效果更加明显一些。

**STEP 10** 设置【品质】选项为【高】，如图 5-63 所示。

**STEP 11** 设置【类型】选项为【全部】，如图 5-64 所示。

图 5-62　添加【渐变发光】滤镜　　图 5-63　调整【渐变发光】滤镜属性　　图 5-64　设置【类型】选项

**STEP 12** 单击渐变定义栏左侧的色标，在弹出的【颜色选择器】对话框中更改色彩为橘黄色。

**STEP 13** 单击渐变定义栏右侧的色标，在弹出的【颜色选择器】对话框中更改色彩为浅黄色，如图 5-65 所示。

图 5-65　调整【渐变发光】滤镜属性

**STEP 14** 选择菜单命令【插入】/【新建元件】，弹出【创建新元件】对话框，在【名称】文本框中输入"白云"，在【类型】下拉列表中选择【影片剪辑】选项，单击 确定 按钮创建一个影片剪辑。

**STEP 15** 选择【椭圆】工具，在舞台中绘制多个无边白色椭圆形，如图 5-66 所示。

图 5-66　绘制椭圆形

**STEP 16** 在【时间轴】面板中单击 场景1 按钮，将舞台切换到场景中，从【库】面板中将"白云"元件拖放到舞台中。

**STEP** 🔺17 选择"白云"实例，单击【添加滤镜】按钮🔳，然后从弹出的菜单中选择【模糊】滤镜。

**STEP** 🔺18 设置【模糊 X】和【模糊 Y】选项数值，使其宽度和高度为"30"，设置【品质】选项为【高】，效果如图 5-67 所示。

图 5-67　添加【模糊】滤镜

# 5.5 课后习题

1. 从"序列文件"导入一组文件名连续的位图到文件，如图 5-68 所示。

图 5-68　文件名连续的位图文件

2. 打开素材文件"素材文件\05\渐变球.fla"，将【库】面板中的"渐变"影片剪辑元件转化为图形元件，如图 5-69 所示。

3. 将习题 2 中的"渐变"图形元件应用为实例，并改变透明度为"60%"。

4. 利用【滤镜】创建如图 5-70 所示的文字效果。

图 5-69　转化元件类型

图 5-70　文字辉光效果

# 第6章
# 补间动画

作为一个专业的动画制作软件，Flash CS6最主要的功能就是让精彩图形以及引入的素材动起来，以此来表现作品的思想主题。从本章开始将结合前面所学的内容，介绍动画制作方法以及一些制作技巧，其中的实例将涉及Flash动画的多种应用，由此读者还可以掌握实际工作中Flash CS6的动画制作思路与流程。

**学习目标**

- 了解帧的含义及其相关设置。
- 了解补间动画和传统补间动画之间的差异。
- 掌握补间动画和补间形状的制作。

# 6.1 基本功能讲解

下面从动画的有关概念出发，依据 Flash CS6 补间动画制作类型来讲解制作方法，同时就各种动画制作的技巧和应该注意的问题进行阐述。

## 6.1.1 Flash 动画原理

动画是一门在某种介质上记录一系列单个画面，并通过一定的速率回放所记录的画面而产生运动视觉的技术。在计算机动画制作中，构成动画的一系列画面叫帧，因此帧也就是动画最小时间单位里出现的画面。Flash 动画是以时间轴为基础的帧动画，每一个 Flash 动画作品都以时间为顺序，由先后排列的一系列帧组成。

【时间轴】面板是 Flash CS6 组织动画并进行控制的主要面板，由图层控制区和时间轴控制区组成。图 6-1 所示是【时间轴】面板的基本构成。

图 6-1 【时间轴】面板

创建新文档后，【时间轴】面板中只显示一个图层，名称是"图层 1"，在此基础上可以继续增加图层，以便将动画内容分解到不同图层上，通过图层叠加的相互遮挡，实现复杂动画的合成。图层分为一般层、引导层、运动引导层、被引导层、遮罩层和被遮罩层，其作用各不相同。除非特别说明，本书中所说的图层都指一般层。

Flash CS6 支持以下类型的动画。

- 补间动画：使用补间动画可设置对象的属性，如一个帧中以及另一个帧中的位置和 Alpha 透明度等，Flash 在中间内插帧完成动画。对于由对象的连续运动或变形构成的动画，补间动画很有用。
- 传统补间：传统补间与补间动画类似，允许制作一些特定的动画效果，但是创建起来更复杂。
- 反向运动姿势：反向运动姿势用于伸展和弯曲形状对象以及链接元件实例组，使它们以自然方式一起移动。可以在不同帧中以不同方式放置形状对象或链接的实例，Flash 将在中间插入帧，补充运动过程。
- 补间形状：在补间形状中，可在时间轴中的特定帧绘制一个形状，然后更改该形状或在另一个特定帧绘制另一个形状。然后，Flash 将插入中间帧，补充动画过程，创建一个形状变形为另一个形状的动画。

- 逐帧动画：使用此动画技术，可以为时间轴中的每个帧指定不同的艺术作品。使用此技术可创建与快速连续播放的影片帧类似的效果。对每个帧的图形元素必须不同的复杂动画而言，此技术非常有用。

在 Flash CS6 动画制作的过程中，关键帧会依据不同的动画种类显示不同的状态，其含义也不一样，同时还会有其他一些相关帧出现在制作动画的【时间轴】面板中。图 6-2 所示就是在【时间轴】面板默认设置下各种帧的显示。

姿势图层，其中带黑色菱形绿背景的单元格是姿势关键帧，绿背景则表示姿势补间帧

补间动画，其中带黑点浅蓝背景的单元格是关键帧，浅蓝背景则表示补间帧，黑色菱形浅蓝背景则表示属性关键帧

补间形状，其中带黑点绿背景的单元格是关键帧，黑箭头绿背景则表示补间帧

传统补间动画，其中带圆黑点蓝背景的单元格是关键帧，黑箭头蓝背景表示补间帧

带黑点灰背景的单元格是关键帧，灰背景的帧则表示与关键帧保持相同的内容，结束时的带黑框灰背景的单元格则表示这一帧为普通帧

未完成或中断的传统补间动画

"a"表明这一帧中包含【动作】面板设置的动作语句

带黑圈白背景单元格是空白关键帧，表示没有任何内容，是新建文档时的状态

标签类型：红旗是名称，金锚是锚记，两条绿色斜杠是注释

图 6-2　帧的显示状态

## 6.1.2　补间动画制作

Flash CS6 支持两种不同类型的补间以创建动画。通过补间动画可对补间的动画进行最大程度的控制，提供更多的补间控制。对于由对象的连续运动或变形构成的动画，补间动画很有用。补间动画在时间轴中显示为连续的帧范围，默认情况下可以作为单个对象进行选择。补间动画功能强大，易于创建。

如果对象不是可补间的对象类型，或者如果在同一图层上选择了多个对象，将显示一个【将所选的内容转换为元件以进行补间】对话框，如图 6-3 所示。通过该对话框可以将所选内容转换为影片剪辑元件。单击 确定 按钮将所选内容转换为影片剪辑以继续进行后续操作。

图 6-3　转换为元件

补间动画的第 1 帧中的黑点表示补间范围分配有目标对象。黑色菱形表示最后一个帧和任何其他属性关键帧，如图 6-4 所示。属性关键帧是在补间范围中为补间目标对象显式定义一个或多个属性值的帧。定义的每个属性都有它自己的属性关键帧。如果在单个帧中设置了多个属性，则其中每个属性的属性关键帧都会驻留在该帧中。可以在【动画编辑器】面板中查看补间范围的每个属性及其属性关键帧。

关键帧中只能存在一个对象，而且必须要有一个属性关键帧。设置补间动画的关键帧可以采用以下两种方式。

- 选择开始关键帧后，选择菜单命令【插入】/【补间动画】。
- 用鼠标右键单击开始关键帧，从弹出的快捷菜单中选择【创建补间动画】命令。

取消补间动画，也有两种方式。可以选择菜单命令【插入】/【删除补间】，也可以单击鼠标右键，在弹出的快捷菜单中选择【删除补间】命令。

如果是对元件的位置移动和变形补间，舞台会显示运动路径，运动路径显示每个帧中补间对象的位置。将其他元件从【库】中拖到时间轴中的补间范围上可以替换补间中的原始元件。可从补间图层删除元件，而不必删除或断开补间。这样，以后可以将其他元件实例添加到补间中。可以用部分选取、转换锚点、删除锚点和任意变形等工具以及【修改】菜单上的命令编辑舞台上的运动路径，如图6-5所示。

图6-4　补间动画特征　　　　　　　　　　　　　　图6-5　调整路径弧度

### 6.1.3　传统补间动画制作

传统补间（包括在早期版本的 Flash 中创建的所有补间）的创建过程更为复杂。传统补间动画的关键帧中只能存在一个对象，而且必须要有两个关键帧。可以在设置开始关键帧与结束关键帧以后，再设置补间；也可以先设置开始关键帧与补间动画，再设置结束关键帧。开始关键帧与结束关键帧都是相对的，前一个动画的结束关键帧可能就是下一个动画的开始关键帧。设置补间动画的关键帧可以采用以下两种方式。

- 选择开始关键帧后，选择菜单命令【插入】/【传统补间】。
- 用鼠标右键单击开始关键帧，从弹出的快捷菜单中选择【创建传统补间】命令。

如果在【属性】面板中出现⚠图标，就是提示补间动画无法实现。取消补间动画，也有两种方式。可以选择菜单命令【插入】/【删除补间】；也可以单击鼠标右键，在弹出的快捷菜单中选择【删除补间】命令。

在传统补间动画制作过程中，通过设置多个关键帧，可以实现更加复杂的运动。同时，巧妙地利用补间动画，还可以实现一些特殊图形效果。

### 6.1.4　补间动画和传统补间之间的差异

使用过程中要注意区别两种不同类型的补间动画特点，根据用户自己的使用习惯和创作特点灵活选择对应的补间动画方式。

补间动画和传统补间之间的差异主要有以下几个方面。

- 传统补间使用关键帧。关键帧是其中显示对象的新实例的帧。补间动画只能具有一个与之关联的对象实例，并使用属性关键帧而不是关键帧。
- 补间动画在整个补间范围上由一个目标对象组成。
- 补间动画和传统补间都只允许对特定类型的对象进行补间。若应用补间动画，则在创建补间时会将所有不允许的对象类型转换为影片剪辑。而应用传统补间会将这些对象类型转换为图形元件。
- 补间动画会将文本视为可补间的类型，而不会将文本对象转换为影片剪辑。传统补间会将文本对象转换为图形元件。

- 在补间动画范围上不允许帧脚本，而传统补间允许帧脚本。
- 补间目标上的任何对象脚本都无法在补间动画范围的过程中更改。
- 可以在时间轴中对补间动画范围进行拉伸和调整大小，并将它们视为单个对象。传统补间包括时间轴中可分别选择的帧的组。
- 若要在补间动画范围中选择单个帧，必须按住Ctrl键单击帧。
- 对于传统补间，缓动可应用于补间内关键帧之间的帧组。对于补间动画，缓动可应用于补间动画范围的整个长度。若要仅对补间动画的特定帧应用缓动，则需要创建自定义缓动曲线。
- 利用传统补间可以在两种不同的色彩效果（如色调和 Alpha 透明度）之间创建动画。补间动画可以对每个补间应用一种色彩效果。
- 只可以使用补间动画来为 3D 对象创建动画效果，无法使用传统补间为 3D 对象创建动画效果。
- 只有补间动画才能保存为动画预设。
- 对于补间动画，无法交换元件或设置属性关键帧中显示的图形元件的帧数。应用了这些技术的动画要求使用传统补间。

### 6.1.5　对补间动画和传统补间动画的特殊控制

补间动画和传统补间动画产生后，还可以利用【属性】面板中的相关选项实现进一步控制，比如使运动产生非匀速运动效果等，如图 6-6 和图 6-7 所示。下面对此做简要介绍。

图 6-6　补间动画相关选项　　　　　　　　　图 6-7　传统补间动画相关选项

在传统补间动画起始帧的【属性】面板中，单击 ✐ 按钮，弹出【自定义缓入 / 缓出】对话框，如图 6-8 所示，由此可以实现对补间动画更加精确与复杂地控制。该对话框采用曲线表示动画随时间的变化程度，其中水平轴表示帧，垂直轴表示变化的百分比。第 1 个关键帧表示为 0%，最后 1 个关键帧表示为 100%。曲线斜率表示变化速率，曲线水平时（无斜率），变化速率为零；曲线垂直时，变化速率最大。

图 6-8　【自定义缓入 / 缓出】对话框

在线上单击鼠标左键 1 次，就会添加一个新控制点。通过拖动控制点的位置，可以实现对动画对象的精确控制。单击控制点的手柄（方形手柄），可选择该控制点，并显示其两侧用空心圆表示的正切点，如图 6-9 所示。可以使用鼠标拖动控制点或其正切点，也可以使用键盘的箭头键确定其位置。在对话框的右下角显示所选控制点的关键帧和变化程度，如果没有选择控制点，则不显示数值。

图 6-9　曲线上的控制点

### 6.1.6　补间形状动画制作

补间形状指形状逐渐发生变化的动画，和补间动作动画正好相反，补间形状中的动画对象只能是矢量图形。要对组、实例或位图图像进行变形动画，必须首先分离成矢量图形。要对文本进行变形动画，还必须将文本分离两次，才能将文本转换为矢量图形。

图 6-10　快捷菜单

补间形状动画，一次补间一个形状通常可以获得最佳效果。如果有多个矢量图形存在，在变形过程中将被当作一个整体看待。对于复杂的或希望人为控制的变形动画，可以加形状提示进行控制。形状提示使用 26 个英文字母，标识起始形状和结束形状中相对应的点，因此最多可以使用 26 个形状提示。增加形状提示可以选择菜单命令【修改】/【形状】/【添加形状提示】。如果无法看到形状提示，可以选择菜单命令【视图】/【显示形状提示】。用鼠标右键单击形状提示点，可以打开如图 6-10 所示的快捷菜单，利用该菜单进行形状提示处理。

使用形状提示要注意以下几点。

- 在复杂的形状变形中，需要先创建中间形状，然后再进行补间，而不要只定义起始和结束的形状。
- 形状提示要符合逻辑。比如开始帧的一条线上按 a、b、c 顺序放置了 3 个提示点，那么在结束帧的相应线就不能按 a、c、b 顺序放置这 3 个提示点。
- 按逆时针顺序从形状的左上角开始放置形状提示，工作效果最好。
- 增加提示点只能在开始帧进行，因此必须返回开始帧才能增加提示点。
- 提示点并非设置得越多越好，有时设置一个提示点就能取得很好的效果。

### 6.1.7　动画编辑器及属性关键帧

通过【动画编辑器】面板可以查看所有补间属性及其属性关键帧，如图 6-11 所示。它还提供了向补间添加精度和详细信息的工具。在【时间轴】中创建补间后，【动画编辑器】允许用户以多种不同的方式来控制补间。

图 6-11　【动画编辑器】面板

选择【时间轴】面板中的补间范围或者舞台上的补间对象或运动路径后,【动画编辑器】面板即会显示该补间的属性曲线。【动画编辑器】面板将在网格上显示属性曲线,该网格表示发生选定补间的时间轴的各个帧。在【时间轴】和【动画编辑器】面板中,播放头将始终出现在同一帧编号中。

【动画编辑器】面板使用每个属性的二维图形表示已补间的属性值。每个属性都有自己的图形。每个图形的水平方向表示时间(从左到右),垂直方向表示对属性值的更改。特定属性的每个属性关键帧均将显示为该属性的属性曲线上的控制点。如果对一条属性曲线应用了缓动曲线,则另一条曲线会在属性曲线区域中显示为虚线。该虚线显示缓动对属性值的影响。

有些属性不能进行补间,因为在时间轴中对象的生存期内它们只能具有一个值。一个示例是"渐变斜角"滤镜的"品质"属性。这些属性可以在动画编辑器中进行设置,但它们没有图形。

在【动画编辑器】面板中通过添加属性关键帧并使用标准贝赛尔控件处理曲线,可以精确控制大多数属性曲线的形状。对于 x、y 和 z 属性,可以在属性曲线上添加和删除控制点,但不能使用贝塞尔控件。

若要将某个属性关键帧复制到补间范围内的另一个位置,请按住 Ctrl 键并单击该属性关键帧以将其选定,然后在按住 Alt 键的同时将它拖动到新位置。

### 6.1.8 缓动补间动画制作

在制作动画时,可以选择菜单命令【窗口】/【动画编辑器】,打开【动画编辑器】面板,使用【动画编辑器】面板对任何属性曲线应用缓动。在【动画编辑器】面板中应用缓动使用户可以创建特定类型的复杂动画效果,而无需创建复杂的运动路径。缓动曲线是显示在一段时间内如何内插补间属性值的曲线。通过对属性曲线应用缓动曲线,可以轻松地创建复杂动画。在【属性】面板中应用的缓动将影响补间中包括的所有属性。在【动画编辑器】面板中应用的缓动可以影响补间的单个属性、一组属性或所有属性。

Flash CS6 包含一系列的预设缓动,缓动菜单如图 6-12 所示,适用于简单或复杂的效果,预设缓动属性如图 6-13 所示。在【动画编辑器】面板中还可以创建自定义缓动曲线。

缓动的常见用法之一是在舞台上编辑运动路径并启用浮动关键帧以使每段路径中的运行速度保持一致,然后可以使用缓动在路径的两端添加更为逼真的加速或减速。

在对属性曲线应用缓动曲线时,属性曲线图形区域中将显示缓动曲线的可视叠加。将属性曲线和缓动曲线显示在同一图形区域中,叠加使得在测试动画时了解舞台上所显示的最终补间效果更为方便。

若要在【动画编辑器】面板中使用缓动,请将缓动曲线添加到选定补间可用的缓动列表中,然后对所选的属性应用缓动。对属性应用缓动时,会显示一个叠加到该属性的图形区域的虚线曲线。该虚线曲线显示补间曲线对该补间属性的实际值的影响。

缓动补间动画的基本操作有以下几个方面。

- 若要向选定补间动画可用的缓动列表中添加缓动,请单击【动画编辑器】的"缓动"部分中的 【添加】按扭,然后选择要添加的缓动。
- 若要向单个属性添加缓动,请从该属性的 无缓动 ▼ 【已选的缓动】菜单中选择缓动。
- 若要向整个类别的属性添加缓动,请从该属性类别的【已选的缓动】菜单中选择缓动类型。
- 若要启用或禁用属性或属性类别的缓动效果,请选择该属性或属性类别的【启用/禁用缓动】复选项。这样,就可以快速查看属性曲线上的缓动效果。
- 若要从可用补间列表中删除缓动,请单击动画编辑器的"缓动"部分中的 【删除缓动】按钮,然后从弹出的菜单中选择该缓动。

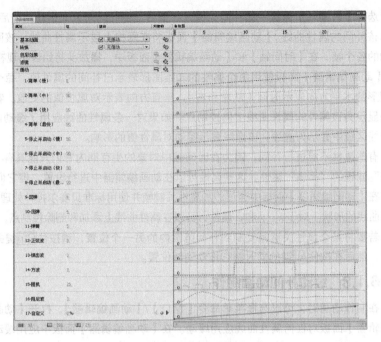

图 6-12　缓动菜单　　　　　　　　　　　图 6-13　预设缓动属性

# 6.2 课堂案例

补间动画是 Flash 动画中最为基础的动画方法，掌握使用方法比较简单，但真正用好，还需要一些技巧。

## 6.2.1 图片叠化

创建如图 6-14 所示的效果，先显示白马图片，然后在其逐渐消失的同时黑马图片逐渐显示出来，实现叠化效果。实现这一效果，主要利用元件实例在补间动画中可以调整颜色属性的特点。

图片叠化

图 6-14　图片叠化效果

### 步骤提示

**STEP 1** 新建一个 Flash 文档，并将文件保存为"叠化 .fla"文件。

**STEP 2** 选择菜单命令【文件】【导入】【导入到库】，导入素材文件"白马 .jpg"和"黑马 .jpg"。

**STEP 3** 选择菜单命令【插入】/【新建元件】，打开【创建新元件】对话框，在【名称】文本框中输入"叠化"，选择【影片剪辑】选项，单击 确定 按钮，进入"叠化"元件的编辑界面。

**STEP 4** 从【库】面板中将"白马 .jpg"拖到舞台中央，选择菜单命令【修改】/【转换为元件】，打开【转换为元件】对话框，在【名称】文本框中输入"图片"，在【类型】下拉列表中选择【影片剪辑】选项，单击 确定 按钮。

**STEP 5** 在【时间轴】面板中选择第 12 帧，按F6键插入关键帧。选择第 50 帧，按F5键插入帧，如图 6-15 所示。

图 6-15　插入帧

**STEP 6** 选择第 12 帧，单击鼠标右键，选择【创建补间动画】命令，如图 6-16 所示。

图 6-16　创建补间动画

**STEP 7** 移动播放头到第 36 帧，选择舞台上的"图片"元件实例，在【属性】面板的【色彩效果】下拉列表中选择【Alpha】，数值设为"0%"，使"图片"元件实例完全消失，如图 6-17 所示。

**STEP 8** 单击 场景1 按钮，返回到场景 1。从【库】面板中将"黑马 .jpg"拖到舞台中央。

**STEP 9** 使舞台上的"黑马 .jpg"处于被选择状态，选择菜单命令【窗口】/【对齐】，打开【对齐】面板，执行如图 6-18 所示的操作，使"黑马 .jpg"相对于舞台中心校准对齐。

图 6-17　补间动画效果

图 6-18　校准对齐

**STEP 10** 从【库】面板中将"叠化"元件拖到舞台中，同样利用【对齐】面板使其相对于舞台中心校准对齐，也就是与舞台上的"黑马 .jpg"完全对齐覆盖。

**STEP 11** 选择菜单命令【控制】/【测试影片】/【测试】测试动画，会发现实现了图片叠化效果。此例可参见本书素材文件"素材文件 \06\ 叠化 .fla"

### 6.2.2　青瓷变形

创建如图 6-19 所示的效果，青花瓷瓶形状和颜色逐渐演变。实现这一效果，主要利用补间形状动画对矢量图形进行变形控制。

青瓷变形

图 6-19　青瓷变形

**步骤提示**

**STEP 01** 新建一个 Flash 文档，并将文件保存为"青瓷变形.fla"文件。

**STEP 02** 选择 ✎ 工具，设置颜色和线宽，然后在舞台上绘制瓷瓶左半部轮廓。

**要点提示**

在绘制过程中，要随时调整 ⋒ 选项的启闭，以便准确绘制。

**STEP 03** 选择 ▸ 工具，调整瓷瓶边线弧度。选择线条，按住 Alt 键拖动复制出一新的线条。

**STEP 04** 选择菜单命令【修改】/【变形】/【水平翻转】，使新复制的线条水平翻转，如图 6-20 所示。

**STEP 05** 移动新复制的线条位置，使其和原线条组成一个封闭的花瓶图形。

**STEP 06** 在【颜色】面板中选择【位图填充】选项，选择 打开(O) 按钮，导入素材文件"素材文件\06\青花.jpg"。

**STEP 07** 选择 🪣 工具，填充瓷瓶图形。选择 🔳 工具，调整位图的大小和位置，如图 6-21 所示。

图 6-20　绘制线条

图 6-21　填充位图

**STEP 08** 选择第 25 帧，按 F6 键插入关键帧。选择第 40 帧，按 F5 键延续帧。

**STEP 09** 选择第 25 帧中的图形，然后选择 ▸ 工具，调整瓷瓶形态，拉长瓶颈比例，如图 6-22 所示。

**STEP 10** 选择第 1 帧，单击鼠标右键，选择【创建补间形状】命令，如图 6-23 所示。

图 6-22　调整瓷瓶形态

图 6-23　补间形状动画

**STEP 11** 拖动播放头到第 1 帧，选择菜单命令【修改】/【形状】/【添加形状提示】，舞台上添加"a""b""c""d"4 个红色提示点，放置提示点到瓷瓶的四角，提示点变为黄色，如图 6-24 所示。

**STEP 12** 拖动播放头到第 25 帧。放置 "a" "b" "c" "d" 4 个红色提示点，放置提示点到瓷瓶的四角，提示点变为绿色，如图 6-25 所示。

图 6-24 添加形状提示　　　　　　　　　　图 6-25 调整结束帧提示点位置

**STEP 13** 选择菜单命令【控制】/【测试影片】/【测试】测试动画，此时会看到瓷瓶的演变，同时还有颜色的变化。此例可参见本书素材中的"青瓷变形 .fla"文件。

# 6.3 课堂练习

这一节通过两个例子的制作讲述在补间动画的制作过程中，如何巧妙应用更多的创作手段，以产生更加复杂的视觉效果。

## 6.3.1 果醋

创建如图 6-26 所示的效果，其中果醋瓶旋转飞入翻转，同时伴有颜色变化。

果醋

图 6-26 果醋

利用补间动画使"果醋"字产生颜色变化，再制作标签位移、色彩、变形等补间动画。

**步骤提示**

**STEP 1** 新建一个 Flash 文档，并将文件保存为"果醋 .fla"文件。

**STEP 2** 选择菜单命令【文件】/【导入】/【导入到库】，导入素材文件"瓶子 .swf"，素材以图形元件形式被引入到库中。

**STEP 3** 选择菜单命令【插入】/【新建元件】，打开【创建新元件】对话框，在【名称】文本框中输入"标签组合"，在【类型】下拉列表中选择【影片剪辑】选项，单击 确定 按钮，进入"标签组合"元件制作。

**STEP 04** 将"瓶子.swf"图形元件拖放到当前舞台中。

**STEP 05** 新建"图层2"，选择 **T** 工具，输入垂直方向的"果醋"文字，【属性】面板中的相关设置如图6-27所示。

图6-27 输入文字

**STEP 06** 选择文字，单击鼠标右键，选择【转换为元件】命令，转换为"字动"影片剪辑元件。双击元件进入编辑状态。

**STEP 07** 选择文字，单击鼠标右键，选择【转换为元件】命令，转换为"字"影片剪辑元件。

**STEP 08** 选择"字动"影片剪辑元件第1帧，单击鼠标右键，选择【创建补间动画】命令。

**STEP 09** 选择第12帧和第24帧，按F6键，创建关键帧，如图6-28所示。

图6-28 增加关键帧

**STEP 10** 移动播放头至第1帧，选择文字，打开【动画编辑器】面板，在【色彩效果】选项区右侧单击 按钮，选择【色调】选项，如图6-29所示。

图6-29 调整文字色调

**STEP 11** 设置第1帧元件【着色】色值为"#FF0000"，设置第12帧元件【着色】色值为"#660000"，设置第24帧元件【着色】色值为"#000066"，如图6-30所示。

图 6-30 选择不同的色彩

**STEP 12** 单击 场景 1 按钮，返回 "场景 1"。

**STEP 13** 选择第 60 帧，按F5键延续帧。单击鼠标右键，选择【创建补间动画】命令，如图 6-31 所示。

**STEP 14** 移动播放头到第 20 帧，按F6键，创建关键帧。

**STEP 15** 移动播放头到第 1 帧，移动果醋瓶元件到舞台的左上角，如图 6-32 所示。

图 6-31 创建补间动画

图 6-32 移动果醋瓶位置

**STEP 16** 打开【动画编辑器】面板，确定【转换】选项区【缩放 X】选项右侧的 按钮处于关联状态，设置参数为 "10%"，如图 6-33 所示。

**STEP 17** 移动播放头到第 20 帧，设置【基本动画】选项区【旋转 Z】选项参数为 "360" 度，如图 6-34 所示。

图 6-33 等比例缩小元件

图 6-34 设置旋转角度

**STEP 18** 选择元件，在【动画编辑器】面板中移动播放头到第 30 帧，确定【转换】选项区【缩放 X】选项右侧的 按钮处于断开状态，设置参数为 "–100%"，如图 6-35 所示。

**STEP 19** 移动播放头到第 40 帧，确定【转换】选项区【缩放 X】选项右侧的 按钮处于断开状态，设置参数为 "100%"，如图 6-36 所示。

图 6-35　翻转元件

图 6-36　再次翻转元件

**STEP 20** 在【色彩效果】选项区右侧单击 按钮，选择【高级颜色】选项。移动播放头到第 60 帧，设置【红色偏移量】参数为 "255%"。

**STEP 21** 移动播放头到第 40 帧，设置【红色偏移量】参数为 "0%"，如图 6-37 所示。

**STEP 22** 测试动画效果。此例参见本书素材的 "果醋 .fla" 文件。

这个动画效果中，在第 1 ～ 20 帧制作标签位移和形变动画，在第 20 ～ 40 帧制作标签翻转的动画，在第 40 ～ 60 帧制作色调偏移的动画。在动画制作过程中，要学习【动画编辑器】的使用技巧，提高动画制作的效能。

图 6-37　设置红色偏移量

### 6.3.2　燃烧的红烛

创建如图 6-38 所示的效果，燃烧的红烛火苗晃动逐渐缩小。补间形状有时并不一定按我们的预想进行变化，图形就会乱成一团，这时候就需要使用形状提示人为加以控制，强制变形过程。这个例子就采用了形状提示。

燃烧的红烛

**步骤提示**

**STEP 1** 新建一个 Flash 文档，并将文件保存为 "红烛 .fla" 文件。

图 6-38　燃烧的红烛

**STEP 2** 画一个矩形作为蜡烛的基本图形，然后删除上端封口，使用 ✐ 工具画不规则曲线封口，如图 6-39 所示。

**STEP 3** 在【颜色】面板设置由红色到黄色的渐变颜色，如图 6-40 所示。

**STEP 4** 利用【椭圆】工具在舞台上绘制一个作为火苗的椭圆，然后调整其填充色的方向和大小，形成下红上黄的效果，如图 6-41 所示。

图 6-39　画不规则曲线　　　　图 6-40　设置渐变色　　　　

图 6-41　调整填充色

**STEP 5** 在火苗的下方画出芯线，如图 6-42 所示。

**STEP 6** 将蜡烛图形填充红色，然后将轮廓线删除，蜡烛制作完毕，如图 6-43 所示。

**STEP 7** 在【时间轴】面板中选择第 18 帧，按 F6 键插入一个关键帧。

**STEP 8** 框选出蜡烛的上半部分，按 ↓ 键下移，形成蜡烛燃烧变短效果，如图 6-44 所示。

图 6-42　画出芯线

图 6-43　蜡烛图形

框选区域

图 6-44　缩短蜡烛

**STEP 9** 选择 ▶ 工具调整蜡烛的上端，如图 6-45 所示。选择 ▦ 工具，将火苗向右稍微旋转。

**STEP 10** 选择第 1 帧，设置补间形状动画。拖动播放头观察动画效果，如图 6-46 所示。可以看出变形效果不理想。

**STEP 11** 拖动播放头到第 1 帧，选择菜单命令【修改】/【形状】/【添加形状提示】，舞台上出现一个红色提示点 "a"，如图 6-47 所示。

图 6-45　修改蜡烛

图 6-46　动画效果

图 6-47　蜡烛图形

**STEP 12** 将红色提示点调整到蜡烛的左下角，如图 6-48 所示。

**STEP 13** 拖动播放头到第 18 帧，同样会看到舞台上出现一个红色提示点 "a"，将这个红色提示点调整到蜡烛的左下角，同时提示点由红色变成绿色，如图 6-49 所示。

**STEP 14** 拖动播放头，就会看到比较流畅的蜡烛燃烧的变形过程。

**STEP 15** 选择菜单命令【文件】/【导出】/【导出影片】，在【保存类型】下拉列表中选择【PNG

序列】选项，保存一组 png 格式的序列图像，此例参见本书素材文件"素材文件 \06\ 红烛 .fla"，如图 6-50 所示。

图 6-48　缩短蜡烛　　　　　图 6-49　修改蜡烛　　　　　图 6-50　输出序列图像

在这个实例中，只添加了一个形状提示就取得了很好的效果。但在许多情况下，即使添加形状提示，补间形状动画也无法产生预想的效果。因此在实际工作中，要慎重使用补间形状动画，一旦发现效果不理想，应该马上采用其他方法，避免在这方面浪费时间。

# 6.4 综合案例——彩色气球

创建如图 6-51 所示的效果，彩色气球从屏幕下方不断飞出。主要利用补间动画便捷的路径动画制作方法，再结合【动画编辑器】的丰富参数灵活设置应用，使路径补间动画的制作更加快捷便利。

图 6-51　彩色气球

## 步骤提示

**STEP 1** 新建一个 Flash 文档，并将文件保存为"彩色气球 .fla"文件。

**STEP 2** 新建影片剪辑元件"元件 1"，绘制红色热气球，如图 6-52 所示。

**STEP 3** 在主场景创建 4 个图层，从【库】面板分别拖曳 4 个气球元件到舞台，延续所有图层到 100 帧，如图 6-53 所示。

图 6-52　绘制气球　　　　　　　　　　　　　　　　图 6-53　摆放气球

**STEP 4** 添加【调整颜色】滤镜，分别调整 3 个红气球为紫色、绿色和粉红色，如图 6-54 所示。

图 6-54 调整颜色

**STEP 5** 为 4 个图层创建【补间动画】，在第 34 帧和第 100 帧创建关键帧，向上移动 4 个气球的位置，制作气球飘动的动画，如图 6-55 所示。

图 6-55 气球运动路径

**STEP 6** 利用移动工具 ↖ 调整运动路径弧度，如图 6-56 所示。

图 6-56 调整运动路径弧度

**STEP 7** 选择【调整到路径】复选项，使气球跟随曲线路径运动，如图 6-57 所示。

图 6-57 调整到路径

**STEP** 18 选择菜单命令【文件】【保存】。此例参见本书素材文件"素材文件\06\彩色气球.fla"。

## 6.5 课后习题

1. 打开素材文件"素材文件\06\乐符.fla"，利用补间动画实现其由小到大、从无到有的旋转变化，如图6-58所示。此例可参见本书素材文件"素材文件\06\乐符旋转.fla"。

2. 利用补间形状，通过添加形状提示实现"大"字向"天"字的变形，如图6-59所示。此例可参见本书素材文件"素材文件\06\演变字.fla"。

图6-58 旋转飞出的乐符　　　　　　　　　　　　　　　　图6-59 文字变形

3. 打开素材文件"素材文件\06\气球（失败）.fla"，可以看到补间动画失败，据此进行修改，完成补间动画制作。此例可参见本书素材文件"素材文件\06\气球.fla"。

# 第7章
# 特殊动画

特殊动画主要包括逐帧动画、滤镜动画、【Deco】工具自动生成动画、动画预设自动生成动画等。Flash CS6为了提高动画制作效率,增强动画效果,添加了很多常用动画样式,并可以自动生成动画效果,对于初学者可以在很短的时间内实现不错的动画效果。

**学习目标**

● 初步认识动画预设。

● 掌握动画帧的编辑修改方法。

● 掌握滤镜动画制作。

# 7.1 基本功能讲解

Flash CS6 为动画制作提供了许多有效的命令和工具，利用它们可以提高动画制作效率和动画制作水平。

## 7.1.1 【Deco】工具动画

借助【Deco】工具 可以将过程绘图记录下来，形成动态效果，如图 7-1 所示。有些选项可以将静态的元件直接制作成动态效果，如【藤蔓式填充】、【火焰动画】、【闪电刷子】、【粒子系统】、【树刷子】等。有些可以将动态的元件组合成更加复杂、巧妙的动画效果，只要能自定义元件选项的都可以组合动画元件效果。

【Deco】工具制作过程和逐帧动画类型相似，软件将绘制过程记录成单独的帧，多帧组合在一起共同组成最终的动画效果。

## 7.1.2 动画预设

动画预设是预配置的补间动画，可以将它们应用于舞台上的对象。用户只需选择对象并单击【动画预设】面板中的 应用 按钮，如图 7-2 所示。

图 7-1 【Deco】工具

图 7-2 【动画预设】面板

使用动画预设是学习在 Flash 中添加动画的基础知识的快捷方法。使用预设可极大节约项目设计和开发的时间，特别是在用户经常使用相似类型的补间时。也可以创建并保存用户自己的自定义预设。

在舞台上选中了可补间的对象（元件实例或文本字段）后，可单击 应用 按钮来应用预设。每个对象只能应用 1 个预设。如果将第 2 个预设应用于相同的对象，则第 2 个预设将替换第 1 个预设。

一旦将预设应用于舞台上的对象后，在【时间轴】中创建的补间就不再与【动画预设】面板有任何关系了。在【动画预设】面板中删除或重命名某个预设对以前使用该预设创建的所有补间没有任何影响。如果在面板中的现有预设上保存新预设，它对使用原始预设创建的任何补间没有影响。

每个动画预设都包含特定数量的帧。在应用预设时，在【时间轴】中创建的补间范围将包含此数量的帧。如果目标对象已应用了不同长度的补间，补间范围将进行调整，以符合动画预设的长度。可在应用预设后调整时间轴中补间范围的长度。

包含 3D 动画的动画预设只能应用于影片剪辑实例。已补间的 3D 属性不适用于图形或按钮元件，也不适用于文本字段。可以将 2D 或 3D 动画预设应用于任何 2D 或 3D 影片剪辑。

### 7.1.3　帧的编辑修改

在第 6 章的动画制作中，已经涉及了帧的编辑修改工作，比如插入关键帧等。下面对帧的编辑修改进行系统的介绍。

在【时间轴】面板中可以插入、选择、移动、删除、剪切、复制和粘贴帧，还可以将其他帧转化成关键帧，对于多层动画，还可以在不同的层中移动帧。

（1）插入帧的常用方法如下。

- 用鼠标左键单击帧，然后选择菜单命令【插入】/【时间轴】/【帧】、【插入】/【时间轴】/【关键帧】命令或【插入】/【时间轴】/【空白关键帧】命令，就可以插入不同类型的帧。快捷方式：按 F5 键插入帧，按 F6 键插入关键帧，按 F7 键插入空白关键帧。
- 用鼠标右键单击所要选的帧，在弹出的捷菜单中选择相应的插入命令。

（2）帧被选择后，呈深色显示，常用如下的选择方法。

- 用鼠标左键单击所要选的帧。
- 按 Ctrl + Alt 键，同时用鼠标左键分别单击所要选的帧，可以选择多个不连续的帧。
- 按 Shift 键，同时用鼠标左键分别单击所要选的两帧，则两帧之间的所有帧均被选择。
- 用鼠标左键单击所要选的帧，并继续拖动，则第 1 帧与最后一帧间的所有帧均被选择。
- 选择菜单命令【编辑】/【时间轴】/【选择所有帧】，选择【时间轴】面板中的所有帧。

（3）移动帧的常用方法如下。

- 用鼠标左键单击所选的帧，然后拖动到新位置。如果拖动时按 Alt 键，会在新位置复制出所选的帧。
- 选择一帧或多个帧，选择菜单命令【编辑】/【时间轴】/【剪切帧】剪切所选帧。用鼠标左键单击所要放置的位置，选择菜单命令【编辑】/【时间轴】/【粘贴帧】粘贴出所选的帧。

（4）修改帧的常用方法如下。

- 选择一帧或多个帧，然后选择菜单【修改】/【时间轴】下的子命令，将所选帧转换为关键帧、空白关键帧或者删除关键帧。
- 当选择多个连续的帧以后，菜单命令【修改】/【时间轴】下的【翻转帧】命令会有效，利用这个命令可以翻转所选帧的出现顺序，也就是实现动画的反向播放。

与插入帧类似，将其他帧转化成关键帧、清除帧等都可以使用【插入】菜单命令或单击鼠标右键使用快捷菜单命令。剪切、复制和粘贴帧可以使用【编辑】/【时间轴】菜单下的命令或单击鼠标右键使用快捷菜单命令。另外，【编辑】/【时间轴】菜单下有【复制动画】命令，由此可以将动画效果通过粘贴的方式，有选择地赋予其他动画对象，极大地简化了工作步骤。

### 7.1.4　【影片浏览器】面板

【影片浏览器】面板可以方便用户进行动画分析、管理和修改，它可以通过选择菜单命令【窗口】/【影片浏览器】打开，如图 7-3 所示。从中能够方便地看出动画的流程与结构，快速地选择所要查找的对象。同时，这种方法也是分析作品是否合理的有效方法。

图 7-3　【影片浏览器】面板

单击【影片浏览器】面板右侧的按钮，会弹出一个下拉菜单，此下拉菜单主要包含一些方便寻找对象、跳转等的菜单命令。

### 7.1.5 应用滤镜

与 Photoshop 软件类似，Flash 中的滤镜也用以制作丰富的视觉效果。但其滤镜的应用对象有一定限制，只能是文本、按钮和影片剪辑，而图形元件等对象则不能应用滤镜。由于滤镜的参数可以调整，所以使用补间动画能够让滤镜产生变化，这就是滤镜动画。例如，创建一个具有投影的球（即球体），在时间轴中让起始帧和结束帧的投影位置产生变化，模拟出光源从对象一侧移到另一侧的效果，就可以使用滤镜。

在制作滤镜动画时，为了保证滤镜的变化能够正确补间，Flash CS6 规定了如下原则。

- 如果将补间动画应用于已使用了滤镜的影片剪辑，则在补间的另一端插入关键帧时，该影片剪辑在补间的最后一帧上自动继承它在补间开头所具有的滤镜，并且层叠顺序相同。
- 如果将影片剪辑放在两个不同帧上，并且对于每个影片剪辑都应用了不同的滤镜，且两帧之间又应用了补间动画，则 Flash 首先处理所带滤镜最多的影片剪辑，然后比较分别应用于第 1 个影片剪辑和第 2 个影片剪辑的滤镜。如果在第 2 个影片剪辑中找不到匹配的滤镜，Flash 会生成一个不带参数并具有现有颜色的滤镜。
- 如果两个关键帧之间存在补间动画，将滤镜添加到关键帧中的对象上时，Flash 会在补间另一端的关键帧上自动将相同滤镜添加到影片剪辑中。
- 如果从关键帧中的对象上删除滤镜，Flash 会在补间另一端的关键帧中自动从影片剪辑中删除匹配的滤镜。
- 如果补间动画起始和结束的滤镜参数设置不一致，Flash 会将起始帧的滤镜设置应用于补间。但对挖空、内侧阴影、内侧发光以及渐变发光的类型和渐变斜角的类型，都不会产生补间动画。例如，如果使用投影滤镜创建补间动画，在补间的第 1 帧上应用挖孔投影，而在补间的最后一帧上应用内侧阴影，则 Flash 会更正补间动画中滤镜使用的不一致现象。在这种情况下，Flash 会应用补间第 1 帧所用的滤镜设置，即挖空投影。

# 7.2 课堂案例

本节通过制作几个实例对前一节的相关内容进行梳理，进一步突出重点，打牢基础。

### 7.2.1 蝴蝶谷

制作一群蝴蝶从花丛中心不断飞出的效果，如图 7-4 所示。

利用【Deco】工具合理选择图形元件，自然组合成符合主题的动画效果。在理解默认动画效果的基础上，尝试设置不同的参数，形成更具个性的动画效果，具体操作如下。

蝴蝶谷

**步骤提示**

**STEP 1** 新建一个 Flash 文档，并以文件名"蝴蝶谷.fla"保存。

**STEP 2** 选择【Deco】工具，在【属性】面板的【绘制效果】下拉列表中选择【花刷子】选项。

**STEP 3** 在【高级选项】下拉列表中选择【园林花】选项，其他参数保持默认设置，如图 7-5 所示。

图 7-4　蝴蝶谷

图 7-5　【绘制效果】和【高级选项】下拉列表

**STEP 4** 在舞台的左下角和右上角单击鼠标左键，绘制花丛图形，如图 7-6 所示。

**STEP 5** 新建"图层 2"，选择菜单命令【文件】/【导入】/【导入到舞台】，导入素材文件"黄蝴蝶 .png"。

**STEP 6** 拖曳"黄蝴蝶"图形到【库】面板，转换为"元件 1"影片剪辑元件，如图 7-7 所示。

图 7-6　绘制花丛图形

图 7-7　转换元件

**STEP 7** 选择菜单命令【文件】/【导入】/【导入到舞台】，导入素材文件"蓝蝴蝶 .png"。

**STEP 8** 拖曳"蓝蝴蝶"图形到【库】面板，转换为"元件 2"影片剪辑元件，如图 7-8 所示。

**STEP 9** 选择并删除舞台中的两个蝴蝶影片剪辑元件。

**STEP 10** 选择【Deco】工具，选择【绘制效果】下拉列表中的【粒子系统】选项。

**STEP 11** 单击【粒子 1】选项右侧的 编辑... 按钮，弹出【选择元件】对话框，选择【元件 1】，单击 确定 按钮退出。

**STEP 12** 单击【粒子 2】选项右侧的 编辑... 按钮，弹出【选择元件】对话框，选择【元件 2】，如图 7-9 所示，单击 确定 按钮退出。

图 7-8　转换元件

图 7-9　选择元件

**STEP 13** 调整工具【高级选项】的参数，设置【总长度】为"60"帧【粒子生成】为"60"帧、【初始速度】为"10"像素、【最大初始方向】为"90"度、【重力】为"1"像素，如图 7-10 所示。

**STEP 14** 在舞台中单击鼠标左键，在"图层 2"中自动生成逐帧动画，如图 7-11 所示。

图 7-10　调整【高级选项】　　　　　　　　　　　图 7-11　逐帧动画

**STEP 15** 选择菜单命令【控制】/【测试影片】/【测试】测试动画，会看到一群蝴蝶在花丛中纷飞的效果。此例可参见素材文件"素材文件\07\蝴蝶谷.fla"。

通过本实例的制作，掌握了用【Deco】 工具快速实现动画效果的方法，但是每个关键帧处都包含图片，会增大最终所发布文件的容量，影响作品浏览的速度。

足球之夜

### 7.2.2　足球之夜

创建如图 7-12 所示的效果，足球元件以两种动态运动形式构成主题效果，随后推出文字标题运动效果。

图 7-12　足球之夜

动画预设是预配置的补间动画，可以将它们应用于舞台上的对象。用户只需选择对象并单击【动画预设】面板中的动画预设选项，单击 应用 按钮即可，具体操作如下。

**STEP 1** 新建一个 Flash 文档，并以文件名"足球之夜.fla"保存。

**STEP 2** 选择菜单命令【文件】/【导入】/【导入到舞台】，导入素材文件"桌面背景.jpg"。

**STEP 3** 新建"图层 2"，导入素材文件"素材文件\07\足球.png"，如图 7-13 所示。

图 7-13　导入图像

**STEP** 4 选择菜单命令【窗口】/【动画预设】，打开【动画预设】面板。

**STEP** 5 选择"足球"对象，在【动画预设】面板中选择【默认预设】下的【脉搏】选项，单击 应用 按钮确定。弹出【将所选的内容转换为元件以进行补间】对话框，单击 确定 按钮继续制作，如图 7-14 所示。

图 7-14 应用预设

**STEP** 6 在【时间轴】面板中自动为"足球"对象制作补间动画，并放置在"图层 2"中。

**STEP** 7 新建"图层 3"，选择第 24 帧，按F6键创建关键帧。

**STEP** 8 从【库】面板拖曳"足球 .png"对象到舞台。

**STEP** 9 选择对象，在【动画预设】面板中选择【默认预设】下的【快速移动】选项，单击 应用 按钮确定。弹出【将所选的内容转换为元件以进行补间】面板，单击 确定 按钮继续制作，如图 7-15 所示。

图 7-15 应用新预设

**STEP** 10 新建"图层 4"，选择第 68 帧，按F6键创建关键帧。

**STEP** 11 选择T工具，输入黑体黄色文字"足球之夜"，如图 7-16 所示。选择文字，按Ctrl +B键两次，打散文字。

图 7-16 输入文字

STEP 12 选择 工具，为文字填充黑色边线，如图 7-17 所示。

STEP 13 选择对象，在【动画预设】面板中选择【默认预设】下的【从顶部模糊飞入】选项，单击 应用 按钮确定。弹出【将所选的内容转换为元件以进行补间】面板，单击 确定 按钮继续制作，如图 7-18 所示。

图 7-17 填充边线 图 7-18 应用新预设

STEP 14 移动文字动画路径的位置，使其处于画面中心位置，如图 7-19 所示。

图 7-19 移动路径位置

STEP 15 分别选择"图层 1"和"图层 4"第 100 帧，按 F5 键延续帧，如图 7-20 所示。

图 7-20 延续帧长度

**STEP** 16　查看【库】面板中的元件，如图 7-21 所示。

**STEP** 17　选择菜单命令【控制】/【测试影片】/【测试】测试动画，观看足球之夜动画效果。此例可参见素材文件"素材文件 \07\ 足球之夜 .fla"。

通过本实例的制作可见，使用动画预设是学习在 Flash 中添加动画的基础知识的快捷方法。一旦了解了预设的工作方式后，读者自己制作动画就非常容易了。读者可以创建并保存自己的自定义预设。

### 7.2.3　爱情纪念

创建如图 7-22 所示的效果，戒指元件在快速水平振荡中产生虚实变化。虚实变化利用滤镜来实现，其中再结合自定义缓入 / 缓出设置产生水平振荡。

图 7-21　元件库

图 7-22　爱情纪念

爱情纪念

---

**步骤提示**

**STEP** 1　新建一个 "550 像素 ×550 像素" 的 Flash 文档，并将文件保存为 "爱情纪念 .fla" 文件。

**STEP** 2　选择菜单命令【文件】/【导入】/【导入到舞台】，导入素材文件 "心形背景 .jpg"。

**STEP** 3　新建 "图层 2"，选择菜单命令【文件】/【导入】/【导入到舞台】，导入素材文件 "戒指 .png"，将其放在舞台中央，并转换为 "动感" 影片剪辑元件。

**STEP** 4　进入 "动感" 元件，并转换为 "戒指" 影片剪辑元件。

**STEP** 5　在【时间轴】面板中选择第 13 帧，按F6键插入关键帧，单击鼠标右键，选择【创建补间动画】命令。

**STEP** 6　选择第 13 帧中舞台上的 "戒指" 元件实例，在【属性】面板中展开【滤镜】面板。单击按钮，选择【模糊】命令，将【模糊 X】设置为 "220"，【模糊 Y】设置为 "0"，【品质】选项设为【高】，如图 7-23 所示。

**STEP** 7　选择第 20 帧，按F6键插入关键帧，选择当前帧中的 "戒指" 元件实例，按键 3 次，调整其位置。在【滤镜】面板中仅将【模糊 X】和【模糊 Y】修改为 "0"，如图 7-24 所示。

图 7-23　应用【模糊】滤镜

解除锁定

图 7-24　调整参数

**STEP 8** 在【时间轴】面板中选择第 13 帧，在【动画编辑器】面板中展开【缓动】面板，单击 按钮，从打开的菜单中选择【弹簧】命令，如图 7-25 所示。

图 7-25 设置【自定义缓入 / 缓出】

**STEP 9** 在【时间轴】面板中增加一个"图层 3"，输入紫色楷体文字"美满婚姻"，大小为"30"。

**STEP 10** 选择工具，调整文字倾斜，如图 7-26 所示。

图 7-26 调整文字倾斜

**STEP 11** 将文字"美满婚姻"进一步复制调整，形成最终的 3 行文字效果。

**STEP 12** 选择菜单命令【控制】/【测试影片】/【测试】测试动画。此例可参见素材文件"素材文件 \07\ 爱情纪念 .fla"。

# 7.3 课堂练习

这一节通过两个例子的制作，讲述在补间动画制作中如何应用多种创作手段，产生更加复杂的效果。

## 7.3.1 卡通狗

创建如图 7-27 所示的效果，卡通狗眨着漂亮的大眼睛，向你诉说着心语。

卡通狗

图 7-27　卡通狗

逐帧动画经常被用来制作循环动画，比如人的走动等。这个实例就利用逐帧动画实现了卡通眼睛和嘴的循环动作。

## 步骤提示

**STEP** 1 新建一个 Flash 文档，并将文件保存为 "卡通狗 .fla" 文件。

**STEP** 2 选择菜单命令【导入】/【打开外部库】，将素材文件 "小狗 .fla" 在当前【外部库】面板打开，将 3 个元件全选后复制到新建文档的【库】中，如图 7-28 所示。

**STEP** 3 在 "卡通狗 .fla" 的【库】面板中双击 "眼睛" 元件，进入其编辑修改界面。

**STEP** 4 在 "图层 2" 上，选择第 14 帧，插入关键帧，选择第 1 帧的眼睛，利用 工具修改图形，如图 7-29 所示。

同时选择 3 个元件并复制

切换大新文件【库】，粘贴元件

图 7-28　导入元件

图 7-29　修改眼睛

**STEP** 5 选择第 12 帧，插入关键帧，利用 工具修改图形，如图 7-30 所示。

**STEP** 6 选择第 13 帧，插入关键帧，利用 工具修改图形，如图 7-31 所示。

图 7-30　调整眼睛形状

图 7-31　调整眼睛形状

**STEP** 7 选择第 13 帧，按 Alt 键向右拖动，在第 15 帧复制出新帧。

STEP 8 选择第 12 帧，按 Alt 键向右拖动，在第 16 帧复制出新帧，如图 7-32 所示。

图 7-32　复制出新帧

STEP 9 在【库】面板中双击"嘴巴"元件，进入其编辑修改界面。

STEP 10 选择第 2 帧，插入关键帧，利用【变形】面板在垂直方向将嘴部压缩 60.0%。

STEP 11 选择第 3 帧，插入关键帧，在垂直方向再将嘴部压缩 60.0%。

STEP 12 选择第 4 帧，插入关键帧，调整嘴的形状，删除其中的粉红色部分。

STEP 13 在【时间轴】面板中选择第 3 帧，按 Alt 键向右拖动，在第 5 帧放置新复制出的帧。

STEP 14 将第 2 帧复制到第 6 帧，比较第 1 ~ 6 帧的嘴型如图 7-33 所示。

图 7-33　调整嘴的形状

STEP 15 单击【时间轴】面板下方的 ⇦ 按钮，返回到场景 1。

STEP 16 从【库】面板中将 3 个元件拖入舞台，构成卡通狗的形象。

STEP 17 选择菜单命令【控制】/【测试影片】/【测试】测试动画，就会看到小熊开口说话的形象。此例可参见素材文件中的"卡通狗 .fla"文件。

## 7.3.2　回归自然

创建如图 7-34 所示的效果，辉光从中心位置以放射状飞出，文字辉光像霓虹灯闪动。

图 7-34　回归自然

回归自然

利用混合模式叠加图层效果，可以有效地融合图形效果，使动画效果更加融入背景图像的气氛中，文字滤镜的色彩变化可以在【动画编辑器】中灵活方便地调整。

步骤提示

STEP 1 新建一个 Flash 文档，并将文件保存为"回归自然 .fla"文件。

STEP 2 选择菜单命令【文件】/【导入】/【导入到舞台】，导入素材文件"自然 .jpg"。

STEP 3 新建"图层 2"，导入素材文件"素材文件 \07\ 辉光 .png"。选择"辉光"对象，单击鼠标右键，在弹出的快捷菜单中选择【转换为元件】命令，创建"辉光闪"影片剪辑元件，如图 7-35 所示。

图 7-35　创建元件

**STEP 4** 在舞台上，双击元件进入编辑状态。选择第 1 帧，单击鼠标右键，选择【创建补间动画】命令，准备创建补间动画，如图 7-36 所示。

图 7-36　编辑元件

**STEP 5** 移动播放头到 12 帧，选择图形，按住 Shift 键，等比例放大图形。

**STEP 6** 单击 按钮，返回"场景 1"。

**STEP 7** 选择元件，在【属性】面板的【混合】下拉列表中选择【叠加】选项，混合图形显示效果，如图 7-37 所示。

图 7-37　设置混合模式

**STEP 8** 为元件实例应用【模糊】滤镜，将【模糊 X】、【模糊 Y】设置为"3"，【品质】选项设置为【高】，如图 7-38 所示，辉光的融合效果更加细腻柔和。

**STEP 9** 新建"图层 3"，选择 T 工具，输入"回归自然"黑体浅蓝色文字，选择文字对象，单击鼠标右键，选择【转换为元件】命令，创建"文字"影片剪辑元件，如图 7-39 所示。

图 7-38　添加滤镜

图 7-39　转换为元件

**STEP 10** 在舞台上，双击元件进入编辑状态。

**STEP 11** 为元件实例应用【发光】滤镜，将【模糊 X】、【模糊 Y】设置为"20"，【强度】设置为"200%"，【颜色】设置为绿色，如图 7-40 所示。

图 7-40　调整发光色彩

**STEP 12** 选择第 1 帧，单击鼠标右键，在弹出的快捷菜单中选择【创建补间动画】命令。

**STEP 13** 在【动画编辑器】面板中移动播放头至第 6 帧，【发光】滤镜的【颜色】设置为黄色，如图 7-41 所示。

图 7-41　改变辉光色彩

**STEP 14** 移动播放头至第 12 帧，【发光】滤镜的【颜色】设置为绿色，如图 7-42 所示。

图 7-42　再次改变辉光色彩

**STEP 15** 单击 按钮，返回"场景 1"。测试影片，会看到文字循环闪光。此例可参见素材文件"素材文件 \07\ 回归自然 .fla"。

# 7.4 综合案例——圣诞贺卡

创建如图 7-43 所示的效果，圣诞树上星光闪烁，圣诞老人带着圣洁的光芒移入画面，"圣诞快乐"几个字从天而降进入画面。星光闪烁主要利用逐帧动画实现，圣诞老人发出的辉光则利用滤镜完成。

图 7-43　圣诞贺卡

## 步骤提示

**STEP 1** 打开素材文件"圣诞（素材）.fla"，使动画持续时间延长到第 45 帧。

**STEP 2** 创建一个影片剪辑元件"星"，将【笔触颜色】设为无，在【颜色】面板中设置渐变颜色，如图 7-44 所示。

**STEP 3** 选择 工具，将【笔触颜色】设为无，设置其参数如图 7-45 所示。

图 7-44　设置渐变颜色　　　　　　　　　　　　　　　图 7-45　调整参数

**STEP 4** 按 Shift 键画出一个星形，在【属性】面板中设置其【宽】和【高】数值为"18.0"。

**STEP 5** 选择第 2 帧，插入关键帧，然后调整星形位置并适当旋转，直到第 7 帧。每一帧中星形的位置和角度都有变化，但最终要使星形的运动能够循环进行，如图 7-46 所示。

**STEP 6** 返回"场景 1"中，增加"图层 2"，从【库】面板中将"圣诞老人 .png"拖到舞台中，然后转换成影片命名为"老人"的剪辑元件。

**STEP 7** 编辑"老人"元件，应用【发光】滤镜，如图 7-47 所示。

图 7-46　调整位置和角度　　　　　　　　　　　　　图 7-47　应用【发光】滤镜

**STEP 08** 在第 1 ~ 10 帧制作位移动画，使老人从右向左移动。

**STEP 09** 返回"场景1"中，增加"图层3"，从【库】面板中将"星"元件拖到舞台中，与圣诞树重合。

**STEP 10** 增加"图层4"，输入文字"圣诞快乐"，然后转换成影片命名为"文字"的剪辑元件。

**STEP 11** 编辑"文字"元件，在第 1 ~ 30 帧制作动画，使文字从舞台外的上方下落到舞台，并延续到 55 帧。

**STEP 12** 返回"场景1"中，测试动画，就会看到精美的圣诞贺卡。此例可参见素材文件"素材文件 \07\ 圣诞贺卡 .fla"。

# 7.5 课后习题

1. 如图 7-48 所示，使"超人气网站"文字产生闪烁的效果，其中斑马线边框在闪烁过程中还有颜色变化。此例可参见素材文件"素材文件 \07\ 网站 .fla"。

图 7-48 "超人气网站"效果

2. 如图 7-49 所示，使"梦开始的地方"文字产生水平虚化的效果，然后替换文字，文字由虚变实后成为"高新区欢迎您"。此例可参见素材文件"素材文件 \07\ 梦 .fla"。

图 7-49 "超人气网站"效果

3. 修改综合案例一节讲述的实例，通过插入帧使星光运动速度减半，利用滤镜为文字加一个内侧发光的红边，如图 7-50 所示。此例可参见素材文件"素材文件 \07\ 圣诞快乐（修改）.fla"。

图 7-50 圣诞快乐

4. 打开素材文件"素材文件 \07\ 布娃娃 .fla"，通过【动画预设】面板实现"3D 螺旋"的动画效果，如图 7-51 所示。此例可参见素材文件"素材文件 \07\ 翻转布娃娃 .fla"。

图 7-51 翻转布娃娃

5. 打开素材文件"素材文件 \07\ 禁烟 .fla",通过【Deco】工具实现火焰燃烧的动画效果,如图 7-52 所示。此例可参见素材文件"素材文件 \07\ 燃烧的香烟 .fla"。

图 7-52 燃烧的香烟

Chapter

**8**

# 第8章
# 图层动画

本章介绍的图层动画制作，并不是指单纯的图层叠加，而是一些特殊的图层动画效果，是解决动画对象复杂变化的有效方法。

**学习目标**

- 掌握传统运动引导层动画制作。

- 掌握遮罩层动画的含义及设计。

- 理解摄像头图层的设计。

- 理解应用场景的意义。

# 8.1 功能讲解

图层动画制作主要是指运动引导层动画和遮罩层动画，而场景则是大型动画制作中分工协作的有利工具。

## 8.1.1 传统运动引导层动画

在 Flash CS6 中新补间动画已经具备引导层动画的特征，但是仍然保留传统运动引导层动画的功能。在【时间轴】面板中，在层名前有 标志的就是运动引导层。运动引导层可以起到设置运动路径的导向作用，使与之相链接的被引导层中的对象沿此路径运动。设置运动引导层和被引导层可以采用下面的方法。

- 用鼠标右键单击图层名，在打开的快捷菜单中选择【添加传统运动引导层】命令，在当前图层上增加一个运动引导层，当前图层便变成被引导层。
- 用鼠标右键单击图层名，在打开的快捷菜单中选择【引导层】命令，当前图层便变成引导层。将引导层下方的图层稍向右上方拖动，此图层将会变成被引导层，被引导层图标向右缩进。引导层也将改变为运动引导层。
- 选择某个图层，选择菜单命令【修改】/【时间轴】/【图层属性】，打开【图层属性】面板，选择【引导层】。
- 选择被引导层，单击 按钮，会在其上增加一个被引导层。

运动引导层动画实际上是传统补间动画的特例。它是在传统补间动画又添加了运动轨迹的控制。绘制的矢量图形，如果不建组或者转换成元件，同样也无法用于运动引导层动画。

## 8.1.2 遮罩层动画

在 Flash CS6 中，遮罩层前面用 图标表示，与之相链接的被遮罩层前面用 图标表示。遮罩层中有动画对象存在的地方都会产生一个孔，使与其链接的被遮罩层相应区域中的对象显示出来；而没有动画对象的地方会产生一个罩子，遮住链接层相应区域中的对象。遮罩层中动画对象的制作与一般层中基本一样，矢量色块、字符、元件以及外部导入的位图等都可以在遮罩层产生孔。对于遮罩层的理解，可以将它看作是一般层的反转，其中有对象存在的位置为透明，空白区域则为不透明。遮罩层只能对与之相链接的层起作用，这与前面所讲的运动引导层是一样的。

制作遮罩效果前，【时间轴】面板中起码要有两个图层，比如"图层 1"和"图层 2"。可以采用下面的方法设置遮罩层和被遮罩层。

- 用鼠标右键单击"图层 2"的层名，在打开的快捷菜单中选择【遮罩层】命令，将"图层 2"变成遮罩层，其下方的"图层 1"自动变成被遮罩层，两个层都自动被锁定。
- 选择某个图层，然后选择菜单命令【修改】/【时间轴】/【图层属性】，打开【图层属性】对话框，选择【遮罩层】或【被遮罩层】单选项。
- 选择被遮罩层，单击 按钮会在其上增加一个被遮罩层。

遮罩本身的颜色并不重要，它仅仅起到遮挡的作用。如果将遮罩层和被遮罩层其中一个解除锁定，在舞台上将不能预览遮罩效果，只有将上述 2 个图层锁定，或选择菜单命令【控制】/【测试影片】/【测试】命令，发布作品后就能够看到遮罩效果。

# 8.2 课堂案例

下面通过几个范例讲解补间动画和传统补间动画的设计方法与应用技巧。

### 8.2.1 飞机

制作飞机沿曲线路径飞行的动画，效果如图 8-1 所示。

飞机

图 8-1 飞行的飞机

## 步骤提示

**STEP 1** 新建一个 Flash 文档，将素材文件"天空 .jpg"导入到舞台。

**STEP 2** 新建"图层 2"，将素材文件"素材文件 \08\飞机 .png"导入到舞台。

**STEP 3** 在【时间轴】面板的图层选择区选择"图层 2"，单击鼠标右键，选择【添加传统运动引导层】命令，增加运动引导层，而"图层 2"层自动变成了被引导层，如图 8-2 所示。

**STEP 4** 保持运动引导层的被选择状态，选择 工具，在舞台上画出一条路径曲线，如图 8-3 所示。

图 8-2 增加运动引导层

图 8-3 画路径曲线

**STEP 5** 锁定运动引导层，拖动舞台上的"飞机"元件，使其中心点吸附到曲线路径的左端点，如图 8-4 所示。工具栏中的 按钮必须激活，这样有利于吸附调整。

**STEP 6** 在运动引导层的第 30 帧，插入帧。

**STEP 7** 选择"图层 2"第 1 帧，单击鼠标右键，选择【创建传统补间】命令。选择第 30 帧，插入关键帧。

**STEP 8** 拖动"图层 2"第 30 帧中的"飞机"元件，使注册点（中心点）吸附到曲线路径的右端点，缩小飞机比例并调整旋转方向使之与路径方向一致，如图 8-5 所示。

图 8-4 调整元件位置

图 8-5 旋转元件

**STEP 9** 在【属性】面板中设置相关参数, 如图 8-6 所示。

**STEP 10** 用鼠标右键单击"图层 2"的第 15 帧, 在打开的快捷菜单中选择【转换为关键帧】命令, 使第 15 帧成为关键帧。在【属性】面板中将【缓动】数值设为"50", 如图 8-7 所示。

勾选【调整到路径】, 飞机根据路径的曲度改变旋转方向

图 8-6 设置补间动画

数值为正产生减速运动

图 8-7 变速调整

**STEP 11** 选择第 15 帧舞台上的飞机, 沿曲线路径向左拖动, 调整旋转方向使之与路径方向一致, 如图 8-8 所示。

图 8-8 设置补间动画

**STEP 12** 选择菜单命令【控制】/【测试影片】/【测试】, 会看飞机沿着曲线路径逐渐飞出, 速度由慢到快, 而运动路径并没有显示。

### 8.2.2 电影博物馆

创建如图 8-9 所示的效果, 棕黄色文字上有一道光线从左向右划过, 形成常见的扫光文字效果。

图 8-9 电影博物馆

电影博物馆

实现这一效果, 主要利用遮罩层动画与其他图层的叠加显示。

**步骤提示**

**STEP 1** 新建一个尺寸为"600 像素 ×300 像素"的 Flash 文挡, 并将文件保存为"电影博物馆 .fla"。

**STEP 2** 选择菜单命令【文件】/【导入】/【导入到舞台】, 导入素材文件"光影百年 .jpg"。

**STEP 3** 增加"图层 2", 在舞台上方输入"经典影视回顾", 在【属性】面板中设置字体为"隶书", 字体大小为"74", 颜色为"棕黄色"。

**STEP 4** 增加"图层 3", 用鼠标右键单击"图层 2"的第 1 帧, 从快捷菜单中选择【复制帧】命令, 然后用鼠标右键单击"图层 3"的第 1 帧, 从快捷菜单中选择【粘贴帧】命令。

**STEP 5** 将"图层 3"中文字颜色改为浅黄色"#FFFF00"。

**STEP 6** 增加"图层 4"，打开【颜色】面板，选择【填充颜色】，设置渐变颜色，如图 8-10 所示。

**STEP 7** 在舞台上绘制一个【笔触颜色】为无色的长方形，然后调整出如图 8-11 所示的光束图形。

255、255、255、0%

255、255、255、100%

图 8-10　设置渐变色

图 8-11　制作光束

**STEP 8** 选择舞台上的光束对象，将其转换为图形元件"遮罩"，使用工具调整"遮罩"元件实例的旋转中心，如图 8-12 所示。

**STEP 9** 调整光束位置，然后将其旋转，如图 8-13 所示。

图 8-12　调整变形点

图 8-13　调整光束

**STEP 10** 分别选择"图层 1""图层 2"和"图层 3"的第 24 帧，插入帧。选择"图层 4"的第 1 帧，单击鼠标右键，在弹出的快捷菜单中选择【创建补间动画】命令，准备创建补间动画。

**STEP 11** 将播放头拖动到第 24 帧，使用工具旋转"图层 4"中的"遮罩"元件实例，使其位于扫过文字后的位置。

**STEP 12** 用鼠标右键单击"图层 4"的层名，在打开的快捷菜单中选择【遮罩层】命令，"图层 4"变成遮罩层，其下方的"图层 3"自动变成了被遮罩层，两个层自动被锁定，如图 8-14 所示。

锁定图层　　　锁定图层

图 8-14　改变层类型

**STEP 13** 在【时间轴】面板中拖动播放头，会看到文字中产生了黄色的过光效果。

# 8.3 实训

这一节通过两个例子的制作，讲述在补间动画制作中如何应用更多的创作手段，以产生更加复杂的效果。

### 8.3.1 大拜年

创建如图 8-15 所示的新年贺卡效果，不同文字不断飘下，明快的色彩、飘动的字符给人以靓丽清新的感觉。

大拜年

图 8-15 大拜年

一个运动引导层可以链接多个被引导层，这样就可以实现多个动画对象沿同一条路径运动的效果。同时，一个运动引导层中还可以有多条曲线路径，以引导多个动画对象沿不同的路径运动。这些就是本例的应用重点。

### 步骤提示

**STEP 1** 新建一个尺寸为"700 像素 ×400 像素"的 Flash 文挡，并将文件为保存"大拜年 .fla"文件。

**STEP 2** 导入素材文件"节庆 .jpg"，如图 8-16 所示。

图 8-16 导入背景文件

**STEP 3** 增加"图层 2"，导入素材文件"大 .png"。

**STEP 4** 增加"图层 3"，导入素材文件"拜 .png"。

**STEP 5** 增加"图层 4"，导入素材文件"年 .png"，如图 8-17 所示。

图 8-17 导入图像

**STEP 6** 增加"图层5"，选择 工具，在【选项】下选择 平滑，在舞台上画出3条路径曲线，如图8-18所示。

**STEP 7** 确认"图层5"仍被选择，选择菜单命令【修改】/【时间轴】/【图层属性】，打开【图层属性】对话框，选择【引导层】单选项，如图8-19所示，将"图层5"变为一个普通引导层。

图8-18　绘制路径曲线　　　　　　　　　　　　　　　　图8-19　修改图层类型

**STEP 8** 在【时间轴】面板中拖曳"图层2"到"图层5"下方，此时"图层5"由普通引导层变为运动引导层，"图层2"变为被引导层，如图8-20所示。

**STEP 9** 依次拖曳"图层2""图层3"和"图层4"到"图层5"下方，使其变成被引导层。

**STEP 10** 同时选择"图层2"到"图层3"的第25帧，按F6键同时插入了3个关键帧。选择"图层1"和"图层5"的第25帧，按F5键。

**STEP 11** 同时选择"图层2""图层3"和"图层4"的第1帧，单击鼠标右键，在弹出的快捷菜单中选择【创建传统补间】命令。

**STEP 12** 锁定"图层1"，调整各层第25帧中的文字吸附到曲线路径的下端，如图8-21所示。

吸附到曲线
路径的下端

图8-20　改变层类型　　　　　　　　　　　　　　　　图8-21　调整字符位置

**STEP 13** 依次调整第1帧对应各图层中文字的位置，使字符吸附于各条路径的上端，如图8-22所示。

图8-22　调整字符位置

**STEP 14** 制作运动引导层动画，使文字沿曲线路径运动并随着路径曲率变化产生旋转。

**STEP 15** 同时选择所有图层的第 40 帧，按F5键插入帧，使字符下落后能够静止一段时间。

**STEP 16** 选择菜单命令【控制】/【测试影片】/【测试】，就会看到文字依次飞出飘然下落。

### 8.3.2 刷油漆

创建如图 8-23 所示的效果，随着滚刷的移动，在白墙上绘制出黄色的油漆。

刷油漆

图 8-23 刷油漆

遮罩层动画存在一个问题，就是并非所有的可显示对象都可以在遮罩层中产生孔，并使被遮罩层中的对象透出来。比如，用直线工具、铅笔工具、钢笔工具和墨水瓶工具制作的矢量线条就不能在遮罩层中产生孔。这个实例就主要讲解相应的解决办法。

## 步骤提示

**STEP 1** 创建一个新 Flash 文档，并将文件保存为"刷油漆 .fla"。

**STEP 2** 选择菜单命令【插入】/【新建元件】，创建"油漆"影片剪辑元件，如图 8-24 所示。

**STEP 3** 选择□工具，绘制无边黄色矩形，如图 8-25 所示。

图 8-24 新建元件　　　　　　　　　　图 8-25 绘制无边黄色矩形

**STEP 4** 新建"图层 2"，选择＼工具，绘制 6 条垂直线，设置【笔触大小】为"12"，长度和位置如图 8-26 所示。

**STEP 5** 选择垂直线，选择菜单命令【修改】/【形状】/【将线条转换为填充】，将舞台上的矢量线转换成矢量图形，如图 8-27 所示。

图 8-26　绘制垂直线

图 8-27　转换成矢量图形

**STEP ◢6**　选择"图层 1"，按F5键延续到 50 帧。选择"图层 2"第 50 帧，按F6键创建关键帧。

**STEP ◢7**　选择"图层 2"，在名称区单击鼠标右键，选择【遮罩层】命令，转换为遮罩层，如图 8-28 所示。

图 8-28　转换遮罩层

**STEP ◢8**　取消"图层 2"的图层锁定🔒，选择第 1 帧中的垂直线，选择▦工具，缩短图形高度。

**STEP ◢9**　选择第 1 帧，单击鼠标右键，选择【创建补间形状】命令，如图 8-29 所示。

图 8-29　创建动画

**STEP ◢10**　新建"图层 3"，导入素材文件"油漆刷 .png"。

**STEP ◢11**　选择"图层 3"第 1 帧，单击鼠标右键，选择【创建补间动画】命令，调整图像位置如图 8-30 所示。

图 8-30　创建补间动画

STEP ⬇12　移动播放头到 50 帧位置，移动"油漆刷"图形元件到底部，如图 8-31 所示。

STEP ⬇13　单击 场景 1 按钮，返回当前场景，从【库】面板中拖放"油漆"元件到当前场景。

STEP ⬇14　选择菜单命令【控制】/【测试影片】/【测试】测试效果。

图 8-31　创建遮罩效果

在这个实例中，选择菜单命令【修改】/【形状】/【将线条转换为填充】将舞台上的矢量线转换成矢量图形，这是能否实现遮罩效果的关键。转换后，虽然从表面看不出任何变化，但对象的性质已经发生了转变。

## 8.4 综合案例——传统精美折扇

创建如图 8-32 所示的效果，要求能够准确地表达传统文化韵味，动画效果简洁生动。通过这个实例，学习特定命题作品的构思方法和表现技巧。

在制作本例中，先利用旋转复制功能制作扇子的龙骨，并利用【分散到图层】命令将龙骨分散到图层中，顺势推延 1 帧，就比较轻松地模拟出扇骨展开的逐帧动画效果。再利用圆环旋转遮罩动画，制作扇面展开的效果。

图 8-32　传统精美折扇

## 步骤提示

**STEP 1** 新建一个 Flash 文档。

**STEP 2** 新建"扇骨"影片剪辑元件。在工具栏中选择 □ 工具，设置边线为黑色，在舞台中绘制木质渐变矩形，如图 8-33 所示。

**STEP 3** 增加"图层 2"，绘制一个宽、高均为 7 的圆形，并使其相对中心位置对齐。

**STEP 4** 新建"扇骨 – 总"影片剪辑元件，将"扇骨"元件拖入。选择 ▓ 工具移动元件的旋转中心，使其和舞台中心对齐，复制出一组扇骨，如图 8-34 所示。

图 8-33　绘制木质渐变矩形　　　　　　　　图 8-34　旋转复制扇骨

**STEP 5** 选择舞台中的所有扇骨，在【变形】面板中设置【旋转】选项参数为"–75"度，按 Enter 键确定，将扇骨的角度调正。

**STEP 6** 单击鼠标右键，选择【分散到图层】命令，在"图层 1"的下方增加 16 个新图层。

**STEP 7** 按照从下至上的顺序，除最后 1 层外，依次将新增图层中的关键帧向后移动 1 帧，使每 1 层都间隔 1 帧，延续帧到 16 帧，如图 8-35 所示。

图 8-35　创建扇骨展开动画

**STEP 8** 选择【基本椭圆】工具 ◎，绘制一个圆形，如图 8-36 所示。

**STEP 9** 修改图形改为圆环，效果如图 8-37 所示。

图 8-36 设置圆形尺寸

图 8-37 调整图形的【内径】

**STEP 10** 选择圆环，复制对象。选择"图层 18"层的第 1 帧，选择菜单命令【编辑】/【粘贴到当前位置】粘贴对象，如图 8-38 所示。

**STEP 11** 导入素材文件"招贴 .jpg"，使其填充到扇面上，如图 8-39 所示。

图 8-38 粘贴对象

图 8-39 调整位图的位置和形状

**STEP 12** 选择"图层 1"层中的所有对象，转换为元件"扇面"影片剪辑元件，设置透明度为"95%"，如图 8-40 所示。

**STEP 13** 选择"图层 18"的圆环，修改为如图 8-41 所示的效果。

图 8-40 设置扇面的透明度

图 8-41 设置基本椭圆工具【属性】

**STEP 14** 创建补间动画。选择"图层 18"的第 16 帧增加关键帧。选择第 16 帧中的对象，旋转"155.0"度，如图 8-42 所示。

**STEP 15** 选择"图层 18"转化为遮罩层，延续到第 60 帧，如图 8-43 所示。

图 8-42　旋转半圆形　　　　　　　　　　　图 8-43　完成后的动画图层排列效果

**STEP 16** 单击 场景1 按钮回到场景 1，从【库】中将"扇骨－总"元件拖到舞台。

**STEP 17** 选择菜单命令【控制】/【测试影片】，就会看到按设定场景依次出现的动画效果。

# 8.5 课后习题

1. 打开素材文件"蜜蜂.fla"，利用运动引导层动画使其由花盘旋飞回蜂巢，如图 8-44 所示。

2. 打开素材文件"划变（素材）.fla"，对相关元件进行修改，最终形成如图 8-45 所示的十字交叉划变效果。

图 8-44　蜜蜂归巢　　　　　　　　　　　　图 8-45　十字交叉划变效果

3. 打开素材文件"扫光.fla"，对相关元件进行修改，最终形成如图 8-46 所示的虚光效果。

图 8-46　虚光文字

Chapter

**9**

# 第9章
# 3D工具和骨骼工具

在Flash CS6每个影片剪辑实例的属性中包括通过 $z$ 轴来表示3D空间。【骨骼】工具的反向运动功能是一种使用骨骼关节结构对一个对象或彼此相关的一组对象进行动画处理的方法。使用骨骼，元件实例和形状对象可以按复杂而自然的方式移动，提升具有骨骼结构形体的动画制作效果。

## 学习目标

- 掌握3D工具的基本功能。
- 掌握骨骼工具的基本用法。
- 能够利用上述工具设计三维动画。

# 9.1 功能讲解

在 Flash 舞台的 3D 空间中移动和旋转影片剪辑创建 3D 效果。通过使用【3D 平移】工具 ⅄ 和【3D 旋转】工具 ◎ 沿着影片剪辑实例的 $z$ 轴移动和旋转影片剪辑实例，可以在影片剪辑实例中添加 3D 透视效果。

## 9.1.1 二维空间与三维空间

二维空间（2D）是指仅由长度和宽度（在几何学中为 $x$ 轴和 $y$ 轴）两个要素所组成的平面空间，只在平面延伸扩展，二维空间呈面性。同时也是美术上的一个术语，例如，绘画就是将三度空间的事物用二度空间来展现。

三维空间（3D）是指长、宽、高构成的立体空间，三维空间呈体性。三维空间的长、宽、高 3 条轴是说明在三维空间中的物体相对原点 $O$ 的距离关系。

在 3D 最重要的理论就是超出 $x$ 和 $y$ 存在的另一个表示深度的维度 $z$，如图 9-1 所示。对于 Flash 而言，意味着物体远离观察者时 $z$ 轴将增大，临近观察者时 $z$ 轴将减小。

图 9-1　3D 坐标系

## 9.1.2 【3D 旋转】工具

【3D 旋转】工具 ◎ 可以在三维空间中旋转影片剪辑实例。舞台中的 3D 旋转控件用不同色彩代表不同的旋转操作，其中红色绕 $x$ 轴线旋转、绿色绕 $y$ 轴线旋转、蓝色绕 $z$ 轴线旋转、橙色的自由旋转控件可同时绕 $x$ 轴和 $y$ 轴旋转，如图 9-2 所示。

【3D 旋转】工具 ◎ 包括全局模式和局部模式，通过单击【工具】面板的【选项】部分中的【全局转换】 ◙ 按钮进行转换，如图 9-3 所示。在使用【3D 旋转】工具进行拖动的同时按 D 键可以临时从全局模式切换到局部模式。

图 9-2　全局【3D 旋转】工具模式

图 9-3　局部【3D 旋转】工具模式

【3D 旋转】工具 的应用涉及到【属性】面板【3D 定位和查看】卷展栏和【变形】面板相关选项的设置和调整，如图 9-4 和图 9-5 所示。

图 9-4 【属性】面板相关选项

图 9-5 【变形】面板相关选项

【属性】面板【3D 定位和查看】卷展栏相关选项的作用介绍如下。

- 透视角度 ：能够缩放舞台视图，更改透视角度效果，与照相机镜头缩放类似。
- 消失点 ：在舞台上能够平移 3D 对象。

每个 FLA 文件只有一个"透视角度"和"消失点"设置。

【变形】面板相关选项的作用介绍如下。

- 【3D 旋转】：参数化设置 $x$、$y$、$z$ 方向值。
- 【3D 中心点】：参数化设置 3D 中心点在 $x$、$y$、$z$ 轴上的值。

### 9.1.3 【3D 平移】工具

使用【3D 平移】工具 可以在三维空间中移动影片剪辑实例。在使用该工具选择影片剪辑后，影片剪辑的 $x$、$y$ 和 $z$ 轴 3 个轴将显示在舞台上对象的顶部。$x$ 轴为红色，$y$ 轴为绿色，而 $z$ 轴为蓝色，如图 9-6 所示。

当鼠标光标变为黑色箭头和轴字母组合的状态时，可以拖曳鼠标光标平移对象，也可以在【属性】面板的【3D 定位和查看】选项中【X】、【Y】或【Z】输入区精确输入移动参数值。按住 Shift 键并双击其中一个选中对象，可将轴控件移动到该对象，如图 9-7 所示。【宽度】和【高度】值是只读值，辅助用户确定当前变形对象的尺寸。

图 9-6 【3D 平移】工具【选项】区

图 9-7 【属性】面板相关选项

### 9.1.4 反向运动及【骨骼】工具

通过反向运动（IK）可以轻松地创建人物动画，如胳膊、腿和面部表情的自然运动。Flash 包括两个用于处理 IK 的工具。使用【骨骼】工具 可以向元件实例或形状添加骨骼。在一个骨骼移动时，与启动运动的骨骼相关的其他连接骨骼也会移动。使用反向运动进行动画处理时，只需指定对象的开始位置和结束位置即可。

一组 IK 骨骼链称为骨架。骨骼之间的连接点称为关节。在父子层次结构中，骨架中的骨骼彼此相连。骨架可以是线性的或分支的。源于同一骨骼的骨架分支称为同级。

在 Flash 中可以按两种方式使用 IK。

- 第 1 种方式：通过添加将每个实例与其他实例连接在一起的骨骼，用关节连接一系列的元件实例，如图 9-8 所示。骨骼允许元件实例连一起移动。例如，有一组影片剪辑，其中的每个影片剪辑都表示人体的不同部分。通过将躯干、上臂、下臂和手连接在一起，可以创建逼真移动的胳膊。可以创建一个分支骨架以包括两个胳膊、两条腿和头。

- 第2种方式：是向形状对象的内部添加骨架。可以在合并绘制模式或对象绘制模式中创建形状，如图9-9所示。通过骨骼，可以移动形状的各个部分并对其进行动画处理。

图9-8  元件实例骨架                            图9-9  形状对象骨架

在向元件实例或形状添加骨骼时，Flash 将实例或形状以及关联的骨架移动到时间轴中的新图层，此新图层称为姿势图层，默认图层名称为"骨架_1"。每个姿势图层只能包含一个骨架及其关联的实例或形状。

### 9.1.5 【绑定】工具

使用【绑定】工具 ，可以调整形状对象的各个骨骼和控制点之间的关系。在默认情况下，形状的控制点连接到离它们最近的骨骼。使用【绑定】工具可以编辑单个骨骼和形状控制点之间的连接，这样，就可以控制在每个骨骼移动时图形扭曲的方式，以获得更满意的结果。

【绑定】工具 使用过程中涉及图标的含义如图9-10所示。

图9-10 【绑定】工具图标含义

- 黄色加亮方形控制点：表示已连接当前骨骼的点。
- 红色加亮骨骼：表示当前选定的骨骼。
- 蓝色方形控制点：表示已经连接到某个骨骼的点。
- 三角形控制点：表示连接到多个骨骼的控制点。

【绑定】工具 操作要点主要有以下几个方面。

- 若要为选定的骨骼添加控制点，请按住Shift键单击未加亮显示的控制点。也可以通过按住Shift键拖动来选择要添加到选定骨骼的多个控制点。
- 若要从骨骼中删除控制点，请按住Ctrl键单击以黄色加亮显示的控制点。也可以通过按住Ctrl键拖动来删除选定骨骼中的多个控制点。
- 同理，若要为选定的控制点添加其他骨骼，请按住Shift键单击骨骼。若要从选定的控制点中删除骨骼，按住Ctrl键单击以黄色加亮显示的骨骼。

### 9.1.6　IK 运动约束

若要创建 IK 骨架的更多逼真运动，可以控制特定骨骼的运动自由度。选定一个或多个骨骼时，可以在【属性】面板中设置【联接：旋转】、【联接：X 平移】和【联接:Y 平移】选项，如图 9-11 所示。

可以启用、禁用和约束骨骼的旋转及其沿 x 轴或 y 轴的运动。默认情况下，启用骨骼旋转，而禁用 x 轴和 y 轴平移。启用 x 轴或 y 轴平移时，骨骼可以不限度数地沿 x 轴或 y 轴移动，而且父级骨骼的长度将随之改变以适应运动。

若要使选定的骨骼可以沿 x 轴或 y 轴移动并更改其父级骨骼的长度，请在【属性】面板的【联接 :X 平移】或【联接 :Y 平移】卷展栏中选择【启用】复选项。

若要限制沿 x 轴或 y 轴启用的运动量，请在【属性】面板的【联接 :X 平移】或【联接 :Y 平移】卷展栏中选择【约束】复选项，然后输入骨骼可以行进的最小距离和最大距离。

图 9-11　IK 运动约束选项

若要约束骨骼的旋转，可以在【属性】面板的【联接 : 旋转】卷展栏中输入旋转的最小度数和最大度数。

骨骼的【弹簧】属性包括【强度】和【阻尼】选项，通过将动态物理集成到骨骼 IK 系统中，使 IK 骨骼体现真实的物理移动效果，可以更轻松地创建更逼真的动画。

## 9.2　课堂案例

本节将通过范例讲述使用【骨骼】工具 ✍ 为元件实例和图形添加骨骼的方法。

### 9.2.1　灵巧的手

设置一组元件实例骨骼动画，产生连贯的挥手动作，如图 9-12 所示。

灵巧的手

图 9-12　挥动的手

**步骤提示**

STEP 1 新建一个 Flash 文档。

STEP 2 导入素材文件"手臂 .png""手掌 .png"和"手指 .png"，分别放置在"图层 1""图层 2"和"图层 3"中，如图 9-13 所示。

STEP 3 选择"手臂 .png"，单击鼠标右键，选择【转换为元件】命令，转换为影片剪辑"元件 1"。

**STEP** **4** 选择"手掌 .png"单击鼠标右键，选择【转换为元件】命令，转换为影片剪辑"元件2"。

**STEP** **5** 选择"手指 .png"单击鼠标右键，选择【转换为元件】命令，转换为影片剪辑"元件3"。

**STEP** **6** 选择【任意变形】工具，调整手臂元件的旋转中心，如图9-14所示。

图9-13 导入的3组图像　　　　　　　　图9-14 调整手臂元件的旋转中心

**STEP** **7** 接着调整手掌和手指两个元件的中心点，改变骨骼连接点的位置，如图9-15所示。

**STEP** **8** 选择【骨骼】工具，从下向上依次单击鼠标左键，创建3组元件的骨骼连接。

**STEP** **9** 选择手臂处的骨骼，在【属性】面板的【联接：旋转】卷展栏中选择【约束】复选项，【最小】参数设置为"0"，【最大】参数设置为"1"，如图9-16所示。

图9-15 元件旋转中心位置　　　　　　　图9-16 设置第一个骨骼的旋转约束

**STEP** **10** 选择第1帧，调整骨骼的姿态，如图9-16所示。

**STEP** **11** 选择第25帧，单击鼠标右键，在弹出的快捷菜单中选择【插入姿势】命令，向左侧调整骨骼姿势，产生挥手效果，如图9-17所示。

**STEP** **12** 选择第50帧，单击鼠标右键，选择【插入姿势】命令，向下弯曲手指骨骼姿势，如图9-18所示。

图9-17 挥手效果　　　　　　　　　　　图9-18 向下弯曲手指骨骼姿势

**STEP 13** 【时间轴】面板效果如图 9-19 所示，测试动画。

图 9-19 【时间轴】面板

### 9.2.2 晨练

设置一组图形骨骼动画，产生连贯的形变曲腿动作，如图 9-20 所示，具体操作如下。

晨练

图 9-20 晨练效果

**STEP 1** 打开素材文件"倒立 .fla"，另存为"晨练 .fla"。

**STEP 2** 选择【骨骼】工具，创建腿部的骨骼连接，如图 9-21 所示。

**要点提示**

创建腿部的骨骼时应按照人体骨骼结构进行，大腿、小腿和脚分别创建 1 组骨骼。另外注意节点最好在关节转折处比较自然。

**STEP 3** 选择【绑定】工具，选择大腿部的骨骼，查看黄色控制点，检查是否有需要调整的点，如图 9-22 所示。

**STEP 4** 选择小腿部的骨骼，按住 Ctrl 键选择删除鞋带部分的控制点，避免该处的形状被关联，如图 9-23 所示。

图 9-21　创建腿部的骨骼连接　　　　图 9-22　查看骨骼控制点状态　　　　图 9-23　选择删除鞋带部分的控制点

**STEP 5** 选择第 20 帧，单击鼠标右键，选择【插入姿势】命令，向左侧调整骨骼姿势，产生后仰的姿态效果，如图 9-24 所示。

**STEP 6** 选择第 40 帧，单击鼠标右键，选择【插入姿势】命令，调整脚部骨骼姿势，产生伸直脚尖的姿态，如图 9-25 所示。

图 9-24　后仰的姿态效果　　　　　　　　　　图 9-25　伸直脚尖的姿态

### 9.2.3　赛马

设置马尾图形骨骼动画，删除连接到多个骨骼的控制点，产生连贯的尾巴上翘的动作，如图 9-26 所示。

赛马

图 9-26　赛马效果

## 步骤提示

STEP 1 打开素材文件"**赛马素材 .fla**",另存为"**赛马 .fla**"。

STEP 2 选择【骨骼】工具 ，创建尾部的 3 个骨骼连接,如图 9-27 所示。

STEP 3 选择【绑定】工具 ，选择第一个骨骼,查看黄色控制点,按住 Ctrl 键选择删除尾部图形以外的黄色三角形控制点,如图 9-28 所示。

STEP 4 选择另外 2 个骨骼,检查黄色控制点,执行上一步的操作,如图 9-29 所示。

图 9-27　创建尾部的骨骼联接

图 9-28　选择删除黄色控制点

图 9-29　查看骨骼控制点状态

STEP 5 选择第 20 帧,按 F6 键增加关键帧,向上部调整骨骼姿势,产生尾部上翘的姿态效果,如图 9-30 所示。

STEP 6 选择第 40 帧,按 F6 键增加关键帧,继续上调尾部骨骼,如图 9-31 所示。

图 9-30　尾部上翘

图 9-31　增加姿态关键帧

黄色加亮方形控制点的形成是骨骼绑定时自动生成的可控端点,如果不删除不理想的黄色加亮方形控制点,会使骨骼动作时图形发生粘连,产生错位和变形,出现不理想的动画效果。通过按住 Ctrl 键框选黄色加亮方形控制点,实现骨骼图形形变范围的精确控制。

# 9.3 实训

本节通过两个例子的制作,讲述【3D 旋转】工具和骨骼旋转限制的应用,熟悉空间旋转动画效果和骨骼姿态调整方法。

### 9.3.1 变形金刚

旋转两组相册图形，创建如图 9-32 所示的立体旋转效果。主要是设置好两组图像的旋转角度，使其基于同一轴心依次旋转，动画效果才比较流畅，也可以举一反三，追加 1 组图像，尝试设置什么角度才比较理想。

变形金刚

图 9-32　旋转的相册

## 步骤提示

**STEP 1** 新建一个 Flash 文档，设置文件大小为 "800 像素 ×600 像素"。

**STEP 2** 将素材文件 "变形金刚 1.png" 导入到舞台，转换为 "元件 1" 影片剪辑元件，并相对舞台中心对齐，如图 9-33 所示。

图 9-33　导入图像并转换元件

**STEP 3** 选择第 1 帧，单击鼠标右键，选择【创建补间动画】命令，拖曳延续最后一帧至 "40" 帧，准备创建动画，如图 9-34 所示。

**STEP 4** 选择第 "40" 帧中的元件，选择菜单命令【窗口】【变形】，打开【变形】面板，在【3D 旋转】中设置【Y】轴选项为 "180"，按 Enter 键确认，如图 9-35 所示。

图 9-34　延续帧

图 9-35　设置【Y】轴

**STEP 5** 在【时间轴】面板新建 "图层 2"，导入素材文件 "素材文件 \09\ 变形金刚 2.png"，转换为 "元件 2" 影片剪辑元件，如图 9-36 所示，并相对舞台中心对齐。

**STEP 6** 选择 "图层 2" 的第 1 帧，单击鼠标右键，在弹出的快捷菜单中选择【创建补间动画】命令。

**STEP 7** 选择"图层 2"第 1 帧的元件，在【变形】面板的【3D 旋转】中设置【Y】轴选项为"90"，按 Enter 键确认，如图 9-37 所示。

图 9-36　导入图像并转换元件　　　　　　　　　　图 9-37　设置【Y】轴

 **要点提示**

软件在初始状态时，【属性】面板中的【透视角度】选项 ⊡ 1.0 参数为"1.0"，如果此参数为其他数值时动画效果不理想，要注意检查该选项的参数数值。

**STEP 8** 选择"图层 2"第 40 帧的元件，在【变形】面板的【3D 旋转】中设置【Y】轴选项为"-90"，按 Enter 键确认，如图 9-38 所示。

图 9-38　设置【Y】轴选项

**STEP 9** 选择任何一个元件，在【属性】面板中设置【透视角度】⊡ 选项为"55"，缩小透视比例，如图 9-39 所示。

设置透视角度

图 9-39　设置【透视角度】

**STEP 10** 测试动画效果。

通过对【变形】面板中【3D 旋转】参数的调整，使元件延 $y$ 轴自由旋转，形成自然连贯的立体旋转效果。

### 9.3.2 机械臂

图 9-40 所示为骨骼联接 3 组元件，实现相互制约联动的机械臂效果。要实现这一机械臂效果，首先要创建 3 组元件，接着创建元件之间的骨骼连接，并调整关节点的位置，最后制作联动动画效果。

机械臂

图 9-40　机械臂

步骤提示

STEP 1 新建一个 Flash 文档。选择【基本矩形】工具，绘制矩形边角半径为 "100" 的红色倒角矩形，如图 9-41 所示。

STEP 2 选择图形，单击鼠标右键，在弹出的快捷菜单中选择【转换为元件】命令，转换为 "元件 1" 影片剪辑元件。

STEP 3 双击打开元件，新建 "图层 2"，选择【椭圆】工具，绘制两个黑色圆形，放置在红色倒角矩形的两端，如图 9-42 所示。

图 9-41　绘制倒角矩形　　　　　　　　　　　　　图 9-42　绘制圆形

STEP 4 选择【库】面板中的 "元件 1"，单击鼠标右键，在弹出的快捷菜单中选择【直接复制】命令，将 "元件 1" 直接复制为 "元件 2"。修改 "元件 2" 中的倒角矩形为绿色，如图 9-43 所示。

STEP 5 选择【库】面板中的 "元件 1"，单击鼠标右键，选择【直接复制】命令，将 "元件 1" 直接复制为 "元件 3"。修改 "元件 3" 中的倒角矩形为蓝色，如图 9-44 所示。

STEP 6 删除 "元件 3" 下方的黑色圆点，选择【矩形】工具绘制竖长的蓝色矩形，如图 9-44 所示。

图 9-43 调整颜色

图 9-44 调整图形

**STEP 7** 返回到"场景 1",拖曳【库】中的"元件 2"和"元件 3"到舞台,按照如图 9-45 所示的方式排列,并使 3 个对象在垂直方向上相对舞台中心对齐。

**STEP 8** 选择【骨骼】工具 ,创建 3 个元件之间的连接,如图 9-46 所示。

图 9-45 排列图形

图 9-46 链接元件骨骼

**STEP 9** 选择【任意变形】工具 ,分别调整 3 个元件的中心点,改变骨骼连接点的位置,如图 9-47~ 图 9-49 所示。

图 9-47 调整"元件 1"的中心点

图 9-48 调整"元件 2"的中心点

图 9-49 调整"元件 3"的中心点

**STEP 10** 选择最上面的骨骼,在【属性】面板中选择【联接：旋转】中的【约束】复选项,参数保持默认值,如图 9-50 所示。

**STEP 11** 选择最中间的骨骼,在【属性】面板中选择【联接：旋转】中的【约束】复选项,【最小】参数设置为"-90",【最大】参数设置为"90",如图 9-51 所示。

图9-50 设置骨骼的旋转约束（1）　　　　　　　　图9-51 设置骨骼的旋转约束（2）

**STEP 12** 调整第1帧中元件的骨骼姿势，如图9-52所示。

**STEP 13** 在"骨架_1"层的第30帧单击鼠标右键，选择【插入姿势】命令，调整骨骼姿势如图9-53所示。

图9-52 调整元件骨骼姿势　　　　　　　　　　　图9-53 插入姿势

**STEP 14** 在"骨架_1"层的第60帧单击鼠标右键，选择【插入姿势】命令，调整骨骼姿势如图9-54所示。

**STEP 15** 测试动画效果。

图9-54 调整元件骨骼姿势

本实例主要尝试限制骨骼旋转角度的方法，使关联元件更符合物体的自然动作限制。

# 9.4 综合案例——三维立方体

绘制三维空间六面体，并制作立方体旋转动画，如图 9-55 所示。在制作动画过程中，首先搭建六面体的 6 个面，再利用 3D 旋转功能旋转立方体，案例对精确参数值要求比较高，一定要按照步骤要求输入，等理解后了再自行调整。

## 步骤提示

**STEP 1** 新建一个 Flash 文档，设置尺寸为"600 像素 ×400 像素"，并以文件名"三维立方体 .fla"进行保存。

图 9-55　三维立方体

**STEP 2** 选择【矩形】工具□，在舞台上绘制一个宽、高均为"120"，Alpha 值为"50"的半透明黄色正方形，利用【对齐】面板使其与舞台居中对齐，如图 9-56 所示。

**STEP 3** 选择矩形，单击鼠标右键，在弹出的快捷菜单中选择【转换为元件】命令，转换为"元件 1"影片剪辑元件。

**STEP 4** 双击元件进入编辑状态，新建图层，选择【文字】工具T，输入红色"1"，设置字体大小为"95"，字体样式为"Times New Roman"，如图 9-57 所示。

图 9-56　绘制半透明矩形

图 9-57　输入数字

**STEP 5** 在【库】面板中直接复制 5 份，分别依序改名为"元件 2"～"元件 6"。

**STEP 6** 分别打开新复制的元件，修改元件内的数字为"2"～"6"，改变矩形色为其他喜好的颜色，如图 9-58 所示。

**STEP 7** 返回"场景 1"，在【时间轴】面板新建"图层 2"～"图层 6"，复制"图层 1"的第 1 帧，粘贴到其他图层，如图 9-59 所示。

图 9-58　复制元件

图 9-59　粘贴帧

**STEP 8** 选择"图层 2"～"图层 6"中的元件，利用右键快捷菜单中的【交换元件】命令，对应替换为相应元件，如图 9-60 所示。

**STEP 9** 选择"图层1"中的"元件1"，在【属性】面板的【3D定位和查看】中设置【透视角度】选项为"55"，设置【Z】选项为"-60"，如图9-61所示。

图9-60 交换元件　　　　　　　　　　　图9-61 设置【Z】选项

**要点提示**

舞台的纵深就是 $z$ 轴，这个 $z$ 轴的形象思维需要始终牢记。

**STEP 10** 选择"图层2"中的"元件2"，在【属性】面板的【3D定位和查看】中设置【X】选项为"240"。在【变形】面板的【3D旋转】中设置【Y】轴选项为"90"，如图9-62所示。

图9-62 设置【Y】轴选项

**STEP 11** 选择"图层3"中的"元件3"，在【属性】面板的【3D定位和查看】中设置【X】选项为"360"，在【变形】面板的【3D旋转】中设置【Y】轴选项为"-90"。

**STEP 12** 选择"图层4"中的"元件4"，在【属性】面板的【3D定位和查看】中设置【Y】选项为"140"，在【变形】面板的【3D旋转】中设置【X】轴选项为"-90"。

**STEP 13** 选择"图层5"中的"元件5"，在【属性】面板的【3D定位和查看】中设置【Y】选项为"260"，在【变形】面板的【3D旋转】中设置【X】轴选项为"90"。

**STEP 14** 选择"图层6"中的"元件6"，在【属性】面板的【3D定位和查看】中设置【Z】选项为"60"。

**STEP 15** 选择舞台上的所有元件，单击鼠标右键，在弹出的快捷菜单中选择【转换为元件】命令，转换为"总"影片剪辑元件，如图9-63所示。

**STEP 16** 在【时间轴】面板的"图层6"中选择第1帧，单击鼠标右键，在弹出的快捷菜单中选择【创建补间动画】命令，准备创建动画。

**STEP 17** 选择最后一帧，在【变形】面板中设置【Y】轴选项为"180"，如图9-64所示。

图 9-63 转换元件

图 9-64 设置【Y】轴选项

STEP 18 测试立方体旋转效果。

# 9.5 课后习题

1. 创建如图 9-65 所示的五角星空间透视效果。

图 9-65 五角星空间透视效果

2. 创建如图 9-66 所示的双矩形立体空间效果。

3. 如何调整骨骼中心点位置到圆形的中心位置，如图 9-67 所示。

图 9-66 双矩形立体空间效果

图 9-67 调整中心点

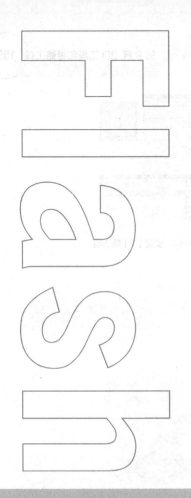

Chapter

# 10

## 第10章
## 脚本动画设计入门

Flash CS6除了能够设计出美妙的矢量动画外，还有一个其他动画制作软件无法比拟的优点，那就是利用脚本语言对动画进行编程，从而产生许多独特的效果。Flash使用的脚本语言称为ActionScript（有时简称为AS），Flash CS6使用ActionScript 3.0，功能更加强大，执行速度更快，也更复杂一些。

### 学习目标

- 了解ActionScript的基本概念和语法基础。

- 理解面向对象的编程思想。

- 了解事件的概念和处理方法。

- 利用定时器事件实现自动响应。

# 10.1 脚本的基础知识

ActionScript 是一种面向对象编程（OOP）、通过解释执行的脚本语言。它在
Flash 内容和应用程序中实现了交互性、数据处理及其他许多功能。本章从简单的命
令入手，讲解一些最常用的语法概念和程序设计方法。

什么是脚本动画

## 10.1.1 ActionScript 语法基础

ActionScript 是一种面向对象的编程语言。对象是 ActionScript 3.0 语言的核心，
程序所声明的每个变量、编写的每个函数及创建的每个实例都是一个对象。

### 1. 什么是 ActionScript

和其他脚本撰写语言一样，ActionScript 遵循自己的语法规则，保留关键字，提供运算符，并且允许
使用变量存储和获取信息。ActionScript 包含内置的对象和函数，并且允许用户创建自己的对象和函数。

ActionScript 程序一般由语句、函数和变量组成，主要涉及变量、函数、数据类型、表达式和运算
符等，它们是 ActionScript 语法的基石。可以由单一动作组成，如指示动画停止播放的操作，也可以由
一系列动作语句组成，如先计算条件，再执行动作。

ActionScript 语言的语法定义了在编写可执行代码时必须遵循的规则。

（1）区分大小写

ActionScript 3.0 是一种区分大小写的语言，只是大小写不同的标识符会被视为不同。

（2）点语法

可以通过点运算符（.）来访问对象的属性和方法。使用点语法，可以使用后跟点运算符和属性名或
方法名来引用对象的属性或方法。例如：

```
ball.x=100;                    // 对象 ball 的 x 坐标为 100
```

（3）分号

可以使用分号字符（;）来终止语句。如果省略分号字符，则编译器会认为每行代码代表单个语句。
不过，最好还是使用分号，因为这样可增加代码的可读性。

（4）注释

ActionScript 3.0 代码支持两种类型的注释：单行注释和多行注释。编译器将忽略标记为注释的文本。

- 单行注释以两个正斜杠字符（//）开头并持续到该行的末尾。

```
var someNumber:Number = 3;     // 单行注释
```

- 多行注释以一个正斜杠和一个星号（/*）开头，以一个星号和一个正斜杠（*/）结尾。

```
/* 这是一个可以跨
多行代码的多行注释。*/
```

### 2. 变量

（1）变量的声明

变量可用来存储程序中使用的值。要声明变量，必须将 var 语句和变量名结合使用。可通过在变量
名后面追加一个后跟变量类型的冒号（:）来指定变量类型。如果要声明多个变量，则可以使用逗号运算
符（,）来分隔变量，从而在一行代码中声明所有这些变量。

```
var i:int;
var a:int, b:int, c:int;
```

（2）变量的赋值

可以使用赋值运算符（=）为变量赋值，也可以在声明变量的同时为变量赋值。

```
var i:int = 20;
i = 40;
```

### 3. 运算符

运算符是一种特殊的函数，它们具有一个或多个操作数并返回相应的值。"操作数"是被运算符用作输入的值，通常是数值、变量或表达式。例如，在下面的代码中，将加法运算符（+）和乘法运算符（*）与3个操作数（2、3和4）结合使用来返回一个值。赋值运算符（=）随后使用该值将所返回的值14赋给变量 sumNumber。

```
var sumNumber:uint = 2 + 3 * 4; // uint = 14
```

运算符的优先级和结合律决定了运算符的处理顺序。虽然对熟悉算术的人来说，编译器先处理乘法运算符（*），然后再处理加法运算符（+），这似乎是自然而然的事情，但实际上编译器要求显式指定先处理哪些运算符，此类指令统称为"运算符优先级"。ActionScript 定义了一个默认的运算符优先级，可以使用小括号运算符（( )）来改变它。例如，下面的代码改变上一个示例中的默认优先级，以强制编译器先处理加法运算符，然后再处理乘法运算符：

```
var sumNumber:uint = (2 + 3) * 4; // uint = 20
```

ActionScript 3.0 中的运算符与其他编程语言的运算符类似，这里不再赘述。

### 4. 对象及其特性

事实上，用户已经在 Flash 中处理过元件，这些元件就是对象。假设定义了一个影片剪辑元件（假设它是一幅矩形的图画），并且将它的一个副本放在了舞台上，那么，该影片剪辑元件就是 ActionScript 中的一个对象，即 MovieClip 类的一个实例。

在 ActionScript 面向对象的编程中，任何对象都可以包含 3 种类型的特性。

（1）属性

表示与对象绑定在一起的若干数据项的值，如矩形的长、宽和颜色。例如，MovieClip 对象具有 rotation（旋转）、X（x 坐标）、width（宽度）和 alpha（透明度）等属性。因此，也可以简单地将属性视为包含于对象中的"子"变量。用户可以像使用各变量那样使用属性。

```
square.x = 100;                // 将名为 square 的 MovieClip 移动到 100 个像素的 x 坐标处
square.scaleX = 1.5; // 改变 square 对象的水平缩放，使其宽度变为之前的 1.5 倍
```

（2）方法

可以由对象执行的操作，如动画播放、停止或跳转等。

假设用户创建了带有多个关键帧和动画的影片剪辑元件，下面的代码通过调用方法来控制动画的播放。

```
myFilm.play();                      // 指示名为 myFilm 的 MovieClip 对象开始播放
myFilm.stop();                      // 指示 myFilm 对象停止播放（播放头停在原地）
myFilm.gotoAndStop(20); // 指示 myFilm 对象将其播放头移到第 20 帧，然后停止播放
```

（3）事件

由用户或系统内部引发的、可被 ActionScript 识别并响应的事情，如鼠标单击、用户输入、定时时间、加载图像等事件。

这些元素共同用于管理程序使用的数据块，并用于确定执行哪些动作及动作的执行顺序。ActionScript 为响应特定事件而执行某些动作的过程称为"事件处理"。在编写执行事件处理代码时，Flash 需要识别 3 个重要元素。

- 事件源：发生该事件的是哪个对象。
- 事件：将要发生什么事情，以及程序希望响应什么事情。
- 响应：当事件发生时，程序希望执行哪些步骤。

无论何时编写处理事件的 ActionScript 代码，都会包括这 3 个元素，并且代码将遵循以下基本结构。

```
function eventResponse(eventObject:EventType):void
{
    // 此处是为响应事件而执行的动作。
}
eventSource.addEventListener(EventType.EVENT_NAME, eventResponse);
```

此代码执行两个操作。首先，定义一个函数，这是指定为响应事件而要执行的动作的方法。接下来，调用源对象的 addEventListener() 方法，实际上就是为指定事件"订阅"该函数，以便当该事件发生时，执行该函数的动作。

"函数"提供一种将若干个动作组合在一起，用类似于快捷名称的单个名称来执行这些动作的方法。函数与方法完全相同，只是不必与特定类关联（事实上，方法可以被定义为与特定类关联的函数）。在创建事件处理函数时，必须选择函数名称（本例中为 eventResponse），还必须指定一个参数（本例中的名称为 eventObject）。指定函数参数类似于声明变量，所以还必须指明参数的数据类型。要为每个事件定义一个 ActionScript 类，并且为函数参数指定的数据类型始终是与要响应的特定事件关联的类。最后，在左大括号与右大括号之间（{...}）编写用户希望计算机在事件发生时执行的指令。

一旦编写了事件处理函数，就需要通知事件源对象（发生事件的对象，如按钮）程序希望在该事件发生时调用函数。可通过调用该对象的 addEventListener() 方法来实现此目的（所有具有事件的对象都同时具有 addEventListener() 方法）。addEventListener() 方法有两个参数。

- 第一个参数是希望响应的特定事件的名称。同样，每个事件都与一个特定类关联，而该类将为每个事件预定义一个特殊值；类似于事件自己的唯一名称（应将其用于第一个参数）。
- 第二个参数是事件响应函数的名称。请注意，如果将函数名称作为参数进行传递，则在写入函数名称时不使用括号。

## 10.1.2　ActionScript 语句与函数

### 1. 条件语句

ActionScript 3.0 提供了 3 个可用来控制程序流的基本条件语句。

（1）if..else 语句

if..else 条件语句用于测试一个条件，如果该条件存在，则执行一个代码块，否则执行替代代码块。

如果用户不想执行替代代码块，可以仅使用 if 语句，而不用 else 语句。

（2）if..else if 语句

可以使用 if..else if 条件语句来测试多个条件。

如果 if 或 else 语句后面只有一条语句，则无需用大括号括起后面的语句。

ActionScript
语句与函数

| ```
if (x > 20)
{
    trace("x is > 20");
}
else
{
    trace("x is <= 20");
}
``` | ```
if (x > 20)
{
    trace("x is > 20");
}
else if (x < 0)
{
    trace("x is negative");
}
``` | ```
if (x > 0)
    trace("x is positive");
else if (x < 0)
    trace("x is negative");
else
    trace("x is 0");
``` |
|---|---|---|

（3）switch 语句

如果多个执行路径依赖同一个条件表达式，则 switch 语句非常有用。其功能相当于一系列 if..else if
```

语句，但是更便于阅读。switch 语句不是对条件进行测试以获得布尔值，而是对表达式进行求值并使用计算结果来确定要执行的代码块。代码块以 case 语句开头，以 break 语句结尾。例如，下面的 switch 语句基于由 Date.getDay() 方法返回的日期值输出星期日期。

```
var someDate:Date = new Date();
var dayNum:uint = someDate.getDay();
switch(dayNum)
{
    case 0:
        trace(" 星期天 ");
        break;
    case 6:
        trace(" 星期六 ");
        break;
    default:
        trace(" 今天是工作日 ");
        break;
}
```

### 2. 循环语句

循环语句允许使用一系列值或变量来反复执行一个特定的代码块。一般始终用大括号（{}）来括起代码块。尽管在代码块中只包含一条语句时可以省略大括号，但是就像在介绍条件语言时所提到的那样，不建议这样做，原因也相同：因为这会增加无意中将以后添加的语句从代码块中排除的可能性。

（1）for 语句

for 语句用于循环访问某个变量以获得特定范围的值。必须在 for 语句中提供 3 个表达式：一个设置了初始值的变量，一个用于确定循环何时结束的条件语句，以及一个在每次循环中都更改变量值的表达式。

（2）for..in 语句

for..in 语句用于循环访问对象属性或数组元素。

| 下例循环 5 次。变量 i 的值从 0 开始到 4 结束，输出结果是从 0 到 4 的 5 个数字，每个数字各占一行。 | 循环访问通用对象的属性。 | 循环访问数组中的元素。 |
|---|---|---|
| ```var i:int;for (i = 0; i < 5; i++){    trace(i);}``` | ```var myObj:Object = {x:20, y:30};for (var i:String in myObj){    trace(i + ": " + myObj[i]);}// 输出：// x: 20// y: 30``` | ```var myArray:Array = ["one", "two", "three"];for (var i:String in myArray){    trace(myArray[i]);}// 输出：// one// two// three``` |

（3）while 语句

while 语句与 if 语句相似，只要条件为 true，循环就会反复执行。

使用 while 循环（而非 for 循环）存在的一个缺点是，编写的 while 循环中更容易出现无限循环。如果省略了用来递增计数器变量的表达式，则 for 循环示例代码将无法编译，而 while 循环示例代码仍然能够编译。若没有用来递增 i 的表达式，循环将成为无限循环。

（4）do..while 语句

do..while 循环是一种 while 循环，它保证至少执行一次代码块，这是因为在执行代码块后才会检查条件。

| | |
|---|---|
| 下面的代码与 for 循环示例生成的输出结果相同。 | 即使条件不满足，该示例也会生成输出结果。 |
| ```<br>var i:int = 0;<br>while (i < 5)<br>{<br>    trace(i);<br>    i++;<br>}<br>``` | ```<br>var i:int = 5;<br>do<br>{<br>    trace(i);<br>    i++;<br>} while (i < 5);<br>// 输出：5<br>``` |

#### 3. 函数

函数在 ActionScript 中始终扮演着极为重要的角色，是执行特定任务并可以在程序中重用的代码块。

（1）调用函数

可通过使用后跟小括号运算符（( )）的函数标识符来调用函数。要发送给函数的任何函数参数都要括在小括号中。例如，贯穿于本书始末的 trace( ) 函数，它是 Flash Player API 中的顶级函数。

```
trace("Use trace to help debug your script");
```

如果要调用没有参数的函数，则必须使用一对空的小括号。

```
var randomNum:Number = Math.random();
    // 使用没有参数的 Math.random() 方法生成随机数
```

（2）定义自己的函数

在 ActionScript 3.0 中可通过使用函数语句来定义函数。函数语句是在严格模式下定义函数的首选方法。函数语句以 function 关键字开头，后面可以跟以下语句。

- 函数名。
- 用小括号括起来的逗号分隔参数列表。
- 用大括号括起来的函数体，即在调用函数时要执行的 ActionScript 代码。

```
function traceParameter(aParam:String)    // 创建 1 个参数的函数
{
    trace(aParam);
}
traceParameter("hello"); // 将字符串 "hello" 用作参数值来调用函数，返回 hello
```

（3）从函数中返回值

要从函数中返回值，请使用后跟要返回的表达式或字面值的 return 语句。

```
function doubleNum(baseNum:int):int        // 返回一个表示参数的表达式：
{
    return (baseNum * 2);
}
```

请注意，return 语句会终止该函数，因此，不会执行位于 return 语句下面的任何语句。

### 10.1.3 动作面板与脚本窗口

在 Flash CS6 中，使用【动作】面板可以创建和编辑对象或帧的 ActionScript 代码。选择帧、按钮或影片剪辑实例可以激活【动作】面板，同时，根据选择的内容的不同，【动作】面板标题也会变为【按钮动作】、【影片剪辑动作】或【帧动作】。

选择菜单命令【窗口】/【动作】，打开【动作】面板，如图 10-1 所示。

使用动作工具箱可以浏览 ActionScript 语言元素（函数、类、类型等）的分类列表，然后将其插入脚本窗口中。要将脚本元素插入脚本窗口中，可以双击该元素，或直接

动作面板与
脚本窗口

将它拖到脚本窗口中。还可以使用面板工具栏中的  （添加）按钮来将语言元素添加到脚本中。

图 10-1 【动作】面板

面板工具栏包含了一些常用的功能按钮，如图 10-2 所示。使用【动作】面板的工具栏可以访问代码帮助功能，这些功能有助于简化在 ActionScript 中进行的编码工作。

图 10-2 脚本窗口上的功能按钮

（1）插入目标路径

单击 ⊕ 按钮后，会出现如图 10-3 所示的【插入目标路径】对话框。利用该对话框可以选择语句或函数要操作的目标对象。路径分"相对路径"和"绝对路径"两种，一般选择前者。

"相对路径"是指目标相对于当前对象的位置。标识符"this"代表了当前对象或影片剪辑实例。

"绝对路径"是指目标相对于主时间轴的位置。标识符"root"代表了指向主时间轴的引用。

（2）检查语法

单击 ✔ 按钮后，系统会自动对脚本窗口中的代码进行检查。如果代码有错误，则弹出提示对话框，同时，打开【编译器错误】面板，显示错误信息，如图 10-4 所示。

（3）调试选项

在脚本中设置和删除断点，以便在调试 Flash 文档时可以停止，然后逐行跟踪脚本中的每一行。设置断点后，在该行语句的行号前会出现一个红点。

图 10-3 插入目标路径

图 10-4 【编译器错误】面板

**要点提示**

如果当前选择的是帧，则【动作】面板表现的就是帧动作语句；如果选择某个对象，就会出现该对象的动作语句。

# 10.2 如何设计脚本动画

前面讲了很多概念和语法，也许有些读者会觉得脚本语言太复杂了。其实，在很多简单的动画作品中，所使用的脚本语句都不复杂。下面通过几个简单的案例来讲解 ActionScript 的具体使用方法。

## 10.2.1 改变对象属性——快乐垂钓

由于 ActionScript 中经常要讨论对象的坐标、位置等参数，所以明白计算机屏幕坐标关系是非常有必要的。

通常，采用一对数字的形式（如 5,12 或 17,-23）来定位舞台上的对象，这两个数字分别是 $x$ 坐标和 $y$ 坐标。可以将屏幕看作是具有水平（$x$）轴和垂直（$y$）轴的平面图形。屏幕上的任何位置（或"点"）可以表示为 $x$ 和 $y$ 值对，即该位置的"坐标"。通常，舞台坐标原点（$x$ 轴和 $y$ 轴相交的位置，其坐标为 0,0）位于显示舞台的左上角。正如在标准二维坐标系中一样，$x$ 轴上的值越往右越大，越往左越小；对于原点左侧的位置，$x$ 坐标为负值。但是，与传统的坐标系相反，在 ActionScript 中，屏幕 $y$ 轴上的值越往下越大，越往上越小（原点上面的 $y$ 坐标为负值）。

屏幕坐标关系如图 10-5 所示。$x$ 轴正向为从左到右，$y$ 轴正向为从上到下。图中表示的坐标值是指计算机屏幕分辩率大小为 1024 像素 × 768 像素。

图 10-5　屏幕坐标关系

**要点提示**

一般舞台上对象的原点（基准点）的位置都在对象的左上角。

影片剪辑对象共有 14 种属性，涉及对象位置、大小、角度和透明度等属性的值，如表 10-1 所示。

表 10-1　对象的属性

| 属　　性 | 含　　义 |
| --- | --- |
| alpha | 对象的透明度，"0"为全透明，"1"为不透明 |
| focusrect | 是否显示对象矩形外框 |
| height | 对象的高度 |
| highquality | 用数值定义了对象的图像质量 |
| name | 对象的名称 |
| quality | 用字符串 "low" "Medium" "High" 定义图像质量 |
| rotation | 对象的放置角度 |

续表

| 属　　性 | 含　　义 |
|---|---|
| soundbuftime | 对象的音频播放缓冲时间 |
| visible | 定义对象是否可见 |
| width | 对象的宽度 |
| x | 对象在 $x$ 轴方向上的位置 |
| scaleX | 对象在 $x$ 轴方向上的缩放比例 |
| y | 对象在 $y$ 轴方向上的位置 |
| scaleY | 对象在 $y$ 轴方向上的缩放比例 |

改变对象的属性或定义属性值，是 Flash 脚本动画设计中最常用、最基本的操作。下面通过具体的实例来讲解如何给影片剪辑的属性赋值。

### 【实例】快乐垂钓

两个人在享受着垂钓的乐趣，不时还会变换一下位置，动画画面效果如图 10-6 所示。

图 10-6　快乐垂钓

## 步骤提示

**STEP 1** 创建一个新的 Flash 文档，保存文档名称为"快乐垂钓 .fla"。

**STEP 2** 选择菜单命令【文件】/【导入】/【导入到库】，导入素材文件"垂钓 .GIF"，如图 10-7 所示。

**STEP 3** GIF 文件是一个连续的位图动画，被导入库中后，会自动生成一个名称为"元件 1"的元件，如图 10-8 所示，其总长度为 36 帧。

图 10-7　将图像导入库中　　　　　　　　　　图 10-8　自动创建了"元件 1"

**STEP 4** 在舞台上创建两个"元件 1"的实例，分别放置在舞台的左右侧。选择左侧的实例对象，在【属性】面板中设置其名称为"fishman1"；同理，设置右侧实例对象的名称为"fishman2"，如图 10-9 所示。

图 10-9 创建两个"元件 1"的实例

 **要点提示**

对象的坐标原点在其左上角，因此，对于"fishman1"对象位置的指定，实际上是对其原点的位置指定。也就是说，如果定义对象的坐标为（100,100），那么就是对象的左上角的坐标为（100,100）。

**STEP 5** 在【时间轴】面板中选择第 20 帧，按F6键，插入一个关键帧。

**STEP 6** 选择第 20 帧，打开【动作】面板，在脚本窗口输入如图 10-10 所示的代码，设置影片剪辑对象"fishman1"的 *x* 坐标为 60，*y* 坐标为 120。

**STEP 7** 同理，在第 40 帧按F6键，插入一个关键帧。

**STEP 8** 选择第 40 帧，在脚本窗口输入如图 10-11 所示的代码，设置对象"fishman2"的坐标为（230,10）。

图 10-10 在第 20 帧输入 ActionScript 代码

图 10-11 第 40 帧的 ActionScript 代码

**STEP 9** 选择菜单命令【控制】/【测试影片】/【测试】，测试动画，可见首先是"fishman1"变换了位置，然后"fishman2"也改变了位置。

## 10.2.2 随机取值——蝴蝶纷飞

在 Flash 动画的 ActionScript 脚本中，经常要用到一些数学函数和公式，这就需要使用 Math 类了。Math 类包含了许多常用的数学函数和常数。

- random():Number。

  返回一个伪随机数 $n$，其中 $0 \leq n < 1$。

- round(val:Number):Number。

  将参数 val 的值向上或向下舍入为最接近的整数并返回该值。

这里，以取随机数为例，说明 Math 类中方法的使用。

random() 是数学类 Math 的一个方法，能够产生一个 0 ~ 1 的随机数，下式可以得到一个 0 ~ 100 的随机值。

```
Math.random()*100
```

但是如果用户需要得到一个 50 ~ 100 的随机数，那就需要如下运算。

```
Math.random()*50+50
```

将 Math.random() 乘上 50 就意味着在 0 ~ 50 取值；再加上 50 后，表达式的取值范围就是 50 ~ 100。同理，可以获得任意区间的随机数。

随机取值的脚本语句，能够让我们在 Flash 作品设计时更加灵活，动画对象的位置和操作具有随机性，而不至于每次都呈现在一个固定位置，显得比较僵硬。下面我们就用一个简单的案例来说明如何为对象位置随机取值。

## 【作品效果】蝴蝶纷飞

两只舞动的蝴蝶不停地变换着自己的位置、透明度和角度，动画的效果如图 10-12 所示。

图 10-12　蝴蝶纷飞

## 步骤提示

**STEP 1** 新建一个 Flash 文件。

**STEP 2** 导入素材文件"蝴蝶 .GIF"到库中，能够自动创建"元件 1"。

**STEP 3** 从【库】面板中将图片拖入"元件 1"的编辑窗口。

**STEP 4** 在舞台上创建"元件 1"的两个实例，分别命名为"butterfly1"和"butterfly2"。

**STEP 5** 在【时间轴】面板上选择第 10 帧，插入一个关键帧；在脚本窗口中为"butterfly1"的位置属性设置随机值，如图 10-13 所示。

图 10-13　利用随机数进行赋值

说明：

```
butterfly1.x=Math.random()*100+100;
// 定义 x 坐标值为 100 ~ 300 的随机数
butterfly1.y=Math.random()*100+50;
```

```
// 定义 y 坐标值为 50～150 之间的随机数
// 一定要注意 Math 的首字母是大写，而 random 须全部小写字母
```

**STEP**  在第 20、30、40 帧分别插入关键帧，输入脚本语句，设置两个对象的位置、透明度和旋转角度为随机值，如图 10-14 所示。

```
butterfly2.x=Math.random()*200+100;
butterfly2.y=Math.random()*100+100;
```

```
butterfly1.alpha=Math.random()*0.5+0.5;
butterfly1.rotation=Math.random()*180;
```

```
butterfly1.alpha=Math.random()*0.5+0.5;
butterfly1.rotation=Math.random()*180;
```

图 10-14　设置对象的位置、透明度和旋转角度

**要点提示**

alpha 属性用于定义显示对象的透明度（更确切地说是不透明度），可以取 0～1 的任何值，其中 0 表示完全透明，1 表示完全不透明。

**STEP**  测试动画，可见蝴蝶会不停地移动到新的随机位置，并且透明度和角度都会随机变化。

### 10.2.3　动画帧跳转——表情变幻

当满足某种条件（按键、按钮或计算值）时，使播放跳转到特定的帧，这也是动画制作过程中经常要使用的方法。这一般需要使用 ActionScript 中的跳转语句 gotoAndPlay() 来实现。

*画面跳转——表情变幻*

用法：

```
public function gotoAndPlay(frame:Object, scene:String = null):void
```

跳转到指定的帧并继续播放 SWF 文件。

- frame:Object——表示播放头转到的帧编号的数字，或者表示播放头转到的帧标签的字符串。如果用户指定了一个数字，则该数字是相对于用户指定的场景的。如果不指定场景，Flash Player 就使用当前场景来确定要播放的全局帧编号。如果指定场景，播放头就会跳到指定场景的帧编号。
- scene:String (default = null)——要播放的场景的名称。此参数是可选的。

下面的代码使用 gotoAndPlay() 方法指示 mc1 影片剪辑的播放头从其当前位置前进 5 帧：

```
mc1.gotoAndPlay(mc1.currentFrame + 5);
```

下面的代码使用 gotoAndPlay() 方法指示 mc1 影片剪辑的播放头移到名为 "Scene 12" 的场景中标记为 "intro" 的帧：

```
mc1.gotoAndPlay("intro", "Scene 12");
```

类似的还有 gotoAndStop() 方法，其功能是跳转到指定的帧，但是要暂停播放。

动画帧跳转语句使动画作品设计时能够根据需要实现不同画面、对象或动作的转换，是脚本动画的最基本功能语句。下面我们用一个简单的案例来讲解其使用方法。

### 【实例】表情变幻

表情不断地随机变幻，有高兴、伤心，也有害羞、惊讶，动画效果如图 10-15 所示。

图 10-15　表情变幻

图 10-16 所示说明了动画的设计要点。

图 10-16　设计思路分析

## 步骤提示

**STEP 1** 在"图层 1"中导入素材文件"花 .jpg"，作为动画背景。

**STEP 2** 在第 40 帧位置插入帧，将动画长度扩充到 40 帧。

**STEP 3** 将表情图片"Embarrassed.png"、"Sad_cry.png"、"tounge_out.png"和"Wow. png"导入库中。

**STEP 4** 新建一个图层，选择其第 2 帧，插入关键帧，然后从库中拖动"Wow.png"到舞台上。

**STEP 5** 选择第 10 帧，插入关键帧，然后调整笑脸表情图片的大小、位置。

**STEP 6** 选择第 2 帧，单击鼠标右键，从弹出的快捷菜单中选择【创建传统补间】命令，则创建了一个补间动画，如图 10-17 所示。

图 10-17　创建传统补间

**STEP 7** 在第 11 帧插入一个关键帧，删除前面的表情图片，重新从库中拖入另外一个表情图片到舞台上，再创建一个 10 帧的补间动画。依次类推，创建各补间动画。

**STEP 8** 在第 1 帧中添加动作脚本如下。

```
var flag:int;                    //定义一个标志变量，类型为整型
flag=Math.random()*4;            //使变量取值为 0 ~ 3 的整数，即 0、1、2
trace(flag);                     //跟踪输出变量的值
if(flag==0){                     //用条件语句判断变量是否等于 0
    gotoAndPlay(2);              //是，则跳转到第 2 帧
}
if(flag==1){                     //若变量等于 1，则跳转到第 11 帧
    gotoAndPlay(11);
}
```

```
if(flag==2){                              // 若变量等于 2,则跳转到第 21 帧
    gotoAndPlay(21);
}
if(flag==3){                              // 若变量等于 3,则跳转到第 31 帧
    gotoAndPlay(31);
}
```

 **要点提示**

trace() 语句用于跟踪输出变量的值,这在动画的调试中非常有意义,可以使用户时刻了解到变量值的变化。在生成最终作品后,trace() 语句就不再输出了。

**STEP 9** 选择第 10 帧、第 20 帧、第 30 帧和第 40 帧,分别添加动作脚本 "gotoAndPlay(1)"。

**STEP 10** 测试动画,可以看到,每显示完一个小补间动画后,动画就跳转回到第 1 帧,重新对变量求值,以决定下次跳转的位置。这样,表情就在不断变幻。

### 10.2.4　事件的响应和处理——追鼠标的飞鸟

在 Flash 动画作品中,经常需要对一些情况进行响应,如鼠标的运动、时间的变化、用户的操作等,这些情况统称为事件。在 ActionScript 3.0 中,对事件类型的区分更加丰富,对事件的操作也更加复杂一些。一般来说,对事件的响应都是要通过函数和事件侦听器来实现的。

事件的响应和处理——
追鼠标的飞鸟

enterFrame(进入帧)事件是 Flash 动画中最常用到的事件之一。当动画播放头进入一个新帧时就会触发此事件。如果动画只有一帧,则会按照设定的帧频(默认为 24 帧 / 秒)持续触发此事件。在这个事件发生后,系统就会要求所有侦听此事件的对象同时开始相应的事件来处理函数。

下面来设计一个使用 enterFrame 事件的实例。

在开始设计实例之前,首先来分析一下舞台上两个位置点 $A$($x1,y1$)和 $B$($x2,y2$)之间的坐标关系,如图 10-18 所示。

$A$、$B$ 两点的水平间距为 $x1-x2$,垂直间距为 $y1-y2$。若 $B$ 点向 $A$ 点靠近,则 $B$ 点的坐标变化为:

图 10-18　舞台上两个位置点之间的坐标关系

```
x2=x2+(x1-x2)
y2=y2+(y1-y2)
```

若 $B$ 点是逐渐向 $A$ 点靠近,则需要将间距划分为若干小段,然后反复进行位置判断,直至两点位置重合。例如划分为 5 段,则:

```
x2=x2+(x1-x2)/5
y2=y2+(y1-y2)/5
```

下面就按照这个算法来设计实例。

鼠标是我们在电脑上最常用到的操作工具。在 Flash 脚本动画中,判断鼠标位置,响应鼠标操作,都是常用的设计工作。下面我们用一个具体的案例来讲解一下。

### 【实例】追鼠标的飞鸟

鸟儿喜欢上了鼠标,鼠标移动到哪里,鸟儿就飞到哪里,动画效果如图 10-19 所示。

图 10-19　追鼠标的飞鸟

## 步骤提示

**STEP 1** 创建一个新的动画文件，然后导入素材文件"背景.jpg"作为背景。

**STEP 2** 将素材文件"鸟儿.GIF"导入库中，自动创建"元件1"，如图 10-20 所示。

**STEP 3** 将"元件1"拖到舞台上，设置实例名称为"bird"。

**STEP 4** 选择第 1 帧，打开【动作】面板。

**STEP 5** 在脚本窗口中输入图 10-21 所示的代码。这段代码的作用是判断鸟儿的坐标与鼠标是否一致，若不相同就逐渐变化逼近鼠标位置。

图 10-20　将"鸟儿.GIF"图像导入库中

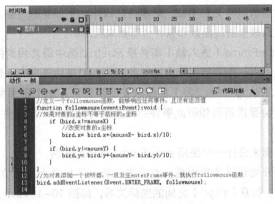

图 10-21　使对象向鼠标靠近

**STEP 6** 测试动画，可以看到不管鼠标移动到哪里，鸟儿都会慢慢地跟随过去。

飞鸟的坐标原点在左上角，所以当飞鸟的左上角到达鼠标位置后，就会停止移动。如果希望是鸟嘴追踪到鼠标位置，可以打开"元件1"，对其中的每一个关键帧调整其中鸟儿的位置，使鸟嘴与舞台中心位置基本对齐，如图 10-22 所示。

图 10-22　调整鸟嘴与舞台中心位置基本对齐

# 10.3 面向对象的编程

## 1. 面向对象的编程思想

面向对象的编程（OOP）是一种组织程序代码的方法，它将代码划分为对象，即包含信息（属性）和功能（方法）的单个元素。这样，就能够通过访问对象的属性和方法来对其进行操纵。面向对象的编程方法使 ActionScript 3.0 的功能更加强大，能够更好地与其他软件和环境交换数据。

先前将计算机程序定义为计算机执行的一系列步骤或指令。那么从概念上讲可能认为计算机程序只是一个很长的指令列表，然而，在面向对象的编程中，程序指令被划分到不同的对象中，因此相关类型的功能或相关的信息被组合到一个容器中。

通过使用面向对象的方法来组织程序，可以将特定信息及其关联的功能或动作组合在一起，称为"对象"。这能为程序的设计带来很多好处，其中包括只需跟踪单个变量而非多个变量，将相关功能组织在一起，以及能够以更接近实际情况的方式构建程序。

例如，若将计算机程序比作一个房子，当使用面向过程编程时，这栋房子就是一个单元。如果想为房子换个门窗，就必须替换整个单元，重新建造一栋房屋。如果使用 OOP 技术，就可以在建造时将房屋设计成一个个独立的模块（对象）。如果需要换玻璃，只需要选择门窗，调换玻璃就可以；如果需要改变风格，只需要重新调整房屋的颜色和布局就可以。这就是 OOP 编程的优势。

事实上，前面讲到的元件就是一个对象，例如，定义了一个影片剪辑元件（假设它是一幅矩形的图画），并且已将它的一个副本放在了舞台上。从严格意义上来说，该影片剪辑元件也是 ActionScript 中的一个对象，即 MovieClip 类的一个实例。

可以修改该影片剪辑的不同特征。例如，当选中该影片剪辑时，可以在【属性】面板中更改许多值，如其坐标、宽度，进行各种颜色调整，或对它应用投影滤镜。这些修改工作同样可以在 ActionScript 中通过更改 MovieClip 对象的各数据片断来实现。

OOP 中有两个重要的概念，就是对象和类。

（1）对象

对象是 OOP 应用程序的一个重要组成部件。这个组成部件封装了部分应用程序，这部分应用程序可以是几个过程、数据或更抽象的实体。前面的学习中已经用到了对象的概念，舞台中的每个实体都可以被看作是一个对象。

（2）类

类是一种用户定义的数据类型，它有自己的说明（属性）和操作（方法），类中含有内部数据和过程，或函数形式的对象方法，通常用来描述一些非常相似的对象所具有的共同特征和行为。任何类都可以包含 3 种类型的特性：属性、方法和事件。这些元素共同用于管理程序使用的数据块，并用于确定执行哪些动作及动作的执行顺序。

类由封装在一起的数据和方法构成。封装是指对类中数据的访问会受到一定限制，要通过一定的方法才能访问数据。从外部来看，类就像一个部分可见的黑匣子。可见部分称为接口，通过这个接口可以访问类中不可见的数据部分。其优点是可以减少因直接访问数据而造成的错误。

一个类定义了可区分一系列对象的所有属性，在使用时，需要将该类实例化。例如，"Sound"类泛指动画中所有的声音类型，如果要讨论对某一个声音的控制，就是将"Sound"类实例化。"类"仅仅是数据类型的定义，就像用于该数据类型的所有对象的模板，如"所有 Example 数据类型的变量都拥有这些特性：A、B 和 C"。而"对象"仅仅是类的一个实际的实例；可将一个数据类型为 MovieClip 的变量描述为一个 MovieClip 对象。

**要点提示**

对象与类是 OOP 中极其重要的两个概念，要注意，类和对象是完全不同的，它们之间的关系就像类型与变量的关系。对象是类的实例，是由类定义的数据类型的变量。

### 2. 类的定义

通常一个类有两项内容与之相关：属性（数据或信息）和行为（动作或它可以做的事情）。属性本质上不存放与类相关的信息的变量，而行为相当于函数，有时也称为方法。

我们知道，可以在库中创建一个元件，然后用这个元件可以在舞台上创建出很多的实例。与元件和实例的关系相同，类就是一个模板，而对象（如同实例）就是类的一个特殊表现形式。

ActionScript 3.0 类定义语法中要求 class 关键字后跟类名。类体要放在大括号 ({}) 内，且放在类名后面。

下面来看一个类的例子。

```
package {                          // 包的声明
    public class MyClass {         // 类的定义
        public var myproperty:Number = 100;
        public function myMethod() {
            trace("天天课堂 www.ttketang.com");
        }
    }
}
```

这个类的名字为 MyClass，后面跟一对大括号。在这个类中有两种要素，一个是名为 myproperty 的变量，另一个是名为 myMethod 的函数。

public 是访问关键字。访问关键字是一个用来指定其他代码是否可访问该代码的标识。public（公有类）关键字指该类可被外部任何类的代码访问。如果创建的属性或方法只用于类本身的使用，则可以标记为 private（私有），它会阻止类外部任何代码的访问。

类在编写完成后，需要保存在一个外部的文本文件中，文件名与类名相同，使用的后缀为 .as，例如 MyClass.as。一般来说，这个类文件应当与 FLA 文件位于同一目录下。但是如果使用包来组织，那么可以将类文件放在某个相对子目录下，但是需要在包结构中声明。

### 3. 创建文档类

ActionScript 3.0 引入了一个全新的概念：文档类（document class）。一个文档类就是一个继承自 Sprite 或 MovieClip 的类，并作为 SWF 的主类。读取 SWF 时，这个文档类的构造函数会被自动调用。它就成为了程序的入口，任何想要做的事都可以写在上面，如创建影片剪辑、画图、读取资源等。在 Flash CS6 中写代码，可使用文档类，也可以选择继续在时间轴上写代码。但是使用文档类文件，更利于代码的共享、分析和扩展。

Flash CS6 是实现文档类的最方便的工具。把上述的类选择一个文件夹进行保存，文件名为 Test.as。打开 Flash CS6，创建一个 FLA 文件，保存到与这个类相同的目录下。在属性面板中出现了一个名为文档类（Document Class）的区域，只需输入类名 "Test"，如图 10-23 所示。

图 10-23 设置文档类

**要点提示**

用户输入的是类名，而不是文件名，所以这里不需要输入扩展名".as"。如果这个类文件位于 FLA 文件目录下的某个子目录，那么就需要输入类的完整路径，如"syb.test.myclass.Test"。

### 10.3.1 OOP 入门——绘制箭头

在设计这个动画作品前，首先要在纸面上绘制一个箭头，然后分析一个箭头上各个顶点的坐标位置关系，如图 10-25 所示。要求利用文档类绘制一个箭头，如图 10-24 所示。

图 10-24 绘制箭头

图 10-25 箭头的坐标位置关系

**步骤提示**

STEP 1 新建一个 Flash 文件，保存为"Arrow.fla"。

STEP 2 设置文档属性如图 10-26 所示，定义当前文档所包含的文档类为"Arrow"。

STEP 3 单击 ✎ 按钮，出现一个警告对话框，如图 10-27 所示。

图 10-26 设置文档属性

图 10-27 警告对话框

STEP 4 单击 确定 按钮，创建一个脚本文件，如图 10-28 所示。其中包含了系统自动生成的类定义。

STEP 5 在类的构造函数中输入创建箭头的代码，如图 10-29 所示。

图 10-28 自动创建的类定义

图 10-29 输入代码

主要代码说明：

```
package {                                   // 包，类的容器
import flash.display.MovieClip;             // 导入内置基本类 MovieClip
public class Arrow extends MovieClip {      // 定义一个类 Arrow，其基类为 MovieClip
    public function Arrow() {               // 类 Arrow 的构造函数
            graphics.lineStyle(1,0,1);      // 调用 Graphics 的 lineStyle 方法
            graphics.beginFill(0xffff00);   // 调用 Graphics 的 beginFill 方法
            graphics.moveTo(50,75);         // 调用 Graphics 的 moveTo 方法
            graphics.lineTo(200,75);        // 调用 Graphics 的 lineTo 方法
            ......
            graphics.lineTo(50,125);
            graphics.endFill();             // 调用 Graphics 的 endFill 方法
    }
}
```

### 要点提示

Graphics 类包含一组可用来创建矢量形状的方法，支持绘制的显示对象包括 Sprite 和 Shape 对象。每个 Shape、Sprite 和 MovieClip 对象都具有一个 graphics 属性，是 Graphics 类的一个实例。Graphics 类包含用于绘制线条、填充和形状的属性和方法。

**STEP 6** 选择菜单命令【文件】/【保存】，出现如图 10-30 所示的对话框。系统自动将脚本文件保存为"ActionScript 文件"，其文件后缀为".as"，默认文件名与动画文件的名称相同。

**STEP 7** 单击 保存⑤ 按钮，则脚本文件被保存。一定要注意文件名要与类名完全一致，包括字母的大小写。

**STEP 8** 测试动画，就可以看到舞台上绘制了一个箭头。可见，虽然用户没有在舞台上绘制任何东西，但是利用文档类就可以创建图形对象。

图 10-30　保存脚本文件

### 10.3.2　OOP 绘图——利用定时器画圆

这个案例要求在文档类中使用定时器，每隔 0.5 秒绘制一个小圆圈，圆圈的大小、位置都是随机的，画面效果如图 10-31 所示。

类的应用——定时画圈（1）　类的应用——定时画圈（2）

图 10-31 定时画圆

## 步骤提示

**STEP 1** 新建一个 Flash 文件，保存文件为 "Timer1.fla"。

**STEP 2** 设置文档属性如图 10-32 所示，定义当前文档所包含的文档类为 "Timer1"。

**STEP 3** 单击 ✏ 按钮，出现一个警告对话框，如图 10-33 所示。

图 10-32 设置文档属性

图 10-33 警告对话框

**STEP 4** 单击 确定 按钮，则创建了一个脚本文件，其中包含了系统自动生成的类定义。

**STEP 5** 保存脚本文件为 "Timer.as"。

**STEP 6** 在类定义中输入如图 10-34 所示的代码。

```
package{
    import flash.display.Sprite;
    import flash.display.MovieClip;
    import flash.utils.Timer;
    import flash.events.TimerEvent;

    public class Timer1 extends Sprite{
        private var timer:Timer;
        public function Timer1(){
            timer=new Timer(500);
            timer.addEventListener(TimerEvent.TIMER, onTimer);
            timer.start();
        }
        private function onTimer(timer:TimerEvent):void{
            var circle:MovieClip = new MovieClip();
            var cx:Number=Math.random()*400;
            var cy:Number=Math.random()*200;
            var cr:Number=Math.random()*20+10;
            circle.graphics.lineStyle(1,0xFF0000);
            circle.graphics.drawCircle(cx,cy,cr);
            addChild(circle);
        }
    }
}
```

图 10-34 输入代码

**STEP 7** 测试文档就可以看到，每隔 500 毫秒舞台上就会随机出现了一个红色的小圆圈。

## 10.4 综合案例——绿野仙踪

在 Flash 动画中，经常要显示一些变量的值。在动画调试时，可以使用 trace() 函数，但是这个函数在真正动画播放时，是不会显示的。所以，一般需要利用动态文本来显示动态数据值。

设计一个动画作品，在一片美丽的原野上，花仙子在快乐地游玩，她的位置不断随机变化，在窗口右上角能够实时显示她的位置，动画效果如图 10-35 所示。

自定义函数——
绿野仙踪

图 10-35　绿野仙踪

图 10-36 所示说明了动画的操作要点。

图 10-36　操作思路分析

## 步骤提示

**STEP 1** 创建一个新的文件。

**STEP 2** 将素材文件"绿野 .jpg"导入库中，然后将其拖入舞台，设置舞台与图片大小一致（ 500 像素 ×358 像素）。

**STEP 3** 将素材文件"仙子 .gif"导入库中，自动生成了"元件 1"，如图 10-37 所示。

**STEP 4** 将"元件 1"拖入舞台，命名其实例的名称为"girl"，如图 10-38 所示。注意实例的大小为 93 像素 ×138 像素。

图 10-37　将"仙子 .gif"文件导入库中　　　　　　图 10-38　定义实例名称

**STEP 5** 选择文本工具 **T**，在舞台的右上角绘制一个文本框。

**STEP 6** 选择文本框，在【属性】面板中设置文本类型为【动态文本】，实例名称为"info"，并适当设置字体、大小和颜色等属性，如图 10-39 所示。

**STEP 7** 选择【时间轴】上的第 1 帧，打开【动作】面板，输入如图 10-40 所示的代码，设置实例对象"girl"能够随机移动。

图 10-39 设置文本框属性　　　　　　　　　　图 10-40 设置文本框属性

代码说明：

| | |
|---|---|
| `var randomPx:Number= Math.random()*420;` | // 定义变量在 0~420 随机取值 |
| `var randomPy:Number= Math.random()*250;` | // 定义变量在 0~250 随机取值 |
| `function movepos(event:Event):void {` | // 定义一个函数 |
| `if (girl.x!=randomPx) {` | // 如果对象的 x 坐标不等于随机变量 |
| `    girl.x=girl.x+(randomPx-girl.x)/5;` | // 对象的坐标等于当前坐标加上其与随机变量之差的 1/5，这样经过 5 次函数调用就能够使对象坐标与随机变量的值一致 |
| `}` | |
| `if (girl.y!=randomPy) {` | // 如果对象的 y 坐标不等于随机变量 |
| `    girl.y=girl.y+(randomPy-girl.y)/5;` | |
| `    }` | |
| `    if ((Math.abs(girl.x-randomPx))<1) {` | // 如果对象与随机变量的值基本相等 |
| `            randomPx= Math.random()*420;` | // 为变量重新取随机值 |
| `            randomPy= Math.random()*250;` | // 为变量重新取随机值 |
| `    }` | |
| `}` | |
| | // 进入当前帧就反复调用函数 movepos，从而实现对象的随机运动 |
| `girl.addEventListener(Event.ENTER_FRAME, movepos);` | |

 **要点提示**

变量的取值范围是根据舞台大小与对象大小而定。因为对象的位置原点在其左上角，为使其能够完全显示在舞台上，应设置坐标变量最大值为（$X_{舞台}-X_{对象}, Y_{舞台}-Y_{对象}$）。

**STEP** **8** 测试动画，可见花仙子已经能够随机运动了。

**STEP** **9** 为了显示对象的位置值，在 movepos 函数中添加一条代码，用于在 info 中显示变量的值，如图 10-41 所示。

**要点提示**

对于文本的赋值，可以将字符串和变量的混合应用，用 " + " 号将它们连接起来。注意字符串必须用 " "标识出来。

**STEP** **10** 测试动画，会发现文本框显示的值有 1 ~ 2 位的小数位，如图 10-42 所示。

```
4   function movepos(event:Event):void {
5       if (girl.x!=randomPx) {
6           girl.x=girl.x+(randomPx-girl.x)/5;
7       }
8       if (girl.y!=randomPy) {
9           girl.y=girl.y+(randomPy-girl.y)/5;
10      }
11      if ((Math.abs(girl.x-randomPx))<1) {
12          randomPx= Math.random()*420;
13          randomPy= Math.random()*250;
14      }
15      info.text="["+girl.x+","+girl.y+"]";
16  }
17
```

图 10-41　在 info 中显示变量的值

图 10-42　文本框显示的值有小数位

**STEP 11** 为了取得整数位，在代码中添加一个函数，对位置值进行取整运算，取消小数位；同时，修改显示坐标值的代码，调用这个函数，以便用整数的形式显示坐标值，如图 10-43 所示。

图 10-43　函数的定义和调用

代码说明：

```
……
                                            // 调用函数对坐标值取整
info.text="["+showvalue(pkq.x)+","+showvalue(pkq.y)+"]";
……
                        // 定义一个函数 showvalue，输入参数为 Number 类型，输出也是 Number 类型
function showvalue(somevalue:):Number
{
    var temp:int;                           // 定义一个整型的临时变量
    temp=Math.round(somevalue*10);          // 调用 Math.round() 函数，对变量取整
    return(temp);                           // 函数返回一个 Number 值
}
……
```

**STEP 12** 再次测试动画，可见这时文本框中显示的对象的坐标位置为整数了。

# 10.5 综合案例——函数曲线

在利用 Flash 制作多媒体课件时，常常会遇到绘制曲线的要求。一般来说，在计算机上绘制曲线，都是使用画小线段的方法来近似模拟曲线。

在这个案例中，计划在舞台上绘制一个正弦曲线。下面先来分析一下曲线的数学模型，然后据此开始脚本的设计。

绘制函数曲线

## 10.5.1 曲线的数学模型

正弦曲线的数学方程为：

$y=\sin(x)$　　　周期为 2 π（弧度约为 6.28）

正弦曲线的构造模型如图 10-44 所示。

图 10-44　正弦曲线构造模型

在图示的动画窗口坐标系中，正弦曲线的起始位置点 $O$ 的坐标为（$x0,y0$），则对于正弦曲线上任意一点 $A$，其坐标（$px,py$）应为：

$px=x0+x$

$py=y0-\sin(x)$

其中 $x$ 为自变量，取值范围为 0 ~ 2 π。

由于在计算机上坐标的数值是以像素点为单位的，若直接以 $x$、$y$ 所占据的像素点来绘制曲线，就会显得太小而无法看清。因此需要将曲线放大，将它乘以一个增益倍数 $multi$，即：

$px=x0+x*multi$

$py=y0 - \sin(x)*multi$　　　　　　　　　　　　　　　　　　　　　　（公式 10-1）

要想绘制曲线，只需要将曲线上相邻的两点连接起来，如将图 10-44 中的 $A$、$B$ 相连。其中 $B$ 点对应的 $x$ 值与 $A$ 点的 $x$ 值相比增加了一个 $disX$（一般称此值为自变量 $x$ 增长的步长）。

图 10-44 中 $M$ 点为曲线的中点，对应的 $x$ 值为 π/2。$N$ 点为曲线的终点，对应的 $x$ 值为 π。

同理，可以分析得到余弦曲线的数学模型为：

$px=x0+x*multi$

$py=y0-\cos(x)*multi$　　　　　　　　　　　　　　　　　　　　　　（公式 10-2）

### 10.5.2　绘制正弦曲线

本例要在画面上绘制一个坐标系，然后利用脚本绘制一个正弦曲线，画面效果如图 10-45 所示。

图 10-45　函数曲线

## 步骤提示

**STEP 1** 创建一个新文件。

**STEP 2** 设置舞台大小为 400 像素 ×200 像素，然后在舞台上绘制一个坐标轴。

**STEP 3** 调整坐标轴各直线的位置，如图 10-46 所示。其中水平线的 $y$ 位置值为"100"，垂

直线的 $x$ 位置值为"50"，中心位置标志的 $x$ 位置值为"205"。

图 10-46　调整坐标轴直线的位置

　**要点提示**

水平线和垂直线的交点就是前面讨论的数学曲线的构造模型的 $O$ 点，因此 $O$ 点的坐标应为（50,100）。中心位置标志决定的是曲线中点 $M$ 的位置。当曲线到达 $M$ 点时，其 $x$ 值应为 $\pi$，即约 3.14。若取曲线增益值 $multi$ 为 50，则 $M$ 点的 $x$ 位置值应如下计算：$px=x0+x\times multi=50+3.14\times50=205$。

**STEP** 👆4　添加一个新图层，在其第 1 帧中添加动作脚本，如图 10-47 所示。

图 10-47　在帧中添加动作脚本

下面对脚本中的语句进行说明。

- 行 1：为当前帧添加一个事件侦听器，其侦听的事件是"进入帧（ENTER_FRAME）"。如果事件发生，就调用响应函数 drawLine。
- 行 3：定义函数 drawLine 的具体内容。
- 行 4：定义一个新的影片剪辑类型对象 Curve。
- 行 5：定义绘图线条粗细为 2，颜色为红色。
- 行 6、行 7：定义了曲线起始点 $x0$、$y0$ 的坐标值。
- 行 8：定义了曲线的增益倍数 $multi$。
- 行 9：定义了自变量 $x$ 增长的步长 $disX$。
- 行 10：定义自变量 $x$ 的初始值为 0。
- 行 11：将 Curve 对象的绘图起始点定位（$x0,y0$），也就是坐标原点。
- 行 12 ~ 17：使用一个循环语句来控制曲线的绘制。循环条件为"x<=2*Math.PI"，说明要绘制的曲线在一个周期内（0 ~ 2$\pi$）。Math.PI 是 Math 类预定义的常量，其值约等于 3.14159265358979。
- 行 13、行 14：按照公式 10-1 计算曲线上下一个点的坐标。
- 行 15：从绘图当前位置点（曲线上的点）连线到曲线上的下一个点。

- 行 16：将自变量 x 增加一个步长，用于计算下一个点。
- 行 18：在舞台上显示 Curve 对象。

**STEP 5** 测试作品，可见脚本在舞台上绘制出了一个标准的正弦函数曲线。

### 10.5.3 用定时器控制曲线绘制

如果想要实现一种逐步绘制曲线的效果，该如何设计脚本呢？

继续上面的案例练习。

**STEP 1** 修改"图层 2"第 1 帧的脚本，如图 10-48 所示。

```
1   var timer:Timer;
2   timer=new Timer(50);
3   timer.start();
4   timer.addEventListener(TimerEvent.TIMER,onTimer);
5
6   var circle:MovieClip = new MovieClip();
7   circle.graphics.lineStyle(2,0xFF0000);
8   x0=50;
9   y0=100;
10  multi=50;
11  disX=0.1;
12  x=0;
13  circle.graphics.moveTo(x0, y0);
14  addChild(circle);
15
16  function onTimer(timer:TimerEvent):void{
17      if(x<=2*Math.PI){
18          px=x0+x*multi;
19          py=y0-Math.sin(x)*multi;
20          circle.graphics.lineTo (px,py);
21          x +=disX;
22      }
23  }
```

图 10-48　修改"图层 2"第 1 帧的脚本

脚本语句说明如下。

- 行 1：定义一个定时器类型的变量 timer。
- 行 2：设置变量的定时间隔为 50 毫秒。
- 行 3：启动定时器。
- 行 4：为定时器变量 timer 添加一个事件侦听器，其侦听的事件是"定时器定时时间到"。如果事件发生，就调用响应函数 onTimer。
- 行 6：定义一个新的 MovieClip 类型的变量 circle。
- 行 7：设置变量 circle 的图形属性中的线型（粗细为 2，颜色为红色），颜色是使用 RGB 三原色来定义的，每种颜色的取值为 00 ~ FF。
- 行 8、行 9：定义了曲线起始点 x0、y0 的坐标值。
- 行 10：定义了曲线的增益倍数 multi。
- 行 11：定义了自变量 x 增长的步长 disX。
- 行 12：定义自变量 x 的初始值为 0。
- 行 13：将 Curve 对象的绘图起始点定位（x0,y0），也就是坐标原点。
- 行 14：在舞台上显示 Curve 对象。
- 行 16：建立定时器事件响应函数 onTimer，其中脚本的具体含义前面已经讲解过，这里不再赘述。只是这里使用了一个条件语句（if）取代了前面的循环语句（while）。为什么呢？

 **要点提示**

前面绘制曲线时，需要使用循环语句来反复执行画线语句（在一个周期内）。而这里，使用定时器来控制，每隔 50 毫秒执行一次画线语句。所以，在 onTimer 函数中，只需判断是否还在函数周期内，是则画线，否则不画线。

**STEP** 测试动画，可见函数曲线逐渐绘制出来，如图 10-49 所示，教学效果更好。

图 10-49 函数曲线逐渐绘制出来

在 Flash CS6 中有许多动作语句和函数，全部熟记是很困难的，也是不必要的，因为 Flash CS6 提供了丰富的在线帮助信息，供读者在使用时参考。选择菜单命令【帮助】/【Flash 帮助】，会出现 Flash CS6 的【帮助】面板，其中不仅有 Flash 常用功能的帮助，还有 ActionScript 2.0/3.0 的语言参考等。

ActionScript 是 Flash 的精髓，是 Flash 动画精妙绝伦的根源，它的内容非常丰富，希望读者通过认真学习和反复练习，最终能够很好地掌握这个强大的设计工具。

# 10.6 课后习题

## 1. 填空题

（1）ActionScript 是一种＿＿＿＿＿、通过＿＿＿＿＿执行的脚本语言。

（2）程序所声明的每个变量、编写的每个函数及创建的每个实例都是一个＿＿＿＿＿。

（3）要声明变量，必须将＿＿＿＿＿语句和＿＿＿＿＿结合使用。

（4）ActionScript 3.0 代码支持两种类型的注释，分别是＿＿＿＿＿注释和＿＿＿＿＿注释。

（5）在 ActionScript 中，任何对象都可以包含＿＿＿＿＿、＿＿＿＿＿和＿＿＿＿＿这 3 种类型的特性。

（6）ActionScript 为响应特定事件而执行某些动作的过程称为＿＿＿＿＿。

（7）在执行事件处理代码时，Flash 需要识别＿＿＿＿＿、＿＿＿＿＿、＿＿＿＿＿这 3 个重要元素。

（8）对事件的监听可以通过调用该对象的＿＿＿＿＿方法来实现。

（9）switch 语句代码块以＿＿＿＿＿语句开头，以＿＿＿＿＿语句结尾。

（10）基本条件语句包括＿＿＿＿＿语句和＿＿＿＿＿语句。

（11）基本循环语句包括＿＿＿＿＿语句和＿＿＿＿＿语句。

（12）函数语句必须以＿＿＿＿＿关键字开头。

（13）面向对象编程中有两个重要的概念，就是＿＿＿＿＿和＿＿＿＿＿。

（14）在计算机屏幕坐标中，$y$ 轴上的值越往下越＿＿＿＿＿，越往上越＿＿＿＿＿。

（15）一般舞台上，对象的原点（基准点）的位置都在对象的＿＿＿＿＿。

（16）random() 是数学类 Math 的一个方法，能够产生一个＿＿＿＿＿之间的随机数。

## 2. 操作题

（1）试修改范例"快乐垂钓"，使对象的位置随机变化。

（2）试修改范例"绿野仙踪"，使文本框显示的坐标值带有一个小数位。

（3）"四季的水果我都爱，拿来一个猜一猜"，试设计一个能够随机显示水果图片的动画"水果秀"，效果如图 10-50 所示。每个画面能够停留片刻，并且用文本说明当前水果的名称。

图 10-50 水果秀

（4）"情绪如风，难觅其踪；嬉笑哀乐，俱由心生"，试设计动画"心情"，效果如图 10-51 所示。圆脸图像随机地从一个位置移动到另外一个位置，同时表情也不断地发生变化。

图 10-51 心情

（5）使用文档类绘制一个多彩小树，效果如图 10-52 所示。

图 10-52 多彩小树

Chapter

# 11

## 第11章
## 交互式动画

脚本编程语言ActionScript可以使Flash CS6产生灵活奇妙的动画效果，但这并不是全部，它更重要的作用是使动画具有交互性。这种交互性提供了用户控制动画播放的手段，使用户由被动的观众变为主动的操作者，可以根据需要播放声音、操纵对象、获取信息等。正是这种交互性，使得Flash在动画设计上更加灵活方便，也使它能够实现其他动画设计工具所未能企及的功能。

### 学习目标

- 理解交互的概念。

- 了解鼠标事件和按钮结构。

- 掌握复制对象的方法。

- 控制对象的位置、拖放和移动。

# 11.1 交互式动画基本知识

Flash 动画的交互控制有很多种方式，其动画形式、设计方法千变万化，针对不同的情况，需要使用不同的交互手段来实现动画效果。下面首先来了解交互、按钮和控制的基本概念。

## 11.1.1 交互的概念

如果读者使用过多媒体软件（教学或娱乐）的话，对"交互"的概念就不会太陌生。所谓"交互"，就是由用户利用各种方式，如按钮、菜单、按键、文字输入等，来控制和影响动画的播放。交互的目的就是使计算机与用户进行对话（操作），其中每一方都能对另一方的指示做出反应，使计算机程序（动画也是一种程序）在用户可理解、可控制的情况下顺利运行。

交互式动画

交互式动画是指在动画作品播放时支持事件响应和交互功能的一种动画，也就是说，动画播放时可以接受用户控制，而不是像普通动画一样从头播放到尾。交互的实现一般是利用鼠标对按钮的操作来完成，此外也可以通过键盘事件来响应。

为了使读者对交互式动画有一个直观的认识，读者可以打开素材动画文件"snip-frame_by_frame. swf"，这是早期的版本 Flash 5 所带的范例。播放该动画，如图 11-1 所示。这是一个典型的交互式动画，可以利用按钮控制动画的播放、暂停或逐帧变化。

图 11-1 交互式动画

那么，这种交互动作是如何实现的呢？它是通过一系列的 ActionScript 代码来实现的。利用 ActionScript 的函数、方法和时间，能够方便地为动画添加交互功能。

动作语句的调用必须是在某种事件的触发下进行，而且这种事件一般是由用户的操作触发的。这里所谓的事件，实际上就是用户对动画的某种设定或交互。动画帧只有一种事件，即被载入（播放）时，其中的动作脚本（如果有的话）就能够得到执行。相对而言，对象（按钮或影片剪辑）的事件就丰富了许多。

## 11.1.2 鼠标的事件

对象的事件一般都来源于用户的操作，而这种操作大多是利用鼠标或键盘来实现的。下面首先来了解一下常用的鼠标操作事件。

在 Flash CS6 的 ActionScript 3.0 中，鼠标一般具有如表 11-1 所示的事件。

表 11-1 鼠标事件及含义

| 事件名称 | 说　　明 |
|---|---|
| CLICK | 鼠标左键在对象上单击的事件 |
| DOUBLE_CLICK | 鼠标左键在对象上双击的事件 |
| MOUSE_DOWN | 鼠标左键在对象上被按下的事件 |
| MOUSE_UP | 鼠标左键在对象上被松开的事件 |
| MOUSE_MOVE | 鼠标移动的事件 |
| MOUSE_OUT | 鼠标离开对象的事件 |
| MOUSE_OVER | 鼠标移动到对象上的事件 |

下面通过一个实例来说明鼠标的各种事件。

创建一个影片剪辑对象，使之能够对各种鼠标事件进行响应，并在一个文本框中显示鼠标事件的名称，如图 11-2 所示。

鼠标的事件

图 11-2 鼠标事件

## 步骤提示

**STEP 1** 新建一个 Flash 文档。

**STEP 2** 选择菜单命令【插入】/【新建元件】，创建一个"影片剪辑"类型的元件"元件 1"。

**STEP 3** 在"元件 1"中绘制一个矩形框，如图 11-3 所示，矩形的色彩、边框线的样式都可以根据读者的爱好自行选择。

**STEP 4** 返回"场景 1"中，将"元件 1"拖入舞台，在【属性】面板中设置实例名称为"mc"，如图 11-4 所示。

图 11-3 绘制一个矩形 　　　　　图 11-4 设置实例名称为"mc

**STEP 5** 使用 T 工具创建一个静态文本框，输入文本"理解按钮事件"。

**STEP 6** 再创建一个文本框，设置为"动态文本"，实例名称为"info"，如图 11-5 所示。

**STEP 7** 选择【时间轴】窗口中的第 1 帧，打开【动作】面板，输入如图 11-6 所示的代码。

图 11-5 创建一个动态文本框 　　　　　图 11-6 输入脚本代码

代码说明如下。

- 行 1~5：为按钮增加侦听器，检测鼠标的各种事件；若事件发生，就调用对应的函数。
- 行 7：自定义函数，响应鼠标单击事件。
- 行 8：设置文本框 info 的文本内容。

**STEP** 8 测试动画。可以看到，当鼠标进行各种操作时，相应的输出信息就会在"输出"文本框中显示出来。

### 11.1.3 按钮的结构

按钮是交互式动画最常用的控制方式。在 Flash CS6 中，按钮是作为一个元件来制作的。下面通过案例来了解一下按钮的结构。

按钮的结构

**步骤提示**

**STEP** 1 创建一个新的 Flash 文档。

**STEP** 2 选择菜单命令【插入】/【新建元件】，创建一个"按钮"类型的元件，如图 11-7 所示。

**STEP** 3 单击 确定 按钮，创建一个按钮元件；从元件的时间轴上可以看到该按钮的结构，如图 11-8 所示。

图 11-7  创建"按钮"类型的元件

图 11-8  按钮的 4 帧时间轴结构

可以看到，Flash CS6 的按钮有一个 4 帧的时间轴，分别表示按钮在【弹起】、【指针经过】、【按下】和【点击】状态下的外观。这说明，按钮实际上是一个可交互的影片剪辑，不过它的时间轴并不能直接播放，而是根据鼠标的操作跳转到相应的帧上。

**要点提示**

【点击】状态定义了操作按钮的有效区域，即可以对按钮进行操作的区域，它在动画中不显示。如果内容为空，则以按钮【弹起】状态下的图形区域为有效区域。

**STEP** 4 在【弹起】状态帧中绘制一个渐变填充的椭圆，如图 11-9 所示。

图 11-9  在【弹起】状态帧中绘制椭圆

**STEP**  在其他各状态帧分别按 F6 键，插入关键帧，然后根据需要分别修改各帧图形的颜色，甚至形状也可以任意修改，如图 11-10 所示。

图 11-10 修改各帧的椭圆

**STEP**  返回"场景 1"中，将制作的按钮元件拖入舞台中。测试动画，可以看到当按钮处在不同的状态下时，表现出不同的外观。

可见，按钮的结构很简单，但是它能够很好地响应用户的操作。读者可以根据需要设计不同的按钮，在各状态帧中添加文字、光环和声响等。

> **要点提示**
>
> 实际设计按钮时，一般不需要在【点击】状态帧建立什么内容。

为了方便用户使用，Flash CS6 系统自带了一个公用按钮库。选择菜单命令【窗口】/【公用库】/【Buttons】，就能够打开公用按钮库，如图 11-11 所示。

选择其中的一个按钮，拖入到舞台，就能够使用。图 11-12 所示是一个按钮的结构。可见，在设计按钮时不仅可以在不同状态帧中绘制图形，还可以添加图层，进行更复杂的设计。

图 11-11 公用按钮库

图 11-12 多层的按钮结构

# 11.2 如何设计交互式动画

交互的概念不难理解，但重点是如何在 Flash 中实现这种交互。在 Flash 动画中，最常用的交互操作就是控制动画的播放和停止。利用按钮能够很方便地实现这个功能。

### 11.2.1 控制动画播放——飞翔的小鸟

针对主时间轴动画和影片剪辑，其动画的播放控制语句也有所不同。下面通过具体实例来说明。

#### 1．控制主时间轴动画的播放

主时间轴动画是指直接在动画的主时间轴上建立的补间动画或逐帧动画。利用stop() 语句和 play( ) 语句可以直接控制这种动画。

控制动画播放

本节通过实例来了解一下主时间轴动画。原野上，一只小鸟翩翩飞翔，时远时近。利用画面上的按钮，可以控制小鸟的飞翔，画面效果如图 11-13 所示。

图 11-13　飞翔的小鸟

## 步骤提示

**STEP 1** 创建一个新的 Flash 文档。

**STEP 2** 导入素材文件"原野 .jpg"到舞台，并设置舞台大小与图片大小相同，使图片能够完全覆盖舞台。

**STEP 3** 修改"图层 1"的名称为"背景"。

**STEP 4** 选择第 60 帧，按下F5键，将动画延长到 60 帧。

**STEP 5** 新建一个"影片剪辑"类型的元件"飞鸟"。

**STEP 6** 在"飞鸟"的编辑状态下，将素材文件"鸟 .gif"导入到舞台。

**STEP 7** 回到"场景 1"中，在【时间轴】面板中单击 按钮，添加一个新层，将图层名称修改为"飞鸟"。

**STEP 8** 将元件"飞鸟"拖入到舞台中，放置在舞台左侧，创建一个"飞鸟"元件的实例对象，如图 11-14 所示。

**STEP 9** 选择"飞鸟"层的第 1 帧，单击鼠标右键，从弹出的快捷菜单中选择【创建补间动画】命令，如图 11-15 所示。

图 11-14　将元件"飞鸟"拖入到舞台　　　　　图 11-15　增加引导层

**STEP 10** 选择第 60 帧，然后将"飞鸟"实例对象拖动到舞台的右侧，则创建了一条运动路径，如图 11-16 所示。

图 11-16　创建一条运动路径

**STEP 11** 在第 20 帧插入一个关键帧，然后拖动对象到舞台上方的某个位置，如图 11-17 所示。

图 11-17　在第 20 帧修改对象属性

**STEP 12** 同理，在第 60 帧增加一个关键帧。拖动实例图片，使其移动到舞台靠下的位置，如图 11-18 所示。

图 11-18　在第 40 帧修改对象属性

**STEP 13** 使用 ▶ 工具和 ▶ 工具，修改路径，使其比较光滑，如图 11-19 所示。

图 11-19　使路径光滑

**STEP 14** 选择各关键帧，再选择实例对象，调整图片的旋转角度和缩放比例，使对象能够沿路径飞翔，并且呈现远小近大的效果，如图 11-20 所示。

图 11-20　调整各关键帧中图片的旋转角度和缩放比例

**STEP 15** 测试动画，可以看到飞鸟沿着设置好的路径翩翩飞翔。

下面要用按钮来控制小鸟的飞翔。

**STEP 16** 打开公用按钮库，从"playback flat"文件夹中选择"flat blue play"按钮元件，这是一个带有播放标志的按钮元件。将它拖动到"背景"层的第 1 帧中。

**STEP 17** 再选择该文件夹下的"flat blue stop"按钮元件，这是一个带有停止标志的按钮元件，将它也拖动到"背景"层的第 1 帧中，如图 11-21 所示，这样建立了两个用于控制播放和停止的按钮。

图 11-21　添加控制按钮

**STEP 18** 在【属性】面板中分别定义两个按钮的名称为"playBtn"和"stopBtn"，如图 11-22 所示。

**STEP 19** 选择"背景"层的第 1 帧，打开【动作】面板，在脚本窗口输入控制动画播放的代码，如图 11-23 所示。

图 11-22　定义两个按钮的名称

图 11-23　在脚本窗口输入控制动画播放的代码

主要代码说明如下。

- 行 1：定义一个函数 playMovie，使其能够接收鼠标事件。
- 行 3：调用 play() 函数，开始当前动画播放。
- 行 5：为 playBtn 按钮添加一个侦听器，监听发生在其上的鼠标单击事件；若鼠标单击该按钮，则调用 playMovie 函数。

 **要点提示**

this 是表示"当前对象"的特殊名称，用在时间轴上，就表示当前时间轴对象。

**STEP 20** 测试动画，可见小鸟翩翩飞翔。单击 ■ 按钮，则小鸟就会停止在空中；再单击 ▶ 按钮，小鸟继续飞翔。

**STEP 21** 保存文件为"飞翔的小鸟 .fla"。

### 2. 控制元件的播放

在上面的例子中，单击 ■ 按钮，小鸟会停止飞翔，但仍然不停地挥动翅膀。可见，在主时间轴上使用 play( ) 语句和 stop( ) 语句可以控制主时间轴上动画的播放和暂停，但是无法控制舞台上引用的影片剪辑元件的实例。那么，该如何控制这种元件实例的播放呢？这就需要对其单独进行控制了。

下面在前面例子的基础上，说明如何对小鸟翅膀挥动进行控制。

**步骤提示**

**STEP 1** 在"飞鸟"图层的第 1 帧，选中实例图片，定义实例名称为"bird"，如图 11-24 所示。

**STEP 2** 选择"背景"层的第 1 帧，然后打开【动作】面板，在脚本窗口中增加一条代码，如图 11-25 所示。其作用是使对象"bird"停止播放。

图 11-24　定义左侧实例名称

图 11-25　使对象"bird"暂停播放

测试动画，单击 ■ 按钮，会发现小鸟不仅停止了向前飞翔，其翅膀的挥动也停止了。单击 ▶ 按钮，小鸟开始向前飞翔，但是其翅膀仍然不动，这说明对影片剪辑元件实例的控制需要专门指出其名称。

**STEP 3** 在脚本窗口中再增加一条代码，如图 11-26 所示，用以控制元件的播放。

**要点提示**

如果读者搞不清楚该如何选择对象（特别是在对象多层嵌套的情况下），可以利用 ⊕（插入目标路径）按钮来帮忙，如图 11-27 所示。

图 11-26　控制元件的播放

图 11-27　使用【插入目标路径】按钮

**STEP 14** 保存文件为"飞翔的小鸟 2.fla"。

## 11.2.2 对象拖放——失落的圆明园

对象的拖动是 Flash 作品中经常用到的一种操作，例如拼图练习、打靶游戏等。利用 ActionScript 能够轻松实现这种功能。

对象的拖放

### 1. startDrag 函数

```
startDrag(lockCenter:Boolean = false, bounds:Rectangle = null)
```

作用：

允许用户拖动指定的对象。该对象将一直保持可拖动，直到通过调用 stopDrag() 方法来明确停止，或者直到将另一个对象变为可拖动为止。在同一时间只有一个对象是可拖动的。

参数：

- lockCenter:Boolean (default = false) ——指定是将可拖动的对象锁定到鼠标位置中央 (true)，还是锁定到用户首次单击该对象时所在的点上 (false)。默认值为 false。
- bounds:Rectangle (default = null) ——相对于对象父级的坐标的值，用于指定对象约束矩形。默认值为无。

### 2. stopDrag 函数

```
stopDrag()
```

结束 startDrag() 方法。

下面用一个例子说明对象拖放的控制方法。

人类世界的瑰宝、中华民族的骄傲——美丽的圆明园，在侵略者的烈火中永远消逝了。梦中回眸，在平凡的风景中有一个神奇的视窗，透过它，还能够看到那失落的大观。

在这个动画中，当按下鼠标，就能够拖动一个圆形的观察窗口，松开鼠标，窗口停止；单击放大镜，能够放大观察窗口，动画效果如图 11-28 所示。

图 11-28　失落的圆明园

步骤提示

**STEP 1** 创建一个新的 Flash 文档。

**STEP 2** 选择菜单命令【插入】/【新建元件】，创建一个"影片剪辑"类型的元件，名称为"背景"，如图 11-29 所示。

**STEP 3** 单击 确定 按钮，进入元件编辑状态，导入素材文件"背景 .jpg"到舞台上，如图 11-30 所示。

图 11-29　新建一个元件

图 11-30　导入背景图片

**STEP 4** 选择菜单命令【插入】/【新建元件】，创建一个"影片剪辑"类型的元件，名称为"观察窗"。

**STEP 5** 在"观察窗"中绘制一个圆形，如图 11-31 所示。

 要点提示

图形用什么颜色都行，只要是有一个图形在这里就可以了。当其处于遮罩层中，所有有图形的地方都会是透明的。

**STEP 6** 再创建一个"按钮"类型的元件"放大"；导入素材文件"放大镜 .png"到舞台上，使按钮各帧中图片的位置有一些变化，并添加不同色彩的文字，这样就能够体现鼠标操作的效果，如图 11-32 所示。

图 11-31　导入鲜花图片　　　　图 11-32　绘制一个放大镜镜头模样的黑色图形

**STEP 7** 返回"场景 1"中，选择"图层 1"的第 1 帧，从库中将"背景"元件拖入到舞台，调整元件实例的大小，使其与舞台大小一致。

**STEP 8** 定义该实例的名称为"back"，如图 11-33 所示。

**STEP 9** 将"放大"元件拖入到舞台左下角，定义实例名称为"big"，如图 11-34 所示。

图 11-33 定义背景实例的名称

图 11-34 定义"放大"元件实例名称

**STEP 10** 在【时间轴】面板中添加"图层 2"。

**STEP 11** 选择"图层 2"的第 1 帧，然后将素材文件"圆明园 .jpg"导入到舞台上，如图 11-35 所示。

**STEP 12** 添加一个新的图层"图层 3"。选择其第 1 帧，然后从库中将"观察窗"元件拖入到舞台中，如图 11-36 所示。

图 11-35 在"图层 2"中导入圆明园图片

图 11-36 将"观察窗"拖入舞台

**STEP 13** 选择"观察窗"元件的实例，命名为"view"，如图 11-37 所示。

**STEP 14** 在"图层 3"上单击鼠标右键，弹出快捷菜单，如图 11-38 所示。

图 11-37 命名实例

图 11-38 时间轴快捷菜单

**STEP 15** 选择【遮罩层】命令，则"图层 3"成为"图层 2"的遮罩层，如图 11-39 所示。这时，【时间轴】面板的两个图层的图标已经发生了变化，同时，舞台上"图层 2"的内容只能透过"图层 3"中的对象来观看。

**STEP 16** 选择"图层 1"的第 1 帧，打开【动作】面板，在脚本窗口输入如图 11-40 所示的代码，用于控制观察窗的拖放。

图 11-39 "图层 3"成为"图层 2"的遮罩层

```
1  function moveView(event:MouseEvent):void {
2      view.startDrag(true);
3  }
4  back.addEventListener(MouseEvent.MOUSE_DOWN, moveView);
5
6  function stopView(event:MouseEvent):void {
7      view.stopDrag();
8  }
9  back.addEventListener(MouseEvent.MOUSE_UP, stopView);
```

图 11-40 输入代码

主要代码说明如下。

- 行 1：定义一个函数。
- 行 2：开始拖动 view 对象。
- 行 4：鼠标按下时，开始调用函数 moveView。
- 行 7：停止拖动 view 对象。
- 行 9：鼠标松开时，开始调用函数 stopView。

**STEP 17** 测试动画，可以看到，圆明园图片被遮挡，只有透过观察窗才能够看到。在观察窗上按住鼠标左键，就能够拖动窗口；松开鼠标，窗口就停止拖动。

**STEP 18** 为了使"放大"按钮能够起到放大观察窗的效果，需要再添加一些代码，如图 11-41 所示。

```
1  function moveView(event:MouseEvent):void {
2      view.startDrag(true);
3  }
4  back.addEventListener(MouseEvent.MOUSE_DOWN, moveView);
5
6  function stopView(event:MouseEvent):void {
7      view.stopDrag();
8  }
9  back.addEventListener(MouseEvent.MOUSE_UP, stopView);
10
11 function bigView(event:MouseEvent):void {
12     view.scaleX=1.2*view.scaleX;
13     view.scaleY=1.2*view.scaleY;
14 }
15 big.addEventListener(MouseEvent.MOUSE_UP, bigView);
```

图 11-41 使用按钮放大观察窗

主要代码说明如下。

- 行 11：定义一个函数。
- 行 12~13：设置对象在 $x$、$y$ 方向的比例是当前比例的 1.2 倍。
- 行 15：当鼠标按下时，开始调用函数 bigView。

**STEP 19** 再次测试动画，单击放大镜按钮，就能够将观察窗放大。至此，动画设计完成，保存作品。

### 11.2.3 按钮操作——交互图册

利用按钮来控制对象的运动或位置，也是 Flash 作品中常见的交互方法。本例利用两个按钮控制图片的切换，效果如图 11-42 所示。

用脚本控制
对象位置

图 11-42　交互图册

## 步骤提示

**STEP** 创建一个新的 Flash 文档。

**STEP** 选择菜单命令【文件】/【导入】/【导入到库】，将素材文件 "pic1.jpg" ～ "pic5. jpg" 5 幅图片导入到库中。

**STEP** 在【库】面板中双击一个图片对象，打开其属性窗口，如图 11-43 所示。可见，图片大小为 400 像素 ×220 像素。图片的长度数值将是脚本设计需要用到的参数。

图 11-43　查看图片属性

**STEP** 选择菜单命令【插入】/【新建元件】，创建一个 "影片剪辑" 类型的元件，名称为 "元件 1"。

**STEP** 打开 "元件 1"，将 5 幅图片拖入到舞台上，并列对齐放置；然后将它们组合，并设置右对齐，如图 11-44 所示。

图 11-44　图片组合并右对齐

**STEP** 回到 "场景 1"，设置舞台的大小属性如图 11-45 所示。

**STEP** 修改 "图层 1" 的名称为 "背景"，在其第 1 帧上绘制一个矩形，使用淡蓝色放射填充；然后用文本工具输入 "交互图册"。

**STEP** 从公用按钮库中选择 "playback rounded" 下的 "rounded green back" 和 "rounded green forward" 按钮拖入到舞台，设置按钮的名称分别为 "BackBtn" 和 "PlayBtn"，如图 11-46 所示。

图 11-45　设置舞台大小

图 11-46　创建背景并添加按钮

**STEP 9** 添加一个新的图层，命名为"图片"，从库中将"元件 1"拖入第 1 帧的舞台中，使其右侧与舞台左侧对齐，定义其实例名称为"pic"，如图 11-47 所示。

图 11-47　在舞台上添加图片对象

**STEP 10** 创建一个新的图层，命名为"动作"，在第 1 帧的动作窗口中输入如图 11-48 所示的代码，用两个按钮控制图片对象的位置。

```
1   var i = 0;
2   PlayBtn.addEventListener(MouseEvent.CLICK, playHandler);
3   BackBtn.addEventListener(MouseEvent.CLICK, backHandler);
4
5   function playHandler(event:MouseEvent):void
6   {
7       i++;
8       if (i > 5)
9       {
10          i = 1;
11      }
12      showpic();
13  }
14  function backHandler(event:MouseEvent):void
15  {
16      i--;
17      if (i < 0)
18      {
19          i = 5;
20      }
21      showpic();
22  }
23  function showpic():void
24  {
25      pic.x= 400*i;
26      trace(pic.x, i);
27  }
```

动作 : 1

图 11-48　用按钮控制图片对象的位置

主要代码说明如下。

- 行 1：定义变量 $i$，用于记录要显示第几幅图片。此变量一定要是全局变量，以便能够在各个函数中公用并赋值。
- 行 2~3：对于按钮，增加对于其鼠标单击事件的侦听器以及响应函数入口。
- 行 5：处理 PlayBtn 按钮的鼠标事件。
- 行 12：调用自定义函数。
- 行 14：处理 BackBtn 按钮的鼠标事件。
- 行 23：自定义的调整图片位置的函数。

- 行 25：pic 对象的 $x$ 位置值由单幅图片宽度值 400 与变量 $i$ 的乘积来决定。
- 行 26：跟踪对象的位置值和变量 $i$。这在代码调试时非常有用。

**STEP 11** 测试作品，可以看到单击任意按钮，都会有图片出现，其显示顺序不同。同时，在【输出】窗口也能够看到对象的位置值和变量 i 的值。

### 11.2.4 鼠标控制——跳动的精灵

鼠标控制元件
播放

在著名的"麦田怪圈"上一个舞动的精灵左右跳动，在精灵上单击鼠标左键，它就站在原地跳舞；再次单击鼠标左键，精灵又开始左右跳动。效果如图 11-49 所示。

图 11-49 跳动的精灵

**步骤提示**

**STEP 1** 新建一个文件，导入素材文件"pi.jpg"做背景。

**STEP 2** 创建一个"影片剪辑"类型的元件，导入素材文件"精灵.swf"到元件的舞台上，如图 11-50 所示。

**STEP 3** 返回"场景 1"，增加一个图层"图层 2"，将影片剪辑元件拖入新图层第 1 帧的舞台上，命名元件实例名称为"sprite"。

**STEP 4** 选择实例对象，从【动画预设】面板中选择"默认设置"文件夹中的"波形"，将其应用到实例对象上，创建一个左右移动的波动动画效果，如图 11-51 所示。

图 11-50 创建元件并导入图像　　　　　图 11-51 应用波形动画效果

**STEP 5** 添加一个新的图层"图层 3"，因为预设动画的关键帧不能添加脚本代码，所以这里必须添加一个新的图层。

**STEP 6** 选择"图层 3"的第 1 帧，添加脚本代码，如图 11-52 所示。

```
动作 - 帧
  1  var flag=1;
  2  function control(event:MouseEvent):void {
  3      if (flag==1) {
  4          this.stop();
  5      } else {
  6          this.play();
  7      }
  8      flag=!flag;
  9  }
 10  sprite.addEventListener(MouseEvent.CLICK, control);
 11
```

图 11-52 为对象添加鼠标单击事件

代码说明如下。

- 行 1：定义标志变量，用于控制对象的播放或停止。
- 行 2：自定义函数，对鼠标事件进行响应。
- 行 3：如果变量 flag 为 1，则停止播放时间轴动画；否则，开始播放。
- 行 8：对标志变量取反。
- 行 10：为对象增加侦听器，若发生鼠标单击事件，则调用 control 函数。

**STEP 7** 测试作品，可以看到在小精灵上单击鼠标左键，它就只能在原地跳
动；再单击鼠标左键，它又开始左右跳动。

对象的创建与
复制

### 11.2.5 遮罩动画——小镇雾景

在这个动画里，一个雾气笼罩的风景小镇，一个缓慢旋转的万花筒，透过这个万花
筒，就能够看到小镇美丽的风貌，动画效果如图 11-53 所示。

图 11-53 小镇雾景

思路分析如下。

（1）创建一个旋转的万花筒。

（2）创建风景小镇的元件。

（3）使用遮罩技术将万花筒设置为风景小镇的观察窗口。

（4）在前景中的风景小镇设置为半透明。

### 步骤提示

**STEP 1** 新建一个 Flash 文档。

**STEP 2** 创建一个命名为"前景"的影片剪辑元件，导入素材文件"小镇 .jpg"，如图 11-54
所示。

**STEP 3** 创建一个命名为"元件 1"的影片剪辑元件，在其中绘制 1 个六角图形，色彩选择红

色，如图 11-55 所示（这里选择什么色彩都对动画的实现无任何影响）。

图 11-54　导入风景图片

图 11-55　绘制六角图形

**STEP 4** 创建一个命名为"元件 2"的影片剪辑元件，将"元件 1"拖入其舞台，然后建立一个补间动画，如图 11-56 所示。

**STEP 5** 选择第 30 帧，再选择实例对象，将其旋转 360°，如图 11-57 所示。这样，该补间动画就会产生旋转一周的效果。

图 11-56　创建旋转的万花筒

图 11-57　将对象旋转 360°

**STEP 6** 返回"场景 1"中，将元件"前景"拖入舞台，与舞台居中对齐，设置其【Alpha】为 25%，定义实例名称为"back"，如图 11-58 所示，这就产生了朦胧的雾气效果。

**STEP 7** 添加"图层 2"，然后再次将"前景"元件拖到舞台，与舞台居中对齐，如图 11-59 所示。不需要设置其【Alpha】值，这是一个清晰的图片。

图 11-58　设置朦胧前景效果

图 11-59　在"图层 2"添加清晰图片

**STEP 8** 添加"图层 3"，将"元件 2"拖入舞台，设置其实例名称为"view"。

**STEP 9** 设置"图层 3"为遮罩层，如图 11-60 所示。

图 11-60　设置"图层 3"为遮罩层

**STEP 10**　在"图层 1"的第 1 帧中，创建动作脚本，如图 11-61 所示。

```
1  function moveView(event:MouseEvent):void {
2      view.startDrag(true);
3  }
4  back.addEventListener(MouseEvent.MOUSE_DOWN, moveView);
5
6  function stopView(event:MouseEvent):void {
7      view.stopDrag();
8  }
9  back.addEventListener(MouseEvent.MOUSE_UP, stopView);
```

图 11-61　创建动作脚本

代码说明如下。

- 行 1：自定义函数，响应鼠标事件。
- 行 2：设置对象 view 可以拖动。
- 行 4：为对象 back 添加侦听器，检测其上鼠标按下事件。一旦发生，调用函数 moveView。
- 行 7：设置对象 view 不能拖动。
- 行 9：检测 back 上的鼠标弹起事件。

这样，当拖动这个旋转的万花筒时，就可以透过前面的迷雾清晰地看到美丽的小镇风景。

## 11.2.6　位置控制——缓动的图片

在 11.2.3 节的实例中，图片位置的变化是瞬间完成的，看不到图片的移动效果。但有时需要为图片的切换添加一些效果，例如渐变、缓动等。下面就在前面实例的基础上，通过代码来实现图片的缓动效果。

当用户单击按钮，图片会有一个明显的位置变化，也就是有一个缓动的过程，动画效果如图 11-62 所示。

图 11-62　缓动的图片

思路分析如下。

（1）使图片缓动有不同的方法。这里采用添加定时器的方法，其优点是可以控制图片运动的速度。

（2）定义一个全局性的定时器。

（3）在每个按钮的单击事件响应函数中添加定时器侦听器。

（4）在定时器处理函数中，将 pic 对象当前坐标向下一坐标逐渐靠拢。

**步骤提示**

STEP ◀◀**1** 将 11.2.3 节中的实例文件"交互图册 .fla"另存为"交互图册（缓动效果）.fla"。

STEP ◀◀**2** 不需要对舞台对象进行任何调整，只需要打开"动作"层的第 1 帧的动作窗口，添加一些脚本语句，如图 11-63 所示。

```
1   var i = 0;
2   var timer:Timer;
3   timer = new Timer(10);
4   timer.start();
5
6   PlayBtn.addEventListener(MouseEvent.CLICK, playHandler);
7   BackBtn.addEventListener(MouseEvent.CLICK, backHandler);
8
9   function playHandler(event:MouseEvent):void
10  {
11      timer.addEventListener(TimerEvent.TIMER, onTimer);
12      i++;
13      if (i > 5)
14      {
15          i = 1;
16      }
17  }
18  function backHandler(event:MouseEvent):void
19  {
20      timer.addEventListener(TimerEvent.TIMER, onTimer);
21      i--;
22      if (i < 0)
23      {
24          i = 5;
25      }
26  }
27
28  function onTimer(timer:TimerEvent):void
29  {
30      pic.x= pic.x+(400*i-pic.x)/10;
31      trace(pic.x,i);
32  }
```

**图 11-63　创建动作脚本**

新添加的代码说明如下。

* 行 2：定义一个定时器变量。
* 行 3：设置定时器变量的触发间隔为 10 毫秒。
* 行 4：启动定时器。
* 行 11、20：添加侦听器，检测定时器触发事件；一旦触发，就调用函数 onTimer。
* 行 28：自定义函数，响应定时器触发事件。
* 行 30：pic 对象的目标坐标是 400*i，要经过 10 次调用才最终达到。

STEP ◀◀**3** 测试作品，现在就能够实现图片的缓动效果了。

## **11.3** 综合案例——五彩飞花

在 Flash CS6 中，可以利用复制的方法，使影片播放时产生许多相同对象，从而实现雨雪、气泡等效果。下面首先了解几个重要的概念和方法。

### 11.3.1　元件的动态创建

在 Flash 中向屏幕中添加内容的一个方法是将资源从库中拖放到舞台上，这种方法最简便直观，但对于一些需要在动画播放期间动态添加元件实例的情况，这种方法就不适用了，这就需要考虑用 ActionScript 来创建实例。

#### 1．动态创建元件实例

默认情况下，Flash 文档库中的影片剪辑元件实例不能以动态方式创建，也就是说不能使用

ActionScript 创建。因此，为了使元件可以在 ActionScript 中使用，必须指定为 ActionScript 导出该元件。后面将结合实例说明导出元件定义的方法。

这种动态创建元件实例的方法具有多个优点：代码易于重用、编译时速度加快，可以在 ActionScript 中进行更复杂的修改。

### 2. 创建对象实例

在 ActionScript 中使用对象之前，要确定该对象首先必须存在。创建对象的步骤之一是声明变量，然而，声明变量仅仅是在计算机的内存中创建一个空位置。必须首先为变量指定实际值，即创建一个对象并将它存储在该变量中，然后再尝试使用或处理该变量，创建对象的过程称为对象"实例化"。也就是说，创建特定类的实例。

有一种创建对象实例的简单方法完全不必涉及 ActionScript。在 Flash 中，当将一个影片剪辑元件、按钮元件或文本字段放置在舞台上，并在【属性】面板中为其指定实例名时，Flash 会自动声明一个拥有该实例名的变量、创建一个对象实例并将该对象存储在该变量中。但是对于要动态创建的对象，必须使用 new 运算符来声明。

要创建一个对象实例，应将 new 运算符与类名一起使用，例如：

```
var raceCar:MovieClip = new MovieClip();    // 声明一个影片剪辑类型的变量
var birthday:Date = new Date(2006, 7, 9);   // 声明一个日期类型的变量
```

通常，将使用 new 运算符创建对象称为"调用类的构造函数"。"构造函数"是一种特殊方法，在创建类实例的过程中将调用该方法。当用此方法创建实例时，需要在类名后加上小括号，有时还可以指定参数值。

对于可使用文本表达式创建实例的数据类型，也可以使用 new 运算符来创建对象实例。例如：

```
var someNumber:Number = 6.33;
var someNumber:Number = new Number(6.33);
```

上面的两行代码执行的是相同的操作。

### 3. addChild () 方法

在 ActionScript 3.0 中，当以编程方式创建影片剪辑（或任何其他显示对象）实例时，只有通过对显示对象容器调用 addChild() 或 addChildAt() 方法将该实例添加到显示列表中后，才能在屏幕上看到该实例。允许用户创建影片剪辑、设置其属性，甚至可在向屏幕呈现该影片剪辑之前调用方法。

```
public function addChild(child:DisplayObject):DisplayObject
```

### 11.3.2 五彩飞花作品设计

在美丽的原野中，每次单击鼠标左键，就会有一个花朵从鼠标光标位置飞出，然后随机摇摆着飘落，动画效果如图 11-64 所示。

图 11-64 五彩飞花

首先来处理鲜花。

## 【处理鲜花】

**STEP 1** 创建一个新的 Flash 文档，设置舞台背景颜色为灰色。

**STEP 2** 将素材文件"花 .jpg"导入到【库】面板中，这是一个图片格式的鲜花图像。

**STEP 3** 创建一个名称为"分散花"、类型为"图形"的元件。

**STEP 4** 从库中将"花 .jpg"图片拖入到"分散花"的舞台上，如图 11-65 所示。

**STEP 5** 选择舞台上的图片对象，然后单击鼠标右键，在弹出的快捷菜单中选择【分离】命令，如图 11-66 所示。这样，位图图像就被分离成舞台上连续的像素点。

图 11-65　将花朵图片拖入舞台

图 11-66　选择【分离】命令

**STEP 6** 选择工具，再在选项区选择"魔术棒"工具，然后在舞台上的空白区域（没有花的位置）单击鼠标左键，如图 11-67 所示。此时，所有底色象素点都被选择了。

**STEP 7** 按 Delete 键，可见底色象素点基本都被删除了，如图 11-68 所示。

图 11-67　选择底色象素点

图 11-68　底色象素点基本都被删除

**STEP 8** 选择【工具】面板中的【选择】工具、【橡皮擦】工具等，将几朵花分离开，如图 11-69 所示。

图 11-69　将几朵花分离开

接下来制作"花朵"元件。

## 步骤提示

**STEP 1** 将动画舞台的颜色重新调整为白色。

**STEP 2** 新建一个命名为"花朵"的影片剪辑元件。

**STEP 3** 在"花朵"元件的第 1 帧，将"分散花"元件拖入到舞台。

**STEP 4** 选择第 2 帧，按下F6键，添加一个关键帧。同样，在第 3 帧、第 4 帧也都添加一个关键帧，如图 11-70 所示。

**STEP 5** 选择第 1 帧，选择菜单命令【修改】/【分离】将"分散花"元件分离，仅保留其中一个花朵，删除其余 3 个花朵；同样，在第 2、3、4 帧也都仅保留一个花朵，如图 11-71 所示。注意各帧的花朵都是不同的。

图 11-70 将各帧都设置为关键帧　　　　　　　　图 11-71 各帧仅保留一个花朵

**STEP 6** 打开【动作】面板，为每一帧都添加一个"stop()"语句，如图 11-72 所示。

图 11-72 为各帧都添加一个"stop()"语句

至此，花朵元件制作完成。接下来，讲解制作"飘动"元件的方法。

## 步骤提示

**STEP 1** 新建一个命名为"飘动"的影片剪辑元件。

**STEP 2** 选择第 1 帧，将"花朵"元件拖入到舞台，打开【对齐】面板，使其与舞台中心对齐。

**STEP 3** 打开【变形】面板，将实例大小调整到 30%，如图 11-73 所示。

**STEP 4** 在【属性】面板中，将实例名称定义为"leaf"，如图 11-74 所示。

图 11-73 将实例大小调整到 30%　　　　　　　　图 11-74 定义实例名称为"leaf"

**STEP 5** 打开【动作】面板，在代码窗口中输入如图 11-75 所示的代码，对"leaf"对象的位置进行设置。

图 11-75 对 "leaf" 对象的位置进行设置

代码说明如下。

- 行 1：为对象 "leaf" 添加一个侦听器，判断如果 "进入" 帧，就调用 fallstep 函数。因此，fallstep 函数被执行的次数就与作品设置的帧频有关。一般默认为 24 帧 / 秒，这也是函数被执行的次数。

- 行 3：检测是否有事件和调用发生，若有，则执行函数体中的语句。

- 行 4：定义 "leaf" 对象的 x 坐标每次在原值的基础上增加一个 –20 ～ 20 的随机值，这样，"leaf" 对象就会产生一个左右摇摆的随机动作。

 **要点提示**

Math.random() 产生一个 0 ～ 1 的随机值；与 40 相乘后，得到一个 0 ～ 40 的随机值；再与 20 相减，就可以得到 –20 ～ 20 的随机值。

- 行 5：定义 "leaf" 对象的 y 坐标每次在原值的基础上增加一个 5 ～ 10 的随机值，这样，"leaf" 对象就会不断向下移动。

下面讲解为 ActionScript 导出 "飘动" 元件的方法。

**步骤提示**

**STEP 1** 选择【库】面板中的 "飘动" 元件，用鼠标右键单击，打开快捷菜单，如图 11-76 所示。

**STEP 2** 选择【属性】命令，打开【元件属性】对话框，如图 11-77 所示。

图 11-76 快捷菜单

图 11-77 【元件属性】对话框

**STEP 3** 单击【高级】选项，展开其链接属性。选择【为 ActionScript 导出 (X)】复选项，则要求定义导出的【类】名称和【基类】名称，设置如图 11-78 所示。这样，就创建了一个新的类 "flower"。

**STEP 4** 单击 确定 按钮，出现如图 11-79 所示的类警告对话框。这是由于 Flash 找不到包含指定类定义的外部 ActionScript 文件，一般来说，如果库元件不需要超出 MovieClip 类功能的独特功能，则可以忽略此警告消息。

**要点提示**

默认情况下，【类】的名称会用元件的名称命名（本例默认的名称为"飘动"），但是为了在编程中使用方便，一般要修改为英文名称。【基类】字段的值默认为"flash.display.MovieClip"，一般不需要改变。

图 11-78　为 ActionScript 导出

图 11-79　类警告信息

**STEP 5** 单击 [　确定　] 按钮，则创建了一个新的类"flower"。

下面具体讲解在 ActionScript 中使用"flower"类来创建新实例对象的方法。

**步骤提示**

**STEP 1** 新建一个"影片剪辑"类型的元件"背景"。

**STEP 2** 选择第 1 帧，导入素材文件"青山 .jpg"到舞台上，与舞台中心对齐。

**STEP 3** 返回"场景 1"中，选择第 1 帧，将"背景"元件拖入到舞台中，调整大小，使其与舞台基本相符，并与舞台中心对齐，并定义其实例名称为"bg"，如图 11-80 所示。

**STEP 4** 选择第 1 帧，打开【动作】面板，在脚本窗口中输入如图 11-81 所示的代码，用以创建新的"flower"对象并定义其位置。

图 11-80　定义"背景"元件的实例名称

图 11-81　创建新的"flower"对象

代码说明如下。

- 行 1：为 bg 对象（背景）添加一个侦听器，一旦鼠标左键在其中按下，就调用函数 createflower。
- 行 3：函数，用于响应鼠标按下的事件。

- 行 4：创建一个新的 flower 类型的实例，实例名称为 fw。
- 行 5、6：实例 fw 的 x、y 坐标等于鼠标的 x、y 坐标。
- 行 8：将 flower 实例 fw 添加到当前时间轴。
- 行 9：定义一个整型变量，取值为 0 ~ 3 的整数。
- 行 10：播放 fw 对象中的 leaf 对象的 whichframe+1 帧，这样就可以随机地显示不同的花朵。

 **要点提示**

"Math.random() * 4"得到的是 0 ~ 4 的随机数，是包括小数的随机实数。将其赋值给一个整型变量，则自动将后面的小数删除，只保留前面的整数，所以得到的值就只能是 0、1、2、3 四个整数中的一个。

**STEP** 设计完成，保存文件；然后测试动画，可见在画面的任何位置单击鼠标左键，一朵朵的小花就会在鼠标光标的位置出现，然后慢慢飘落下来。

# 11.4 综合案例——水平全景画

对象在动画场景中的位置是由其中心坐标决定的，通过改变其 x 属性和 y 属性就能够改变对象的位置。本章要设计 360° 的全景式动画以及滚动的字幕和图片，了解如何通过滚动的方法来控制对象运动。

所谓水平全景动画，就是在水平方向实现图片的无缝循环播放。下面首先来理解其数学模型，然后具体实现该作品。

## 11.4.1 动画原理和数学模型

设动画尺寸为 $W \times H$，图片长度为 $L$，动画舞台中心坐标为（$cx,cy$），鼠标位置坐标为（$mx,my$），如图 11-82 所示。下面分析一下动画设计中所涉及的基本原理和数学模型。

图 11-82　基本原理和数学模型分析

### 1. 比例缩放的原理及数学模型

当鼠标光标向上或向下移动时，可以获得鼠标的位置坐标。将鼠标的 y 坐标与动画舞台中心 y 坐标相减（$my-cy$），可以得到一个比例的变化值。当鼠标在中心上面时，$my-cy<0$，动画比例变化值为负。当鼠标在中心下面时，$my-cy>0$，动画比例变化值为正。若动画原始比例值为 scale，则新的比例值为 newscale，则原始比例值与比例的变化值相加就可以实现动画比例的实时变化了。

```
newscale = scale+(my-cy)/n
```

其中 n 为比例因子，调整比例因子大小可以改变比例变化的速度。

## 2. 图片循环显示的原理

从原理上讲，如果有完全相同的两个图片 A 和 B，它们首尾相连，那么当图片 A 水平移动的距离等于图片的宽度时，图片 B 就会正好处于图片 A 的初始位置。由于图片 B 与图片 A 完全一样，此时将图片 A 重新定义到初始位置，重复图片 A 的移动代替图片 B 的移动，从而实现图片的循环播放。由于计算机运行的速度极快，用户是不会感觉到这种替换的。另外，由于移动存在向左和向右两种可能，所以至少应采用 3 个完全相同的图片。当然，就具体的动画来说，采用几个图片才能实现循环运动，还由图片的大小、位置以及舞台的大小来定。总之，起码要保证在舞台外面的两侧各有一个完整的图片存在，才能实现图片的循环运动。

当鼠标光标向左或向右移动时，将鼠标的 $x$ 坐标与动画舞台中心 $x$ 坐标相减（$mx-cx$），可以得到一个位置坐标的变化值。当鼠标光标在中心左侧时，$mx-cx<0$，动画位置变化值为负，动画向左移动。当鼠标光标在中心右侧时，$mx-cx>0$，动画位置变化值为正，动画向右移动。若图片原始的 $x$ 坐标为 $px$，新的 $x$ 坐标为 $newx$，则原始坐标值与坐标的变化值相加就可以实现动画坐标的实时变化了。

```
newx = px+(mx-cx)/m
```

其中 $m$ 为位置变化因子，调整变化因子大小可以改变位置变化的速度，也就是改变图片移动的速度。

## 3. 图片移动的数学分析

若图片 A 原始位置处于舞台中央，其中心点坐标为 $P0(x0,y0)$。

图片向左移动，当图片中心点由 $P0$ 移动到 $P1$ 位置时，图片 A 完全离开动画舞台，而图片 C 恰好占据了图片 A 初始的位置。这时再用图片 A 替换图片 C，就可以实现图片向左的循环播放了。

```
if (newx < -L) {
    newx = x0;
}
```

图片向右移动，当图片中心点由 $P0$ 移动到 $P2$ 位置时，图片 A 完全离开动画舞台，而图片 B 恰好占据了图片 A 初始的位置。这时再用图片 A 替换图片 B，就可以实现图片向右的循环播放了。

```
if (newx > L) {
    newx = x0;
}
```

## 4. 位置变化与比例变化的干涉问题

如果直接对主动画舞台上的图片（元件的实例）实现移动和比例的控制，图片比例的变化会影响到图片的坐标位置，产生了相互干涉，这就使算法复杂化。可以采用一种巧妙的设计方法：图片比例的变化是直接对场景中的实例进行的，而图片位置的变化是通过元件中的对象来实现的，这样，比例的变化就不会对位置产生影响。

### 11.4.2 水平全景画的设计

动画中的风景图片会首尾相连、滚动显示。移动鼠标光标到动画画面右侧，可以控制图片向右滚动。移动鼠标光标到动画画面左侧，可以控制图片向左滚动。移动鼠标光标到画面上部，可以使图片缩小。移动鼠标光标到画面下部，可以使图片放大。而且鼠标距画面中心的位置越远，这种变化的速度越快。同时，用一个红色的十字标识环来代替鼠标光标，以便用户更直观地看到光标位置。动画效果如图 11-83 所示。

图 11-83　360°全景画

思路分析如下。

（1）将风景图片复制为 ABC 三份并拼接在一起。

（2）按照全景画的原理和数学模型设计动作脚本。

（3）在舞台中央设计一个表现画面中心位置的十字标志。

（4）设计红色十字标识环元件。

（5）使十字标识环可以被拖动，同时隐藏光标。

## 步骤提示

**STEP　1**　创建一个新的 Flash 文档，在【属性】面板中设置舞台大小为 400 像素 ×240 像素。

**STEP　2**　选择菜单命令【文件】/【导入】/【导入到库】，将素材文件"image.jpg"引入到动画的【库】中。在【库】窗口中选择元件"image.jpg"，双击打开【位图属性】对话框，可以看到图片的宽度为 1000，如图 11-84 所示。

图 11-84　位图属性窗口

**STEP　3**　选择菜单命令【插入】/【新建元件】，建立一个类型为"影片剪辑"、名称为"图片移动"的元件。从【库】窗口选择元件"image.jpg"，将其拖入舞台，建立它的一个实例。利用【对齐】面板调整该实例中心与舞台中心对齐。

**STEP　4**　再在舞台中建立元件"image.jpg"的两个实例，分别放置到第 1 个实例的左右两侧，并调整 3 个实例的位置使它们恰好在水平方向实现首尾对接，如图 11-85 所示。

图 11-85　调整图片 3 个实例的位置实现首尾对接

**STEP 5** 选择菜单命令【插入】/【新建元件】，建立一个类型为"影片剪辑"、名称为"图片缩放"的元件。在【库】窗口中选择元件"图片移动"，将其拖入舞台，建立它的一个实例，在【属性】面板中定义实例名称为"pic"，如图 11-86 所示。利用【对齐】面板调整实例中心与舞台中心对齐。

**STEP 6** 再创建一个类型为"影片剪辑"、名称为"光标"的元件，在其中设计一个十字环标志，如图 11-87 所示。注意这是一个组合图，其中的中间圆形部分采用了一个元件，设置为半透明。只有这样，这个十字环标志才容易被拖动。

图 11-86　使用"图片移动"与元件建立"图片缩放"元件　　　　　　　图 11-87　设计一个十字环标志

至此，已经制作完成了基本的动画元件，下面就可以利用它们来建立水平全景动画了。

**STEP 7** 返回"场景 1"中，修改第 1 层的层名为"图片"。从【库】窗口中选择元件"图片缩放"，将其拖入到舞台上，建立它的一个实例，在【属性】面板中定义实例名称为"myClip"，如图 11-88 所示。利用【对齐】面板调整实例中心与舞台中心对齐。

图 11-88　引用元件并命名

**STEP 8** 为了使光标位置有一个参考，需要在舞台中显示一个画面中心的标志：添加一个新层，修改层名为"标志"。在其中绘制一个十字形，调整位置使其与场景中心对齐，如图 11-89 所示。

**STEP 9** 再添加一个新层，修改层名为"光标"。将元件"光标"拖入到其第 1 帧，并定义实例名称为"ViewPoint"，如图 11-89 所示。

**STEP 10** 再添加一个新的图层，命名为"脚本"，打开动作窗口，输入如图 11-91 所示的代码。

图 11-89　绘制画面中心标识

图 11-90 在舞台中添加十字标识环

图 11-91 输入脚本代码

代码说明如下。

- 行 1：注释说明。
- 行 2、行 3：用变量 SW、SH 记录舞台的宽度和高度。
- 行 4：用变量 myClipWidth 记录图片的长度。由于 pic 是在 myClip 中，所以要用一个 "." 标识符来说明包含关系；又由于 pic 是由图片的 3 个实例水平合并而成，所以这里要将宽度值除以 3。
- 行 5：用变量 $x0$ 记录图片当前的 $x$ 坐标值。
- 行 6：定义图片在 $x$ 方向（水平方向）运动的变化因子，它决定了图片在 $x$ 方向运动的快慢。
- 行 7：定义图片在 $y$ 方向（垂直方向）缩放的变换因子，它决定了图片在 $y$ 方向缩放的快慢。
- 行 8、行 9：定义图片在 $y$ 方向缩放的最大值和最小值。从理论上讲，这个比例值可以无限大或无限小，但是太大和太小都没有什么实际意义，而且还会带来其他问题。所以这里将其限定在 0.5 ~ 3 的范围内。
- 行 12：为当前场景添加一个事件侦听器，其侦听的事件是 "进入帧（ENTER_FRAME）"。如果事件发生，就调用响应函数 MovePic。
- 行 13：定义函数 MovePic。
- 行 14、行 15：用变量 $tx$、$ty$ 记录图片 pic 的当前坐标。
- 行 16：用变量 scale 记录实例 myClip 在 $y$ 方向的比例值。

- 行 17：根据鼠标光标位置，计算新的位置值，并保存在变量 newx 中。鼠标光标与舞台中心在 $x$ 轴的差值大小，就决定了图片移动的方向和速度。
- 行 18 ~ 行 20：判断如果图片移动到最左位置，变量 newx 就被重置为图片的初始位置值。
- 行 21 ~ 行 23：判断如果图片移动到最右位置，变量 newx 就被重置为图片的初始位置值。
- 行 24：将图片 pic 移动到变量 newx 指示的位置。
- 行 25：根据鼠标光标位置，计算新的 $y$ 方向比例值，并保存在变量 newscale 中。鼠标光标与舞台中心在 $Y$ 轴的差值大小，就决定了图片的缩放和变化速度。
- 行 26 ~ 行 30：判断若比例大于上限，则固定在上限值上；若比例小于下限，则固定在下限值上。
- 行 31、行 32：设置实例 myClip 在 $x$ 方向、$y$ 方向的比例值为新的比例值。必须设置这两个方向的比例值相同，这样图片才能够保持等比例变化。
- 行 33：设置 ViewPoint 元件实例（十字标识环）能够被拖动。
- 行 34：隐藏光标。这样，动画播放时，普通样式（箭头形状）的光标就不会显示出来，取而代之的是一个十字标识环标志在移动。

**STEP 11** 测试动画，可以利用鼠标带动十字标识环，并且可以利用其位置来控制图片的移动和比例的变化，完全实现水平全景式动画的效果要求。

## 11.5 课后习题

### 1. 填空题

（1）_____提供了用户控制动画播放的手段。

（2）交互的目的就是使计算机与用户进行_____，其中每一方都能对另一方的指示做出_____，使计算机程序在用户可理解、可控制的情况下顺利运行。

（3）动作语句的调用必须是在_____下进行。

（4）动画帧只有一种事件，即_____事件。

（5）Flash CS6 的按钮一般都有一个_____帧的时间轴。

（6）实际设计按钮时，一般不需要在_____状态帧建立什么内容。

（7）主时间轴动画是指直接在动画的主时间轴上建立的_____或_____。

（8）利用_____函数可以实现对象的拖动，调用_____方法可以停止拖动。

（9）对于要动态创建的对象，必须使用_____运算符来声明。

（10）对于动态创建的对象，必须调用_____方法将其实例化才能在屏幕上看到。

### 2. 操作题

（1）制作一个包含动画效果的按钮，在【正常】状态时显示一个闪烁的"Click me"文字，在【鼠标经过】状态下显示一个渐大渐淡的光晕，如图 11-92 所示。

图 11-92 动态按钮

（2）为"失落的圆明园"动画添加一个按钮，单击能够缩小观察窗，效果如图 11-93 所示。

（3）修改"飞翔的小鸟"动画，用鼠标在小鸟上单击来控制小鸟翅膀的挥动。

（4）试修改"五彩飞花"，不需要单击鼠标，鲜花就能够跟随鼠标不停地自动产生，如图 11-94 所示。

图 11-93 缩小观察窗

图 11-94 鲜花就能够跟随鼠标自动产生

 **要点提示**

本例可以采用两种方式来实现，一种是使用 ENTER_FRAME 事件，一种是使用 Timer，其代码如图 11-95 所示。

```
bg.addEventListener(Event.ENTER_FRAME, createflower);

function createflower(event:Event):void {
    var fw:flower = new flower();
    fw.x = mouseX;
    fw.y = mouseY;
    // 将 flower 实例添加到当前时间轴。
    addChild(fw);
    var whichframe:int = Math.random() * 4;
    fw.leaf.gotoAndPlay(whichframe+1);
}
```

```
var timer:Timer;
timer = new Timer(300);
timer.start();

timer.addEventListener(TimerEvent.TIMER, createflower);
function createflower(timer:TimerEvent):void {
    var fw:flower = new flower();
    fw.x = mouseX;
    fw.y = mouseY;
    // 将 flower 实例添加到当前时间轴。
    addChild(fw);
    var whichframe:int = Math.random() * 4;
    fw.leaf.gotoAndPlay(whichframe+1);
}
```

图 11-95 习题 4 的两种实现方式

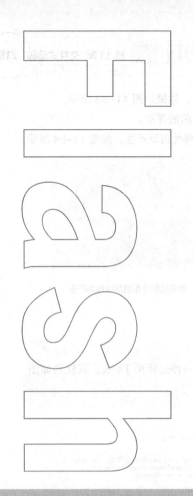

Chapter

# 12

## 第12章
## 组件与代码片断

为了简化步骤提示和降低制作难度，Flash CS6为用户提供了组件、代码片断和动画预设等工具，使程序设计与软件界面设计分离，提高了代码的可复用性。借助这些工具，用户可以方便地实现一些复杂的交互性效果，从而大大拓展了Flash的应用领域。

### 学习目标

- 了解组件参数的功能与应用。
- 了解组件的控制与参数设置。
- 掌握代码片断的应用。
- 掌握动画预设的应用。

# 12.1 组件的应用

　　组件是用来简化交互式动画开发的一门技术，一次性制作，可以多人反复使用，旨在让开发人员重用和共享代码，封装复杂功能，使用户方便而快速地构建功能强大且具有一致外观和行为的应用程序。组件是带参数的影片剪辑，其中所带的预定义参数由用户在创作时进行设置。每个组件还有一组独特的动作脚本方法、属性和事件，也称为 API（应用程序编程接口），使用户在运行 Flash 时能够设置参数和其他选项。

## 12.1.1　认识组件

　　创建一个新的 "ActionScript 3.0" 文档，选择菜单命令【窗口】/【组件】，打开【组件】面板，如图 12-1 所示。

　　下面简单介绍 "User Interface" 文件夹下的几个常用组件。

组件与代码片段

- Button 组件：按钮。
- CheckBox 组件：复选项，被选中后框中会出现一个复选标记。
- ComboBox 组件：组合框，既可以是静态的，也可以是可编辑的。使用静态组合框，用户可以从下拉列表中做出一项选择。使用可编辑的组合框，用户可以在列表顶部的文本字段中直接输入文本，也可以从下拉列表中选择一项。
- RadioButton 组件：单选项。
- TextArea 组件：带有边框和可选滚动条的多行文本字段，TextInput 组件是单行文本字段。

图 12-1　组件面板

- ScrollPane 组件：滚动窗格，在一个可滚动的有限区域中显示影片剪辑、JPEG 文件和 SWF 文件。
- Slider 组件：滑块轨道，通过移动端点之间的滑块来选择值。

　　每个 ActionScript 3.0 组件都是基于一个 ActionScript 3.0 类构建的，该类位于一个包文件夹中，其名称格式为 "fl.packagename.className"。例如，Button 组件是 Button 类的实例，其包名称为 "fl.controls.Button"。将组件导入应用程序中时，必须引用包名称。一般可以用下面的语句导入 Button 类。

```
import fl.controls.Button
```

 **要点提示**

对于内置的类，Flash 能够自动导入。所以在一般的组件使用中，我们不需要对常用的类进行显式的导入。

　　下面利用一些具体的实例来说明组件的应用。

## 12.1.2　NumericStepper 组件——按钮与计数器

　　在下面的动画示例中，使用按钮控制计数器的显示和有效性；操作计数器的按钮，能够改变下面标签上显示的数值，如图 12-2 所示。其中，按钮使用 Button 组件创建，计数器使用 NumericStepper 组件创建，下面的标签文字由 Label 组件创建。

图 12-2　按钮与计数器

**STEP 1** 新建一个"ActionScript 3.0"文档。

**STEP 2** 从【组件】面板中拖动 Button 组件到舞台上，定义实例名称为"aButton"。

**STEP 3** 在【组件参数】中设置【Label】参数为"Show"，如图 12-3 所示。

图 12-3　设置组件属性

**STEP 4** 再拖动一个 NumericStepper 组件到舞台上，在【属性】面板中设置其实例名称为"aNs"，如图 12-4 所示，其余属性不变。

**STEP 5** 再拖动一个 Label 组件到舞台上，设置其实例名称为"aLabel"，如图 12-5 所示。

图 12-4　设置"NumericStepper"组件属性　　　　图 12-5　设置"Label"组件属性

**STEP 6** 在【时间轴】面板上选择第 1 帧，打开【动作】面板，输入如图 12-6 所示的代码，以关联各个组件之间的动作关系。

图 12-6　输入动作脚本

主要代码说明如下。

- 行 1：导入事件类。
- 行 3：定义 NumericStepper 组件不可见。

- 行 4：在按钮上使用手形光标。
- 行 5：侦听鼠标单击事件。
- 行 6：处理鼠标单击事件的函数。
- 行 8：根据按钮标签来决定执行语句。
- 行 10：如果标签的值为 Show。
- 行 11：设置 NumericStepper 组件可见。
- 行 12：设置按钮的标签文字。
- 行 13：跳出 switch 结构。
- 行 29：侦听 aNs 数值变化事件。
- 行 32：设置标签的文本内容。

**STEP** 测试影片，单击按钮，计数器会在可见、无效、有效、隐藏等状态之间变换，按钮的标签也会改变；改变计数器的数值，下面显示标签的内容也会随之改变。

## 12.1.3 CheckBox 与 RadioButton 组件：复选按钮与单选按钮

在下面的动画示例中，选择复选按钮定义的题目，则下面的单选按钮可有效操作；选择不同选项，在动态文本框中会给出不同的反馈信息，如图 12-7 所示。

图 12-7 复选按钮与单选按钮

组件应用：复选
与单选

**STEP** 新建一个"ActionScript 3.0"文档。

**STEP** 从【组件】面板中拖动 CheckBox 组件到舞台上，定义实例名称为"homeCh"。

**STEP** 在【组件参数】中设置【Label】属性为题目内容，如图 12-8 所示。

图 12-8 设置 CheckBox 组件属性

**STEP** 拖动一个 RadioButton 组件到舞台上，在【属性】面板中设置其实例名称为"Rb1"，【groupName】属性为"rbGroup"，【label】属性为选项的文字内容，如图 12-9 所示。

图 12-9 设置 RadioButton 组件属性

**STEP** 5 拖动一个 RadioButton 组件到舞台上，设置其实例名称为 "Rb1"，【groupName】属性为 "rbGroup"，【label】属性为选项的文字内容，如图 12-10 所示。

图 12-10 设置第 2 个 "RadioButton" 组件属性

要点提示

两个 "RadioButton" 实例的【groupName】属性一定要相同，否则系统会认为这是两个不同的选项组，可以同时选择了。

**STEP** 6 使用文本工具绘制一个动态文本框，如图 12-11 所示，在【属性】面板中设置其实例名称为 "info"。

图 12-11 绘制一个动态文本框

**STEP** 7 在时间轴上选择第 1 帧，打开【动作】面板，输入如图 12-12 所示的代码，以关联各个组件之间的动作关系。

```
1  homeCh.addEventListener(MouseEvent.CLICK, clickHandler);
2  Rb1.enabled=false;
3  Rb2.enabled=false;
4
5  function clickHandler(event:MouseEvent):void {
6      Rb1.enabled=event.target.selected;
7      Rb2.enabled=event.target.selected;
8  }
9  Rb1.addEventListener(MouseEvent.CLICK, rbHandler);
10 Rb2.addEventListener(MouseEvent.CLICK, rbHandler);
11 function rbHandler(event:MouseEvent):void {
12     if (Rb1.selected) {
13         info.text="错误: "+event.target.label;
14     } else {
15         info.text="正确: "+event.target.label;
16     }
17
18 }
```

图 12-12 创建动作脚本

主要代码说明如下。

- 行 1：侦听 "CheckBox" 组件上的鼠标单击事件。
- 行 2、3：设置 Rb1、Rb2 无效。
- 行 5~8：处理 "CheckBox" 组件上的鼠标单击事件，如果鼠标事件的目标（"CheckBox" 组件）被选中，则 Rb1、Rb2 有效；否则无效。
- 行 9、10：侦听 Rb1、Rb2 上的鼠标单击事件。
- 行 11~18：处理 Rb1、Rb2 上的鼠标单击事件，如果 Rb1 被选中，则显示错误信息和事件对象的标签内容；否则显示正确信息。

**STEP 8** 测试作品，可以看到通过对题目的选择能够控制内容的显示。

### 12.1.4　ComboBox 组件应用：下拉列表

在下面的动画示例中，使用 ComboBox 组件创建一个下拉列表；单击列表框中的某个网站选项，就会打开该网站的页面，如图 12-13 所示。

组件应用：
下拉列表

图 12-13　下拉列表

**STEP 1** 创建一个新的 "ActionScript 3.0" 文档。

**STEP 2** 从【组件】面板中拖动 ComboBox 组件到舞台上，定义实例名称为 "ComboBox1"。

**STEP 3** 用【文本】工具绘制一个静态文本框，输入文本内容 "请选择您要访问的网站"。

**STEP 4** 在时间轴上选择第 1 帧，打开【动作】面板，输入如图 12-14 所示的代码，以定义 ComboBox 组件发生变化的事件。

主要代码说明如下。

- 行 1：定义一个字符串数组。
- 行 2~4：再定义一个字符串数组。
- 行 6：用循环语句为 ComboBox 添加项目。
- 行 10：侦听变化事件。
- 行 11：处理事件。
- 行 13：用数组长度作为循环控制值。
- 行 15：若选择项目的标签与数组值相等。
- 行 17：跳转到相应网址。

```
1  var web=["天天课堂","老虎工作室","人民邮电出版社"];
2  var url=["http://www.ttketang.com",
3          "http://www.laohu.net",
4          "http://www.ptpress.com.cn"];
5
6  for (var n=0; n<web.length; n++)
7  {
8      ComboBox1.addItem({label:web[n]});
9  }
10 ComboBox1.addEventListener(Event.CHANGE, myComboBox);
11 function myComboBox(evt:Event)
12 {
13     for (var n=0; n<web.length; n++)
14     {
15         if (evt.target.selectedLabel==web[n])
16         {
17             navigateToURL(new URLRequest(url[n]));
18         }
19     }
20 }
```

图 12-14　添加动作脚本

**STEP 5** 测试动画，单击某个网站名称，就能够打开网页，浏览网站内容。

### 12.1.5 Slide 组件：滑动条控制

利用 Slide 组件创建一个滑动条，通过拖动滑块，可以实时改变对象的运动位置，效果如图 12-15 所示。

图 12-15 滑动条控制

**步骤提示**

**STEP 1** 新建一个 "ActionScript 3.0" 文档。

**STEP 2** 创建一个 "影片剪辑" 类型的元件 "滑雪"，然后导入素材文件 "snowman.jpg" 到其舞台上。

**STEP 3** 将图片对象创建为一个 40 帧的补间动画，如图 12-16 所示。

**STEP 4** 为使动画具有较好的表现效果，在第 15、25、40 帧增加关键帧，调整对象的大小、位置，以表现一个有远近大小变化的滑雪动画效果，如图 12-17 所示。

图 12-16 创建一个 40 帧的补间动画    图 12-17 有远近大小变化的滑雪动画

**STEP 5** 返回 "场景 1" 中，从【库】面板中将元件 "滑雪" 拖到舞台上，为其实例命名为 "snow"。

**STEP 6** 从【组件】面板中将 Slider 组件拖到舞台上，设置组件实例的名称为 "mSlider"，调整其大小和位置，如图 12-18 所示。

图 12-18 设置组件实例的属性

**STEP 7** 在【组件参数】中设置 Slider 组件实例的【maximum】参数值为 "40"，【minimum】参数值为 "1"，如图 12-19 所示，这是为了与前面滑雪动画的 40 帧补间动画相对应。

**STEP 8** 选择 "图层 1" 的第 1 帧，在【动作】面板中输入脚本，如图 12-20 所示。

图 12-19　设置 Slider 组件实例的最大值

图 12-20　输入脚本

主要代码说明如下。

- 行 1　停止补间动画 snow 的自动播放。
- 行 2　建立 onChange 函数，处理滑块位置变化的事件。
- 行 3　获取滑块目标位置值，并让动画 snow 移动到该帧。
- 行 5　为滑动条增加侦听器函数，函数名为 onChange。

**STEP**  测试影片，拖动滑块就可以控制雪人的运动了。

**要点提示**

添加侦听器函数的语句（本例为第 5 行）放在函数代码的前后位置都可以。例如本例也可以放在第 2 行，但是一般编程习惯都是放在脚本的最后一行。

### 12.1.6　TextInput 组件：密码输入

利用 TextInput 可以方便地创建带密显的文本输入框。首先输入密码，然后输入确认密码；单击 ⎓确定⎓ 按钮后，若两次输入密码完全相同且大于 8 位，则提示密码正确，否则提示错误，效果如图 12-21 所示。

图 12-21　密码输入

**步骤提示**

**STEP** 新建一个"ActionScript 3.0"文档。

**STEP** 从【组件】面板中拖动两个 Label 组件到舞台上，分别设置其显示内容为"输入密码："和"确认密码："。

**STEP** 在【组件】面板中拖动两个 TextInput 组件到舞台上，分别作为密码文本框和确认文本框，定义实例名称为"pwdTi"和"confirmTi"，设置这两个组件实例的【displayAsPassword】参数为"true"，如图 12-22 所示。

图 12-22　设置两个 TextInput 组件的属性

**STEP ④** 从【组件】面板中拖动 Button 组件到舞台，定义实例名称为"btn"。

**STEP ⑤** 用文本工具绘制一个动态文本框，定义其名称为"info"，如图 12-23 所示。

图 12-23　创建按钮及动态文本框

**STEP ⑥** 选择"图层 1"的第 1 帧，在【动作】面板中输入脚本，如图 12-24 所示。

主要代码说明如下。

```
function tiListener(evt_obj:MouseEvent) {
    if (confirmTi.text!=pwdTi.text||confirmTi.length<8) {
        info.text="密码错误，请重新输入。";
    } else {
        info.text="正确。密码为： " + confirmTi.text;
    }
}
btn.addEventListener(MouseEvent.CLICK, tiListener);
```

图 12-24　动作脚本

- 行 1：建立 tiListener 函数，处理鼠标事件事件。
- 行 2：条件语句，判断如果确认文本框中的文本内容与密码文本框中的内容不一致，或确认文本框中的文本长度小于 8，则执
- 行第 3 行语句；否则执行第 5 行语句。
- 行 3、行 5：在动态文本框中显示提示。
- 行 8：为按钮增加事件侦听器函数，事件为"鼠标点击"，函数名为 tiListener。

**STEP ⑦** 测试作品，动画就能够正确地检测用户所输入的密码。

# 12.2 代码片断的使用

Flash 中包括一个"代码片断"的功能模块。代码片断是指按照 ActionScript 3.0 语法规范编制、能够实现若干常见交互动画功能的程序代码段，例如实现单击鼠标访问网页、转到并播放帧、播放影片剪辑、使用键盘方向键移动、自定义鼠标光标等交互要求。

## 12.2.1　什么是代码片断

每个代码片断都附带简要说明，介绍如何使用这个代码片断以及其中的哪些代码需要修改。使用代码片断迅速为作品添加简单的交互功能，而无需深入了解 ActionScript。同时，代码片断还可以帮助用户了解 ActionScript 3.0 代码的语法标准和构造方式。

代码片段

**要点提示**

在很多图书或文章中，"代码片断"也被称为"代码片段"。两者基本可以通用，但前者强调从整体中截取，后者所指的对象相对独立；此外，"片断"还有"断"之意，即表示零碎、不完整。因此，Flash 中将这些截取的零碎代码翻译为"代码片断"是合理的。

使用"代码片断"需要借助【代码片断】面板来实现。选择菜单命令【窗口】/【代码片断】，打开【代码片断】面板，如图 12-25 所示。其中各个代码片断的含义都通过名称能够清晰地表达出来，在此无需赘述。

具体使用时，需要注意以下几个问题。

- 所有这些附带的代码片断都是 ActionScript 3.0 标准，与 ActionScript 2.0 不兼容。
- 代码片断可应用于任何形状、位图、视频、文本或符号。
- 在应用代码片断时，Flash 会自动将形状转为影片剪辑符号，若未为其指定实例名称，则提供自动生成的实例名称。
- 当应用代码片断时，代码将添加到时间轴中"Actions"图层的当前帧。如果尚未创建该图层，Flash 将在时间轴中自动添加一个"Actions"图层。

代码片断不仅可以单个，也可混合搭配，快速创建复杂的交互式动画。此外，还可以创建和存储自定义片断，以便在未来使用。

图 12-25 【代码片断】面板

### 12.2.2 案例：翻滚的瓢虫

在下面的作品示例中，一只瓢虫在持续翻滚移动，从窗口右边界滚出后，自动从窗口左侧重新进入，如此循环往复，如图 12-26 所示。

代码片段的应用

图 12-26 翻滚的瓢虫

**STEP 1** 新建一个"ActionScript 3.0"文档。

**STEP 2** 创建一个"影片剪辑"类型的元件，名称为"元件 1"。

**STEP 3** 在"元件 1"中，将素材文件"昆虫 .png"导入到舞台。

**STEP 4** 回到"场景 1"，将"元件 1"拖动到舞台左侧，如图 12-27 所示。

**STEP 5** 选择该元件实例，设置其实例名称为"insect"，如图 12-28 所示。

**STEP 6** 在选中"insect"对象的前提下，在【代码片断】窗口中展开"动画"文件夹，选择其中的"不断旋转"选项；用鼠标右键单击该项，出现一个快捷菜单，如图 12-29 所示。

图 12-27 将"元件 1"拖动到舞台左侧　　图 12-28 设置实例名称　　图 12-29 代码片断项的快捷菜单

**STEP 7** 选择【添加到帧】命令，则系统自动在时间轴窗口增加一个新层"Actions"，并自动将该代码片断添加到"Actions"层的第 1 帧中，如图 12-30 所示。

图 12-30 系统自动创建一个新层并添加代码片断

**要点提示**

如果没有选择具体的对象，就会出现一个提醒对话框，如图 12-31 所示。

**STEP 8** 现在测试一下作品，可以看到瓢虫在原地不断旋转，但这还没有达到作品要求。

**STEP 9** 重新选中"insect"对象，在【代码片断】窗口中展开"动画"文件夹，选择其中的"水平动画移动"选项，并打开其右键快捷菜单，如图 12-32 所示。

图 12-31 提醒对话框　　　　　　　　图 12-32 选择其中的"水平移动"选项

**STEP 10** 选择【添加到帧】命令，则系统自动将该代码片断添加到"Actions"层的第 1 帧中，如图 12-33 所示。

**STEP 11** 测试作品，可见瓢虫已经能够翻滚着从左到右移动了。但是还有一个不足：瓢虫从窗口右侧出去后，没有从窗口左侧出现，因此无法实现循环滚动。

```
15        insect.rotation += 10;
16    }
17
18    /* 水平动画移动
19    通过在 ENTER_FRAME 事件中减少或增加影片实例的 x 属性，便其在舞台上向左横向右移动。
20    说明：
21    1. 对以动画移动方向为右。
22    2. 舞台动画移动向更改为左，将以下数字 10 更改为负值。
23    3. 要更改元件实例的移动速度，将以下数字 10 更改为您希望元件实例在每帧中移动的像素数。
24    4. 由于动画使用 ENTER_FRAME 事件，仅当触发时移动到每帧时动画才最佳。动画播放速度也受文档帧频率的影响。
25    */
26    insect.addEventListener(Event.ENTER_FRAME, fl_AnimateHorizontally_2);
27    function fl_AnimateHorizontally_2(event:Event)
28    {
29        insect.x += 10;
30    }
31
```

图 12-33　将"水平移动"代码片断添加到"Actions"层的第 1 帧中

**STEP 12** 在函数"function fl_AnimateHorizontally_2(event:Event)"中添加一段代码，如图 12-34 所示，判断：若瓢虫实例的 x 属性超过舞台窗口的右侧边界（本例舞台大小设置为 550 像素 × 300 像素），则定义瓢虫实例的 x 属性为 0，以便使其从左侧重新进入窗口。

```
26    insect.addEventListener(Event.ENTER_FRAME, fl_AnimateHorizontally_2);
27    function fl_AnimateHorizontally_2(event:Event)
28    {
29        insect.x += 10;
30        if (insect.x > 550)
31        {
32            insect.x = 0;
33        }
34    }
```

图 12-34　用代码控制瓢虫实例的 x 属性

**STEP 13** 重新测试作品，可见瓢虫在动画窗口中持续翻滚移动，循环往复。

### 12.2.3　案例：为翻滚的瓢虫添加淡入淡出效果

在"翻滚的瓢虫"作品基础上，利用代码片断为瓢虫添加淡入淡出、循环往复的效果，如图 12-35 所示。

图 12-35　淡入淡出的瓢虫

**步骤提示**

**STEP 1** 打开素材文件"翻滚的瓢虫 .fla"，另存为"翻滚的瓢虫（淡入淡出）.fla"。

**STEP 2** 在舞台上选中"insect"对象，从【代码片断】窗口的"动画"文件夹中选择"淡入影片剪辑"选项，如图 12-36 所示。

**STEP 3** 利用鼠标右键快捷菜单将其添加到"Actions"层的第 1 帧中，如图 12-37 所示。

**STEP 4** 测试作品，会发现瓢虫只有淡出而没有淡入。这是因为瓢虫对象的透明度设置为 0 后，对象就完全透明，无法观察到了。

图 12-36 选择"淡入影片剪辑"选项

```
35
36
37
   /* 淡入影片剪辑
38
   通过在 ENTER_FRAME 事件中增加元件实例的 Alpha 属性值对其进行淡入，直到它完全显示。
39
   说明：
40
   1. 要更改元件实例的淡入速度，更改以下 0.01 值（数值必须大于 0 且小于或等于 1）。值越高，淡入越快。
41
   2. 由于动画使用 ENTER_FRAME 事件，仅当播放头移动到新帧时动画才进行播放。动画播放速度也受文档帧频率的影响。
   */
42
   insect.addEventListener(Event.ENTER_FRAME, fl_FadeSymbolIn);
43
   insect.alpha = 0;
44
   function fl_FadeSymbolIn(event:Event)
45
   {
46
       insect.alpha += 0.01;
47
       if(insect.alpha > 1)
48
       {
49
           insect.removeEventListener(Event.ENTER_FRAME, fl_FadeSymbolIn);
50
       }
51
   }
```
Actions : 1

图 12-37 将"淡入影片剪辑"代码片断添加到作品中

**STEP 5** 为解决上述问题，需要对代码进行修改，如图 12-38 所示。通过添加一个开关变量，设置透明度 alpha 的值在大于等于 1 后开始持续减小，在小于等于 0 后持续增加。

```
41   */
42   insect.addEventListener(Event.ENTER_FRAME, fl_FadeSymbolOut);
43   insect.alpha = 1;
44   var step:int;
45
46   function fl_FadeSymbolOut(event:Event)
47   {
48       if (insect.alpha >= 1)
49       {
50           step = -1;
51       }
52       if (insect.alpha <= 0)
53       {
54           step = 1;
55       }
56       insect.alpha += step / 100;
57   }
58
```
Actions : 1

图 12-38 对淡入代码进行修改

修改代码说明如下。

- 行 44：定义一个整型变量 step。
- 行 48~51：若对象透明度值大于等于 1，设置变量 step 为负值。
- 行 52~55：若对象透明度值小于等于 0，设置变量 step 为正值。
- 行 56：对象透明度值与 step 进行和运算。因为透明度值是在 0 ~ 1 变化，所以应将 step 除以 100 来实现渐变。

**STEP 6** 再次测试作品，可以看到已经达到题目的设计要求了。

### 12.2.4 自定义代码片断：按键控制运动

对于修改后的代码片断，可以将其保存为一个新的自定义代码片断。当然，也可以将自己设计的动作脚本保存为代码片断。

在下面的作品中，首先应用一个代码片断，用键盘方向键控制瓢虫上下左右运动，如图 12-39 所示；然后修改其代码，实现对象的自动转向，并且当对象位置超出舞台后会从另一侧重新进入；最后将代码保存为一个新的自定义代码片断。

自定义代码片段（1）

自定义代码片段（2）

图 12-39 按键控制瓢虫运动

**STEP ☜1** 新建一个"ActionScript 3.0"文档。

**STEP ☜2** 将素材文件"昆虫 .png"导入到舞台。

**STEP ☜3** 选中该瓢虫图片，打开【代码片断】面板，从"动画"文件夹下选中"用键盘箭头移动"选项，如图 12-40 所示。

**STEP ☜4** 双击该项，则出现一个提示框，如图 12-41 所示。因为只有影片剪辑元件的实例对象才能够应用代码片断，而上面引入的瓢虫图片并没用被创建为元件，所以这里系统会自动将对象转换为元件并创建实例对象。

图 12-40　选中"用键盘箭头移动"选项　　　　　图 12-41　提示要将对象转换为元件并创建实例对象

**STEP ☜5** 单击 确定 按钮，则系统会自动将对象转换为影片剪辑类型的元件并创建实例对象"movieClip_1"，添加一个"Actions"图层，将代码片断添加到动作窗口，如图 12-42 所示。

**STEP ☜6** 现在测试作品，可以看到一个交互式动画已经实现，利用键盘上的方向键能够控制瓢虫上下左右移动。但是只能平移，瓢虫的头部不能朝向运动的方向；而且瓢虫移出画面，就看不到了。

**STEP ☜7** 在代码中，"fl_MoveInDirectionOfKey"函数定义了按键按下后如何变化。修改各按键对应的代码，调整对象旋转角度，判断超出舞台边界该如何处理，如图 12-43 所示。

图 12-42　将代码片断添加到作品中　　　　　　　图 12-43　添加动作脚本

添加代码说明如下。

- 行 24：定义对象向上运动时旋转角度为 0。
- 行 25：判断若对象的 $y$ 坐标小于 0（超出舞台上边界），就让对象的 $y$ 坐标等于舞台高度（舞台的下边界）。
- 行 30：定义对象向下运动时旋转 180°。
- 行 31：设置若对象超出舞台下边界，则从舞台上边界出现。
- 行 36：定义对象向下运动时旋转 270° 。

- 行 37：设置若对象超出舞台左边界，则从舞台右边界出现。
- 行 42：定义对象向下运动时旋转 90°。
- 行 43：设置若对象超出舞台右边界，则从舞台左边界出现。

**STEP 8** 测试动画，可以看到，在用键盘方向键控制瓢虫上下左右运动的时候，瓢虫的头部会自动转向运动的方向；一旦超出舞台一侧就会从另一侧出现。

下面来将这个修改好的代码定义为一个新的代码片断。

**STEP 9** 首先在动作窗口使用鼠标右键菜单，选中全部代码，如图 12-44 所示。

**STEP 10** 在【代码片断】窗口单击 选项按钮，打开其下拉菜单，如图 12-45 所示。

图 12-44 选中全部代码                    图 12-45 打开【选项】下拉菜单

**STEP 11** 选中【创建新代码片断】选项，则出现【创建新代码片断】对话框，输入新代码的标题、简要说明、自动填充其代码，并且选中【应用代码片断时自动替换 instance_name_here】复选项，如图 12-46 所示。

图 12-46 为新代码填写标题与说明等

**要点提示**

如果没有在动作窗口选中全部代码，这里就无法自动填充代码了。

**STEP 12** 单击 确定 按钮，一个新的代码片断创建完成。在【代码片断】窗口的"自定义"文件夹下能够找到该新建的代码片断，其名称即为上面设置的代码片断标题，如图 12-47 所示。

下面来测试一下这个自定义的代码片断。

**STEP 13** 关闭当前动画文件。新建一个文件，然后在舞台上随意创建一个箭头向上的三角形，如图 12-48 所示。

图 12-47　自定义的代码片断

图 12-48　创建一个箭头向上的三角形

**STEP 14** 选择该三角形，对其应用自定义的代码片断。

**STEP 15** 测试动画，可以看到该三角形对象能够按照自定义的功能，利用方向按键来控制运动、自动转向和越界再入，如图 12-49 所示。

图 12-49　三角形对象能够实现自定义的功能

# 12.3　动画预设的应用

　　Flash 中包括一个"动画预设"的功能模块，使用户能够通过最少的步骤来添加动画。"动画预设"是预先配置好的补间动画，可以将它们应用于舞台上的对象，并且可以在应用后根据需要进行修改。

## 12.3.1　什么是动画预设

动画预设

　　Flash 附带的每个动画预设都包括预览，可以在【动画预设】面板中查看，了解其基本的动画效果。选择菜单命令【窗口】/【动画预设】，可以打开【动画预设】面板，如图 12-50 所示。

　　在舞台上选中了某个对象后，再从【动画预设】面板中选择需要使用的预设效果，单击鼠标右键，从快捷菜单中选择【在当前位置应用】命令，就可以对选中的对象应用预设。

　　具体使用时，需要注意以下几个问题。

- 每个对象只能应用一个预设，如果将第二个预设应用于相同的对象，则第二个预设将替换第一个预设。
- 一旦将预设应用于舞台上的对象后，在时间轴中创建的补间就不再与【动画预设】面板有任何关系。

图 12-50　【动画预设】面板

- 每个动画预设都包含特定数量的帧。在应用预设时，在时间轴中创建的补间范围将包含此数量的帧。如果目标对象已应用了不同长度的补间，补间范围将进行调整，以符合动画预设的长度。但在应用预设后，可以根据需要调整时间轴中补间范围的长度。

此外，还可以创建和存储自定义动画预设，以便在未来使用。

### 12.3.2　案例：跳跃的机器人

在下面的作品中，一个机器人从窗口右侧模糊飞入到窗口左上角，然后又向右下角跳跃着离开，如图 12-51 所示。

动画预设的应用

图 12-51　跳跃的机器人

**STEP 1** 新建一个 "ActionScript 3.0" 文档。

**STEP 2** 创建一个 "影片剪辑" 类型的元件，名称为 "元件 1"。

**STEP 3** 在 "元件 1" 中，将素材文件 "机器人 .jpg" 导入到舞台，然后关闭元件的编辑窗口。

**STEP 4** 回到 "场景 1"，将 "元件 1" 拖动到舞台右侧，创建一个元件实例。

**STEP 5** 选择该元件实例，在【动画预设】窗口中展开 "默认预设" 文件夹，选择其中的 "从右边模糊飞入" 选项，单击 应用 按钮，则预设的动画效果被应用在选择的对象上，同时作品的时间轴自动被扩展到 15 帧，如图 12-52 所示。

图 12-52　预设的动画效果被应用在选择的对象上

**STEP 6** 测试作品，可见机器人已经能够用模糊运动的形式从右到左运动了。

**STEP 7** 选择第 15 帧，移动机器人对象到舞台左上角，如图 12-53 所示。

**STEP 8** 为了让画面能够稍作停留，将 "图层 1" 扩展为 40 帧，如图 12-54 所示。

图 12-53 在第 15 帧移动机器人对象到舞台左上角　　　　　图 12-54 将"图层 1"扩展为 40 帧

**STEP 9** 增加一个图层"图层 2",在其第 40 帧添加一个关键帧,并将"元件 1"拖入舞台创建一个实例,与舞台左上角对齐,如图 12-55 所示。

图 12-55 增加"图层 2"并添加元件

**STEP 10** 选中"图层 2"的元件实例,在【动画预设】窗口中展开【默认预设】文件夹,选择其中的"3D 弹出"选项,单击 应用 按钮,则预设的动画效果被应用在选择的对象上,如图 12-56 所示。

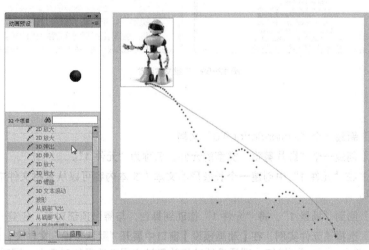

图 12-56 应用"3D 弹出"效果

**STEP 11** 可见,这次作品的时间轴再次被自动扩展,如图 12-57 所示。

图 12-57 时间轴再次被自动扩展

**要点提示**

如果直接在"图层1"的对象上应用第二个动画预设，就会出现一个提醒对话框，说明新的应用将替换前面的动画预设，如图12-58所示。

图 12-58 提醒对话框

**STEP 12** 再次测试作品，可见已经完全达到设计要求了。

### 12.3.3 动画预设：三维文本滚动

在下面的作品中，一段文字从窗口下方以三维角度向上滚动；稍微停留后，慢慢淡出画面，如图12-59所示。

图 12-59 三维文本滚动

**步骤提示**

**STEP 1** 新建一个"ActionScript 3.0"文档。

**STEP 2** 创建一个"影片剪辑"类型的元件，名称为"元件1"。

**STEP 3** 在"元件1"中创建一个长条形的文本（文本内容可以从素材文件中获取），然后关闭元件的编辑窗口。

**STEP 4** 回到"场景1"，将"元件1"拖动到舞台，与舞台顶部对齐，创建一个元件实例。

**STEP 5** 选择该元件实例，在【动画预设】窗口中展开"默认预设"文件夹，选择其中的"3D文本滚动"选项，单击 应用 按钮，则预设的动画效果被应用在选择的对象上，同时作品的时间轴自动被扩展到40帧，如图12-60所示。

**STEP 6** 测试作品，可见文本已经能够向上做三维运动了，但是在文本的位置、停留时间、淡出等要求上还存在问题。

**STEP 7** 选择第40帧，然后向上拖动文本对象，使其与舞台下边缘对齐，如图12-61所示。

图 12-60　预设的动画效果被应用在选择的对象上

图 12-61　在第 40 帧调整对象位置

STEP 8　在第 60 帧、80 帧分别插入关键帧，如图 12-62 所示。

图 12-62　插入关键帧

STEP 9　在第 60 帧选择文本对象，在其【属性】面板中设置【色彩效果】的【样式】选项为【Alpha】，值为"100"（不透明），如图 12-63 所示。由于系统默认对象为不透明，这样，从第 40 帧到第 60 帧，文本对象没有任何变化，呈现暂停效果。

STEP 10　在第 80 帧选择文本对象，在其【属性】面板中设置【Alpha】值为"0"，如图 12-64 所示。这样，从第 60 帧到第 80 帧，文本对象逐渐淡出。

图 12-63　第 60 帧文本对象的 Alpha 属性　　　　　　　　图 12-64　第 80 帧文本对象的 Alpha 属性

**STEP 11** 测试作品，这时的效果就能够达到题目的要求了。

### 12.3.4 自定义动画预设

用户可以将自己设计的动画片断保存为一个新的自定义动画预设。

下面的作品首先设计一个简单的动画片断，然后将其保存为自定义动画预设，最后在一个新作品中运用该动画预设。

自定义动画预设

**STEP 1** 新建一个"ActionScript 3.0"文档。

**STEP 2** 创建一个"影片剪辑"类型的元件，名称为"元件2"，在其舞台上绘制一个灰色圆球，如图 12-65 所示。

**STEP 3** 在"场景1"中，将新建的元件"元件2"拖入舞台，创建一个30帧的补间动画，让圆球从舞台左上角移动到右下角，如图 12-66 所示。

图 12-65　绘制一个灰色圆球

图 12-66　创建一个30帧的补间动画

**要点提示**

必须使用【创建补间动画】命令，而不能使用【创建传统补间】命令，否则无法转化为动画预设。

**STEP 4** 选择第30帧，调整圆球的位置，修改其大小、透明度等，如图 12-67 所示。

图 12-67　调整圆球在第30帧的位置、大小、透明度

**STEP 5** 修改圆球运动路径，如图 12-68 所示。

**STEP 6** 现在测试动画，可见圆球在运动中逐渐变小变淡。

下面来将这个动画片断定义为一个新的动画预设。

**STEP 7** 在动画片断的时间轴上单击鼠标右键，从弹出的快捷菜单中选择【另存为动画预设】命令，弹出【将预设另存为】对话框，如图 12-69 所示。

图 12-68　修改圆球运动路径

图 12-69　【将预设另存为】对话框

**STEP 08** 在对话框中输入自定义预设的名称，确定后，该预设会出现在【动画预设】面板的"自定义预设"文件夹下，如图 12-70 所示。

但是这时会发现，无法看到自定义预设的预览效果，这是因为，Flash 将预设保存为 XML 文件。如何解决这个问题呢？这些文件存储在目录"C:\Users\< 用户 >\AppData\Local\Adobe\Flash CS6\zh_CN\Configuration\Motion Presets"中，如图 12-71 所示。

图 12-70　预设会出现在"自定义预设"文件夹下

图 12-71　自定义动画预设保存的位置

动画预设需要有 swf 格式的文件，才能够看到预览。可见，该位置没有自定义预设的 swf 文件。所以，要将自定义预设的动画导出成 swf 文件，取相同的名字，也放到这个目录中，就可以看到预览了。

**STEP 09** 将当前动画导出为"运动对象变小变淡 .swf"文件，保存到自定义预设的文件夹下，则在【动画预设】面板中就能够看到该自定义预设的动画效果，如图 12-72 所示。

图 12-72　预览自定义预设的动画效果

下面来应用这个自定义的动画预设。

**STEP 10** 新建一个文件。

**STEP 11** 创建一个元件，导入素材文件"snowman.jpg"到舞台中。

**STEP 12** 将元件拖入动画的舞台上，选中该元件，然后应用【动画预设】/【自定义预设】

中的【运动对象变小变淡】选项，则滑雪图片自动具有了自定义的动画效果，如图 12-73 所示。

图 12-73　应用自定义的动画预设

# 12.4 综合案例——综合素质测试

创建如图 12-74 所示的动画作品，在最左边显示的界面中选择所要进行的测试类型，然后自动跳转到相应的画面，进行各种素质的测试。

综合应用（1）

综合应用（2）

图 12-74　综合素质测试

## 步骤提示

**STEP 1** 新建一个 Flash 文档，将素材文件"美图 .jpg"和"国画 .jpg"导入到【库】中。

**STEP 2** 将"美图 .jpg"拖入舞台作为背景。

**STEP 3** 选择第 3 帧按 F5 键，将动画时间轴扩展到 3 帧。

**STEP 4** 增加"图层 2"，在其第 1 帧的舞台上，使用文本工具创建两个静态文本框，分别输入"题类选择："和"答案："，设置字体，并调整其位置。

## 要点提示

不要把"综合素质测试"这个内容创建在这里。

**STEP 5** 从【组件】面板中拖动 ComboBox 组件和 TextInput 组件到舞台上，分别为对象命名，如图 12-75 所示。

图 12-75　"图层 2"第 1 帧中的对象

**STEP 6** 选择舞台上的 ComboBox 组件实例，打开【组件参数】卷展栏，单击【dataProvider】参数的数值栏，打开对应的【值】对话框，设置名称与值，如图 12-76 所示。

**STEP 7** 在【prompt】参数中输入"请选择"，如图 12-77 所示。

图 12-76　ComboBox 组件的【值】对话框　　　　　　　　　　图 12-77　设置参数

**STEP 8** 增加"图层 3"，在其第 1 帧创建 1 个静态文本框，输入标题文字"综合素质测试"，设置字体，并调整其位置。

**STEP 9** 在其第 2 帧按 F6 键，增加一个关键帧。

**STEP 10** 绘制一个静态文本框，输入问题内容，然后拖动两个"RadioButton"组件到舞台上，并修改组件参数，如图 12-78 所示。

**STEP 11** 新建一个"影片剪辑"元件"image"，在【创建新元件】对话框中选择【为 ActionScript 导出 (X)】复选项，如图 12-79 所示。

图 12-78　"图层 3"第 2 帧中的对象　　　　　　　　　　图 12-79　设置链接

**STEP 12** 单击 确定 按钮后会出现一个警告窗口，继续单击 确定 按钮即可进入元件 image 的制作窗口。

**STEP 13** 从【库】中将"国画 .jpg"拖放到舞台，其左上角与舞台中心对齐，如图 12-80 所示。

**STEP 14** 返回"场景 1"中，在"图层 3"第 3 帧按 F6 键，增加一个关键帧。

**STEP 15** 用文本工具创建静态文本框，输入说明文字。

**STEP 16** 拖动"ScrollPane"组件和两个"RadioButton"组件到舞台上，设置组件对象的相关参数，如图 12-81 所示。

图 12-80　创建 "image" 元件 　　　　　　　　　　图 12-81　"图层 3" 第 3 帧中的对象

**STEP 17** 选择 ScrollPane 组件实例，打开【组件参数】卷展栏，设置其【source】参数为 "image"，如图 12-82 所示，以此建立与元件 image 的链接。

**STEP 18** 增加 "图层 4"，并选择其第 1 帧，在【动作】面板中输入如图 12-83 所示的脚本。

图 12-82　设置参数 　　　　　　　　　　　　　图 12-83　图层 4 第 1 帧的动作脚本

代码说明如下。

- 行 1：停在开始界面，以便进行选择。
- 行 2：创建函数 "changeHandler"。
- 行 3：把答案对应的文本框清空。
- 行 4～行 8：判断如果对象 sel 事件目标的标签是 "地理"，就跳转到第 2 帧；否则如果事件目标的标签是 "绘画"，就跳转到第 3 帧。
- 行 10：为 ComboBox 组件实例对象 sel 定义一个侦听器函数 "changeHandler"，一旦实例对象发生变化（用户选择了不同的选项），就调用函数。

**STEP 19** 选择第 2 帧按 F7 键，增加一个空白关键帧，在【动作】面板中输入如图 12-84 所示的动作脚本。

```
function changea(evt:MouseEvent){
    if (evt.target.label == "是"){
        answer.text = "正确";
    }
    if (evt.target.label == "否"){
        answer.text = "错误";
    }
}
rb1.addEventListener(MouseEvent.CLICK, changea);
rb2.addEventListener(MouseEvent.CLICK, changea);
```

图 12-84　图层 4 第 2 帧的动作脚本

这段动作脚本和前面的类似，其中为事件对象指定了相应的类名称"MouseEvent"，也就是鼠标事件，最后调用"addEventListener()"将侦听器函数注册到两个组件实例。

**STEP 20** 选择第 3 帧按 F7 键，增加一个空白关键帧，然后在【动作】面板中输入如图12-85 所示的动作脚本。

图 12-85　图层 4 第 3 帧的动作脚本

**STEP 21** 选择菜单命令【控制】／【测试影片】／【测试】来测试作品，就可以从组合框的下拉列表中选择相应的题目进行测试。

# 12.5 课后习题

### 1. 填空题

（1）Flash CS6 为用户提供了_____、_____和_____等工具，使程序设计与软件界面设计分离，提高代码的可复用性。

（2）组件是_____的影片剪辑，其中所带的预定义参数由用户在创作时进行设置。

（3）每个组件有一组独特的动作脚本方法、属性和事件，称为_____。

（4）代码片断是指按照 ActionScript 3.0 语法规范编制、能够实现若干常见_____功能的程序代码段。

（5）每个_____都附带简要说明。

（6）代码片断都是 ActionScript 3.0 标准，与 ActionScript 2.0_____。

（7）在应用代码片断时，Flash 会自动将形状转为_____元件，并指定_____。

（8）当应用代码片断时，代码将添加到时间轴中"_____"图层。

（9）"动画预设"是预先配置好的_____，可以将它们应用于舞台上的对象。

（10）每个对象可以应用多个_____，但是只能应用一个_____。

### 2. 操作题

（1）利用组件制作如图 12-86 所示的选择判断题，选择答案后单击 [ 确定 ] 按钮，能够给出正误判断。

（2）使用 List 组件创建一个色彩选择列表，选择某个色彩后，动画就能够用该色彩绘制一个矩形框，并在下面提示选择的内容，如图 12-87 所示。

图 12-86　选择判断

图 12-87　选色画图

（3）使用 TextArea 组件创建两个输入文本框，其中 A 框中的内容只能输入字母，不能输入数字，而且 A 框的变化会实时复制到 B 框；B 框的内容变化不会对 A 框产生影响，动画效果如图 12-88 所示。

图 12-88　文本复制

（4）单击下拉列表，从其中选择一个栏目，则内容出现在下面的 TextArea 组件中；可以改变文字的颜色、大小等，动画效果如图 12-89 所示。

图 12-89　动态问候

（5）利用代码片断设计一个可以用按键控制运动的瓢虫。按下上下左右按键，瓢虫能够沿着按键方向运动，同时其头部也会转到运动方向上来，作品效果如图 12-90 所示。

图 12-90　按键控制运动的瓢虫

Chapter

# 13

## 第13章
## 音视频在作品中的应用

声音可以使作品变得不再单调，选择优美的声音可以深化作品内涵。在许多人心目中，动画是与精巧的画面、优美的音乐联系在一起的，当然，如果能够将动态的视频引入动画，那就更令人兴奋了。Flash CS6具有良好的音频功能，能够直接引用多种格式的声音文件；对于视频，一般需要经过编码转换，将其生成为Flash专用的FLV格式，然后通过组件等进行调用。

### 学习目标

- 了解音视频基础知识。
- 掌握视频转换的方法。
- 掌握声音、视频的调用方法。
- 掌握使用脚本对音视频进行控制的方法。

# 13.1 音视频基础知识

在开始使用音视频素材资源之前，了解一些相关的专业知识是很有必要的。我们在 Flash 中使用的音视频是指已经采集加工好的数字文件，其中涉及的数模转换、采样率、码率、压缩率等专业概念不是本书讨论的范畴，有兴趣的读者可以找相关书籍阅读。

## 13.1.1 音频基础知识

声音是一种连续的模拟信号——声波，它有两个基本的参数：频率和幅度。根据声波的频率不同，将其划分成声波（20Hz ~ 20kHz）、次声波（低于 20Hz）、超声波（高于 20kHz）。通常人们说话的声波频率范围是 300 ~ 3000Hz，音乐的频率范围可达到 10Hz ~ 20kHz。

声音的质量与音频的频率范围有关，可以分为以下几个质量等级。

- 电话语音：频率范围为 200Hz ~ 3.4kHz。
- 调幅广播，简称 AM（Amplitude Modulation）广播：频率范围为 50Hz ~ 7kHz。
- 调频广播，简称 FM（Frequency Modulation）广播：频率范围为 20Hz ~ 15kHz。
- 数字激光唱盘，简称 CD-DA（Compact Disk-Digital Audio）：频率范围为 10Hz ~ 20kHz。

音视频的应用

从频率范围可见，数字激光唱盘的声音质量最高，电话的语音质量最低。

一般来说，音频的音质越高，文件数据量越大，MP3 声音数据经过了压缩，比 WAV 或 AIFF 声音数据量小。通常，当使用 WAV 或 AIFF 文件时，最好使用 16bit、22kHz 单声道，但是 Flash CS6 只能导入采样率为 11kHz、22kHz 或 44kHz，8bit 或 16bit 的声音。在导出时，Flash CS6 会把声音转换成采样比率较低的声音。

## 13.1.2 视频基础知识

视频是连续快速地显示在屏幕上的一系列图像，可以提供连续的运动效果。每秒出现的帧数称为帧速率，是以每秒帧数（fps）为单位度量的。帧速率越高，每秒用来显示系列图像的帧数就越多，从而使得运动更加流畅。但是帧速率越高，文件将越大。要减小文件大小，请降低帧速率或比特率。如果降低比特率，而将帧速率保持不变，图像品质将会降低。如果降低帧速率，而将比特率保持不变，视频运动的连贯性可能会达不到要求。

以数字格式录制视频和音频涉及文件大小与比特率之间的平衡问题。大多数格式在使用压缩功能时，通过选择性地降低品质来减少文件大小和比特率。压缩的本质是减小影片的大小，从而便于人们高效存储、传输和回放它们。如果不压缩，一帧的标清视频将占用接近 1MB（兆字节）的存储容量。当 NTSC 帧速率约为 30 帧 / 秒时，未压缩的视频将以约 30Mbit/s 的速率播放，35 秒的视频将占用约 1GB 的存储容量。与之相比，以 DV 格式压缩的 NTSC 文件可将 5 分钟的视频压缩至 1GB 容量，并以约 3.6Mbit/s 的速率播放。

有两种压缩类型可应用于数字媒体：空间压缩和时间压缩。空间压缩将应用于单帧数据，与周围帧无关。空间压缩可以是没有损失（不会丢弃图像的任何数据），也可以是有损失（选择性地丢弃数据），空间压缩帧通常称为帧内压缩。

时间压缩会识别帧与帧之间的差异，并且仅存储差异，因此所有帧将根据其与前一帧相比的差异来进行描述。不变的区域将重复前一帧。时间压缩帧通常称为帧间压缩。

## 13.1.3 视频的转换

虽然有很多种视频格式，但是一般情况下，Flash 并不能直接使用，而是需要将视频文件进行转换，这个转换工具就是 Flash CS6 配套提供的 Adobe Media Encoder CS6，如图 13-1 所示。

视频的转换

单击 与源属性匹配（高质量）选项，会出现【导出设置】对话框，如果 13-2 所示，对输出文件的各项参数有详细的设置。实际使用时一般不需要修改。

图 13-1　Media Encoder 工具

图 13-2　输出文件的各项参数

默认情况下，Adobe Media Encoder CS6 会将视频编码为 F4V 格式，这种格式适合于 Flash Player 9.0 以上版本；也可以选择将视频编码 FLV 格式，以便适用于 Flash Player 8 以下的播放器版本，如图 13-3 所示。

Media Encoder 工具的使用比较简单，这里不再赘述。

图 13-3　选择输出文件格式

## 13.2　在作品中添加声音

一个动画作品，画面精美与否是一个方面，一段好的音乐能让整个作品增色不少。那么 Flash 如何插入音乐或音效呢？下面通过几个案例来说明具体应用方法。

### 13.2.1　为作品配乐

为 11.2.1 小节中设计的作品"飞翔的小鸟"添加音乐，以增强作品的艺术感染力。

为作品配乐

**STEP 1** 打开素材文件"飞翔的小鸟 .fla"，将其另存为"飞翔的小鸟（音乐）.fla"。

**STEP 2** 选择菜单命令【文件】/【导入】/【导入到库】，导入素材文件"钢琴曲 .mp3"到当前库中。

**STEP 3** 在【时间轴】面板中选择【背景】层第 1 帧，在其【属性】面板中单击【声音】区中的【名称】下拉列表，选择【钢琴曲 .mp3】音频对象，如图 13-4 所示。

**STEP 4** 这时，在【时间轴】面板中可以看到一个声波曲线充满了全部动画帧，如图 13-5 所示，也就是说在这个动画过程中声音会始终播放的。

图 13-4　选择音频对象

图 13-5　声波曲线充满了全部动画帧

STEP **5** 测试影片，就可以在动画播放时听到柔美的音乐了。

在声音属性部分还有其他一些参数，这些参数用于设置不同的音频变化效果，如图 13-6 所示。

单击【效果】下拉列表后面的 ✏ 按钮，打开【编辑封套】对话框，如图 13-7 所示，利用该对话框可以对音频的表现效果进行编辑调整。

图 13-6 【效果】下拉列表

图 13-7 对音频的表现效果进行编辑调整

【同步】下拉列表中的各选项用于设置不同声音的播放形式，如图 13-8 所示。

- 【事件】：这是软件默认的选项，此项的控制播放方式是当动画运行到导入声音的帧时，声音将被打开，并且不受时间轴的限制继续播放，直到单个声音播放完毕，或是按照用户在【循环】中设定的循环播放次数反复播放。

图 13-8 【同步】下拉列表

- 【开始】：是用于声音开始位置的开关。当动画运动到该声音导入帧时，声音开始播放，但在播放过程中如果再次遇到导入同一声音的帧时，将继续播放该声音，而不播放再次导入的声音。【事件】项却可以两个声音同时播放。
- 【停止】：用于结束声音的播放。
- 【数据流】：可以根据动画播放的周期控制声音的播放，即当动画开始时导入并播放声音，当动画结束时声音也随之终止。

### 13.2.2 声音的播放控制

上一小节的案例直接将视频引入作品中播放，但是无法对声音进行控制，这个问题利用 ActionScript 能够方便地解决。下面继续在上面的案例中利用按钮来控制声音的播放。

STEP **1** 将上例文件另存为"飞鸟翩翩（音乐控制）.fla"。

声音的播放控制

STEP **2** 在【库】面板中选择音乐文件"钢琴曲 .mp3"，单击鼠标右键，从弹出的快捷菜单中选择【属性】命令，会弹出【声音属性】对话框，如图 13-9 所示，其中给出了当前音乐文件的基本信息。

STEP **3** 打开【ActionScript】选项卡，选中【为 ActionScript 导出 (X)】复选项，并在【类】字段中输入一个名称，以便在 ActionScript 中引用此嵌入的声音时使用。默认情况下，它将使用此字段中声音文件的名称，但是不能使用中文和句号。这里定义类的名称为"mymusic"，如图 13-10 所示。

图 13-9　输入类的名称

图 13-10　定义类的名称

**STEP 4** 单击 确定 按钮，会出现一个类警告对话框，说明无法在类路径中找到该类的定义，如图 13-11 所示。

**STEP 5** 单击 确定 按钮，则系统自动生成一个新类，该类是从 flash.media.Sound 继承而来的，具有其各种属性。

**STEP 6** 选择"背景"层的第 1 帧，在【属性】面板中设置【声音】为【无】。

**STEP 7** 打开【动作】面板，在原有代码的基础上输入新的脚本代码，以控制声音的播放，如图 13-12 所示。

图 13-11　警告对话框

图 13-12　输入新的代码

主要代码说明如下。

- 行 1：定义 mymusic 类的一个实例 snd。
- 行 2：定义一个整型变量，用于记录音乐的播放位置。
- 行 3：创建一个声道对象，用于声音对象的控制。
- 行 8：让 snd 从当前停止位置开始播放。
- 行 15：记录声音对象当前的播放位置。
- 行 16：让 snd 停止播放。

**STEP 8** 选择最后 1 帧，插入关键帧，在【动作】面板中输入代码，如图 13-13 所示，停止声音对象的播放。这样做的目的是为了防止在动画反复播放的情况下，音乐也重叠播放。

图 13-13　停止声音对象的播放

**STEP 9** 测试作品，可以使用播放与停止按钮来控制动画和声音，并且能够防止声音的重叠播放。

### 13.2.3 变换音乐

很多时候，用户需要对作品中的音乐文件进行改变。利用 ActionScript 可以方便地实现这种要求，单击不同的选择按钮，就会播放不同的乐曲，如图 13-14 所示。

声音的变换

图 13-14　变换音乐

**STEP 1** 新建一个 Flash 文档。

**STEP 2** 在第 1 帧的舞台中导入素材文件"变换音乐_背景.jpg"作为背景，再用【文本】工具创建静态文本"变换音乐"。

**STEP 3** 从【组件】面板中拖动 RadioButton 组件到舞台，创建两个实例对象，并分别设置其名称和标签内容，如图 13-15 所示。

图 13-15　创建两个 RadioButton 组件实例对象

**STEP 4** 选择第 1 帧，打开动作面板，输入图 13-16 所示的代码。

```
1  import flash.events.Event;
2  import flash.media.Sound;
3  import flash.net.URLRequest;
4  var check:int =0;
5  var channel1:SoundChannel;
6  var channel2:SoundChannel;
7  btn1.addEventListener(MouseEvent.CLICK, b1Click);
8  function b1Click(event:MouseEvent):void
9  {
10     if(check==2) {channel2.stop();}
11     var snd1:Sound = new Sound();
12     var req1:URLRequest=new URLRequest("素材/汉宫秋月.mp3");
13     snd1.load(req1);
14     channel1 = snd1.play();
15     check=1;
16 }
17 btn2.addEventListener(MouseEvent.CLICK, b2Click);
18 function b2Click(event:MouseEvent):void
19 {
20     if(check==1) {channel1.stop();}
21     var snd2:Sound = new Sound();
22     var req1:URLRequest=new URLRequest("素材/渔舟唱晚.mp3");
23     snd2.load(req1);
24     channel2 = snd2.play();
25     check=2;
26 }
```

图 13-16　添加脚本代码

主要代码说明如下。

- 行 1~ 行 3：导入事件类、声音类和地址请求类。
- 行 4：定义标志变量，初始值为 0。
- 行 5、行 6：定义两个声道变量，每个声音对象都需要一个声道变量。

- 行 7：侦听鼠标单击事件。
- 行 10：如果变量等于 2，则停止声道 2 上的声音播放。
- 行 11：定义一个声音类对象。
- 行 12：定义一个声音请求类对象，并赋值为某音乐文件。
- 行 13：为声音对象载入 req1 指定的声音文件。
- 行 14：声音对象开始播放，并与声道对象关联。
- 行 15：设置标志变量的值。

**STEP 5** 测试作品。可以用按钮来选择播放"汉宫秋月"或"渔舟唱晚"两首不同的音乐。

### 13.2.4 为按钮添加音效

为按钮元件添加音效，也是作品设计中的常见应用。当鼠标光标经过按钮时，会出现一个音效；按钮被按下，会发出另外一个音效。

为按钮添加音效

## 步骤提示

**STEP 1** 新建一个 Flash 文档，设置舞台颜色为浅黄色。

**STEP 2** 将素材文件"button-over.wav"和"button-click.wav"导入【库】中。

**STEP 3** 选择菜单命令【窗口】/【公用库】/【Buttons】，打开按钮库。

**STEP 4** 从按钮库中选择某个按钮元件，例如"bar blue"，将其拖到当前舞台中，并适当放大，如图 13-17 所示。

**STEP 5** 双击舞台上的按钮元件，进入元件的编辑状态。

**STEP 6** 添加一个新层，命名为"音效"，并在按钮各个状态帧都添加空白关键帧，如图 13-18 所示。

图 13-17 将按钮元件拖入舞台

图 13-18 添加一个新层"音效"

**STEP 7** 选择【指针…】帧（该帧实际为"指针经过"），在【属性】面板中选择一个声音文件"button-over.wav"；再为【点击】帧选择一个声音文件"button-click.wav"，如图 13-19 所示。

图 13-19 导入音频

**STEP 8** 测试影片，在舞台中单击按钮，就可以听到在指针经过按钮和按下按钮时会发出不同的声音效果。

但是别急，仔细听听，你会发现一个问题：在按下按钮时，会同时出现两个声音重叠。也就是说，本来希望鼠标光标经过按钮时，会发出声音 A；按下按钮时，会发出声音 B，但是现在按下按钮时，会发出声音 A+B。

即使取消【点击】帧的声音，而把声音 B 放在【按下】帧，问题依旧。

怎么解决呢？其实也很简单，就是利用【按下】帧来停止【指针经过】帧的声音。

**STEP 9** 选择【按下】帧，在【属性】面板中选择声音文件"button-over.wav"，然后在【同步】下拉列表中选择【停止】，如图 13-20 所示。这样设置后，重新测试作品，就会发现按下按钮时，声音不会重叠了。

图 13-20　利用【按下】帧停止【指针经过】帧的声音

# 13.3　在动画中使用视频

随着网络带宽的发展，人们对网络视频的需要也日益高涨。借助 Flash 视频技术，设计师能够将很多动态影像嵌入到网站中播放，满足了人们的这种需求。转化为 FLV 格式的视频，能够方便地在 Flash 中应用。下面通过几个案例，说明如何在 Flash 中使用和控制视频播放。

## 13.3.1　视频的直接播放

下面的案例将视频文件导入作品中，并使其能够在舞台上运动和缩放，如图 13-21 所示。

视频的应用

图 13-21　视频应用

**STEP 1** 新建一个 Flash 文档。

**STEP 2** 在"图层 1"的第 1 帧舞台中导入素材文件"视频应用_背景.jpg"作为动画背景。

**STEP 3** 在第 60 帧处按F5键，将作品长度扩展为 60 帧。

**STEP 4** 选择菜单命令【文件】/【导入】/【导入到库】，导入素材文件"BMED.flv"，弹出【导入视频】对话框，如图 13-22 所示。

**STEP 5** 选择【在 SWF 中嵌入 FLV 并在时间轴中播放】单选项，单击下一步>按钮，进入【嵌入】页面，如图 13-23 所示。

图 13-22 【导入视频】对话框　　　　　　　　图 13-23 【嵌入】页面

**STEP 6** 这里基本不需要进行任何设置，直接单击下一步>按钮，出现【完成视频导入】页面，这里显示了前面设置的简单信息。

**STEP 7** 单击完成按钮，出现一个视频导入进度条。很快，该视频就被导入到【库】面板中，如图 13-24 所示。

**STEP 8** 创建一个"视频剪辑"类型的视频元件"元件 1"，然后将【库】中的视频文件拖入"元件 1"的舞台上，这时，会出现一个信息提示框，如图 13-25 所示，说明时间轴需要扩展。

图 13-24 视频被导入【库】面板中　　　　　　　图 13-25 信息提示框

**STEP 9** 单击是按钮，则该视频文件被导入"元件 1"的舞台上，同时，时间轴也扩展到足够容纳视频内容的帧数，如图 13-26 所示。

**STEP 10** 回到"场景 1"，增加一个新的"图层 2"。

**STEP 11** 选择"图层 2"的第 1 帧，然后从【库】面板中把"元件 1"拖入舞台中。现在已经可以测试并观看视频了，也可以像对待普通元件一样，对视频画面进行移动、旋转和缩放。

图 13-26 视频文件被导入元件

**STEP 12** 选择第 1 帧，单击鼠标右键，从弹出的快捷菜单中选择【创建补间动画】命令，创建一个 60 帧的补间动画，如图 13-27 所示。

图 13-27 创建补间动画

**STEP 13** 在第 20、40、60 帧分别插入关键帧，然后将视频对象拖到舞台的不同位置，使对象从左到右再到舞台中央运动，并适当设置对象的大小、旋转等属性，如图 13-28 所示。

图 13-28 在第 20、40、60 帧分别插入关键帧

**要点提示**

由于视频的长度远大于 60 帧，为防止动画到达第 60 帧后返回第 1 帧重新播放，必须使动画在第 60 帧停止，但是补间动画层无法添加动作脚本。

**STEP 14** 选择"图层 1"，在其第 60 帧插入一个关键帧，在【动作】面板中输入代码，如图 13-29 所示。其目的是使当前主时间轴动画停止，但是不影响视频元件对象的播放。

图 13-29 使当前主时间轴动画停止

**STEP 15** 测试作品，可以看到视频在旋转、运动中播放，最后定格在舞台中央，整个作品画面非常富有动感。

### 13.3.2 使用视频组件播放视频

除了将视频直接导入到时间轴外，还可以利用组件来播放视频。

**STEP 1** 新建一个 Flash 文档，导入素材文件"组件播放视频_背景.jpg"作为动画背景。

**STEP 2** 选择菜单命令【文件】/【导入】/【导入到舞台】，导入素材文件"BMED.flv"，弹出【导入视频】对话框。

**STEP 3** 选择【使用播放组件加载外部视频】单选项。

使用视频组件
播放视频

**STEP 4** 单击 下一步> 按钮，进入【设定外观】页面，如图 13-30 所示，要求用户选择播放器的外观，主要是播放器控制条的样式。在【外观】下拉列表中给出了很多种播放控件的外观形式，颜色也可以设置。

图 13-30　要求用户选择播放器的外观

STEP 5　选择一种外观样式后，单击 下一步> 按钮，出现【完成视频导入】页面。

STEP 6　单击 完成 按钮，出现一个视频导入进度条。很快，舞台上出现了一个视频窗口。在【库】面板中也可以看到，这是一个 FLVPlayback 视频组件，如图 13-31 所示。

图 13-31　视频组件

STEP 7　测试作品。可以方便地用播放控制条来控制视频的播放、暂停、静音，拖动游标还能够改变播放进度位置，如图 13-32 所示。

STEP 8　在【组件检查器】面板中还可以对视频组件进行一些参数设置，例如，定义控制条自动隐藏等，改变其透明度、颜色等，如图 13-33 所示。

图 13-32　控制视频的播放　　　　　　　　　　　　　　图 13-33　对视频组件进行参数设置

### 13.3.3 作品播放时更换视频

通过对视频组件的属性修改，可以方便地更换视频文件。下面这个案例就是在作品播放时，单击不同的按钮，播放不同的视频，如图 13-34 所示。

更换视频文件

图 13-34　更换视频文件

**STEP 1** 新建一个 Flash 文档。

**STEP 2** 从【组件】面板中分别拖动 FLVPlayback 组件和两个 Button 组件到舞台上，并分别设置其实例名称、标签内容，如图 13-35 所示。

图 13-35　设置组件属性

**STEP 3** 选择第 1 帧，打开动作面板，输入如图 13-36 所示的代码。通过对组件的"source"参数的设置，来修改组件播放的视频。

```
1  btn1.addEventListener(MouseEvent.CLICK, b1Click);
2  function b1Click(event:MouseEvent):void
3  {
4      myPlayer.source="BMED.flv";
5  }
6  btn2.addEventListener(MouseEvent.CLICK, b2Click);
7  function b2Click(event:MouseEvent):void
8  {
9      myPlayer.source="SURVIVAL.flv";
10  }
11
```

图 13-36　修改组件的"source"参数

**STEP 4** 测试作品，单击不同的按钮，就能够播放不同的视频。

 **要点提示**

要确保这两个视频文件与当前动画文件在同一个文件夹下，否则会找不到视频文件，导致操作没有反应。

# 13.4 综合案例

下面通过两个案例，来说明如何对音频、视频进行更加灵活的控制和操作。

## 13.4.1 音量控制

使用 Slider 组件调节当前播放声音的音量，效果如图 13-37 所示。

音量控制

图 13-37　音量控制

STEP ﹃1 新建一个 Flash 文件，导入素材文件"音量控制 _ 背景 .jpg"作为动画背景。

STEP ﹃2 用文本工具绘制一个动态文本框，设置文本框名称为"info"，如图 13-38 所示。

图 13-38　动态文本框

STEP ﹃3 从【组件】面板中拖动 Slider 组件到舞台，设置其属性、参数，如图 13-39 所示。

图 13-39　设置"Slider"组件的参数

STEP ﹃4 选择第 1 帧，打开动作面板，输入如图 13-40 所示的动作脚本。

```
1  import flash.events.Event;
2  import flash.media.Sound;
3  import flash.media.SoundChannel;
4  import flash.net.URLRequest;
5
6  var snd:Sound = new Sound();
7  var req:URLRequest=new URLRequest("素材/钢琴曲.mp3");
8  snd.load(req);
9  var trans:SoundTransform;
10
11 trans=new SoundTransform(0.5,0);
12 var channel:SoundChannel=snd.play(0,1,trans);
13
14 mSlider.addEventListener(Event.CHANGE, onChange);
15 function onChange(evt:Event):void {
16     trans.volume=evt.target.value;
17     channel.soundTransform=trans;
18     info.text="当前音量= "+trans.volume*100+"%";
19 }
```

图层 1 : 1

图 13-40　输入动作脚本

主要代码说明如下。

- 行 1~ 行 4：导入事件类、声音类、声道类、地址请求类。
- 行 6：创建一个声音对象。
- 行 7：获得乐曲名称。
- 行 8：载入乐曲。
- 行 9：定义一个声音变形类对象。
- 行 11：创建对象，其音量属性为 50%，左右声道均衡。
- 行 12：创建声道对象，并播放声音。
- 行 14：检测游标变化事件。
- 行 16：trans 对象的值等于标尺的值。
- 行 17：按照 trans 对象的设置对声道对象进行变化。
- 行 18：在文本框中输出音量值。

**STEP 5** 测试作品，可见随着游标位置的变化，乐曲的音量也不断发生变化。

### 13.4.2 为视频添加水印

在很多视频节目中都可以看到一些透明的水印，如台标、标题、字幕等。利用 Flash CS6 的视频组件就能够方便地为视频添加上自己的水印，如图 13-41 所示。

为视频添加水印

图 13-41 视频水印

步骤提示

**STEP 1** 新建一个 Flash 文件，导入素材文件"视频水印_背景.jpg"作为动画背景。

**STEP 2** 从【组件】面板中将"Video"文件夹下的"FLVPlayback 2.5"组件拖到舞台上。

**STEP 3** 选择舞台上的该组件，打开【属性】面板，其中【source】参数定义了组件要播放的视频文件；修改该参数，指定播放的视频文件，如图 13-42 所示。

图 13-42 指定组件要播放的视频文件

**STEP 4** 创建一个"影片剪辑"类型的元件，在其舞台上输入文本"天天课堂"，适当设置字体、大小、色彩等，然后将文字完全分离，如图 13-43 所示。

图 13-43　创建水印标志

**STEP 5** 回到【场景 1】，将水印元件拖入舞台，放置在视频组件的右下角；在【属性】面板中设置其【样式】为【Alpha】，数值为"50%"，如图 13-44 所示。

图 13-44　将水印元件拖入舞台并设置其透明度

**STEP 6** 测试作品，就可以在视频画面上看到用户定义的水印了。

# 13.5 课后习题

### 1. 填空题

（1）声音是一种连续的_____信号。

（2）声波有_____和_____两个基本的参数。

（3）根据声波的频率不同，将其划分成_____、_____、_____。

（4）通常人们说话的声波频率范围是_____。

（5）从频率范围可见，数字激光唱盘的声音质量_____，电话的语音质量_____。

（6）有两种压缩类型可应用于数字媒体：_____和_____。

（7）空间压缩帧通常称为_____压缩。

（8）时间压缩帧通常称为_____压缩。

（9）Flash 对视频文件进行转换的工具是_____。

（10）视频编码_____格式适合于 Flash Player 9.0 以上版本，视频编码_____格式适用于 Flash Player 8 以下的播放器。

### 2. 操作题

（1）在 13.2.2 小节的案例中，动画每次重复播放，音乐都是从头开始播放，是否能够让音乐连续播放呢？请读者设法实现。

（2）请为习题 1 作品设计一个静音按钮，单击该按钮，作品中的声音就会暂停；再次单击，声音又会继续播放。

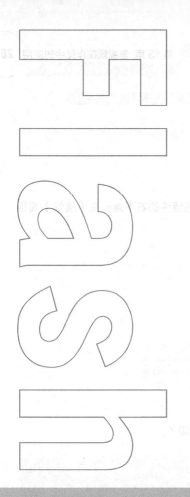

Chapter

# 14

## 第14章
## 脚本动画趣味案例

前面我们已经比较系统地学习了脚本的基本概念，了解了一些初步的编程设计方法。实际上，优秀的Flash作品大都离不开脚本。本章我们综合性地运用脚本知识，设计一些趣味案例，以加深大家对脚本动画知识的理解和实践运用。本章的案例分节也没有严格的界限和递进关系，只是进行了简单的划分，以方便读者的学习。

### 学习目标

- 理解数学模型与动画设计之间的联系。

- 学习分析构建动画数学模型的基本方法。

- 掌握利用数学模型设计动画的方法。

# 14.1 趣味数学运算与模型

数学运算是脚本动画经常会遇到的一种类型，搞清楚对象之间的数学关系和计算方法，对于用好 Flash 具有重要的意义。这里我们就来练习几个这样的案例，它们的作品效果分别如图 14-1 所示。

图 14-1 趣味数学运算与模型

## 14.1.1 【案例 1】进制转换器

进制也称数制，是人们规定的一种进位方法。对于任何一种 X 进制，就表示某一位置上的数运算时是逢 X 进一位。十进制是逢十进一，十六进制是逢十六进一。人们比较熟悉的是十进位数制，在计算机领域中，进制还有二进制、八进制和十六进制等。不同进制之间的数值转换，也是我们在学习计算机时经常遇到的问题。这里我们来设计一个动画作品，能够自动实现数值在不同进制下的换算。

## 【本例知识】

（1）文本格式类 TextFormat

它描述了字符格式的设置信息，可以为组件或文本字段创建特定的文本格式，这些格式主要如下。

| | |
|---|---|
| font | 字体名称 |
| align | 段落对齐方式 |
| size | 文本大小 |
| leftMargin | 段落左边距 |
| color | 文本颜色 |
| rightMargin | 段落右边距 |
| bold | 是否为粗体 |
| indent | 段落的首行缩进 |
| italic | 是否为斜体 |
| blockIndent | 块的缩进 |
| underline | 是否带下划线 |
| leading | 行间距 |
| url | 所链接到的 URL |
| tabStops | Tab 键顺序 |
| target | 打开超链接的窗口 |
| bullet | 是否显示项目符号 |

（2）进制转换 toString() 方法

每个类都有一个默认的 toString() 的方法，用于将对象的值转换为字符串。一些特殊的类型，如 int、Number，它们的 toString() 方法还有其他功能，可以加参数，用来决定返回几进制的字符串形式的数字。

例如：

```
var n:int=100;
n.toString(2);            // 转换成二进制
n.toString(8);            // 转换成八进制
n.toString(16);           // 转换成十六进制
```

在输入框中输入一个十进制数值，然后选择某个进制，单击【转换】按钮，就能够以该进制输出对应的数值，如图 14-2 所示。

图 14-2　进制转换器

## 步骤提示

**STEP 1** 创建一个新的 Flash 文档。

**STEP 2** 选择菜单命令【文件】/【导入】/【导入到舞台】，将素材文件"背景 1.jpg"导入到作品中，直接呈现在舞台上。

**STEP 3** 设置作品舞台【属性】，使舞台匹配内容大小，则舞台自动调整到与背景图片一样的大小。

**STEP 4** 使用【文本】工具在舞台上绘制 3 个静态文本框，并输入文字内容，如图 14-3 所示。

图 14-3　绘制 3 个静态文本框

**STEP 5** 选择【窗口】/【组件】命令，打开【组件】面板，拖动 TextInput 组件到舞台，建立 2 个对象，如图 14-4 所示，用于数值的输入和输出。

图 14-4　建立 TextInput 组件的 2 个对象

**STEP** **6** 分别在【属性】面板中设置两个对象的名称为"Input"和"Output",注意名称字母的大小写。

**STEP** **7** 再拖动"RadioButton"组件到舞台,创建 3 个对象,分别显示文字标签为"二进制"、"八进制"和"十六进制",如图 14-5 所示。

图 14-5 创建"RadioButton"组件的 3 个对象

**STEP** **8** 分别设置 3 个对象的"实例名称"为"rad2"、"rad8"和"rad16"。

**STEP** **9** 再选择"Button"组件,拖到其到舞台,创建一个对象,设置其标签文字为"转换""实例名称"为"transBtn",如图 14-6 所示。

图 14-6 创建按钮对象

**STEP** **10** 至此,画面基本元素设计完毕。下面用脚本代码来实现进制转换。

**STEP** **11** 在时间轴面板,添加一个新图层。

**STEP** **12** 选择新图层的第 1 帧,打开其动作面板,如图 14-7 所示的输入代码,首先用代码来调整各个组件上的字体颜色和大小。

```
1  var format:TextFormat=new TextFormat();
2  format.color = 0x0000FF;
3  format.size = 15;
4  rad2.setStyle("textFormat",format);
5  rad8.setStyle("textFormat",format);
6  rad16.setStyle("textFormat",format);
7  Input.setStyle("textFormat",format);
8  Output.setStyle("textFormat",format);
9  transBtn.setStyle("textFormat",format);
10
```

图 14-7 用代码调整组件上的字体颜色和大小

代码说明如下。

* 行 1:定义一个文本格式类型的变量 format。
* 行 2:定义变量指定的文本的颜色为蓝色。

- 行 3：定义变量指定的文本的字体大小为 15。
- 行 4~9：设置各组件的文本样式为变量 format 所指定的样式。

**STEP 13** 继续输入脚本，用于实现数值的进制转换，如图 14-8 所示。

```
8    Output.setStyle("textFormat",format);
9    transBtn.setStyle("textFormat",format);
10
11   transBtn.addEventListener(MouseEvent.CLICK,trans);
12   function trans(event:MouseEvent)
13   {
14       if (Input.text == "")
15       {
16           Input.text = "请输入数字";
17       }
18       else if (rad2.selected==false&&rad8.selected==false&&rad16.selected==false)
19       {
20           Output.text = "未选择进制";
21       }
22       else if (rad2.selected==true)
23       {
24           Output.text = int(Input.text).toString(2);
25       }
26       else if (rad8.selected==true)
27       {
28           Output.text = int(Input.text).toString(8);
29       }
30       else if (rad16.selected==true)
31       {
32           Output.text = "0x" + int(Input.text).toString(16);
33       }
34   }
```

**图 14-8　实现数值的进制转换**

代码说明如下。

- 行 11：为转换按钮添加一个侦听器，侦听鼠标在按钮上的单击事件。
- 行 12：定义一个函数，用于响应上述事件。
- 行 14~16：判断如果输入框中的内容为空，就提示"请输入数字"。
- 行 18~20：如果 3 个进制按钮都没有选，在输出框中提示"未选择进制"。
- 行 22~24：如果选择了二进制按钮，则首先将输入框的内容转换为整型，然后转换为二进制输出。
- 行 26~28：如果选择了八进制按钮，则将输入框的内容转换为八进制输出。
- 行 30~32：如果选择了十六进制按钮，则将输入框的内容转换为十六进制输出，并在前面添加 0x。

**STEP 14** 现在测试作品，我们已经能够自动实现数制转换了。

**STEP 15** 但是我们还希望在输入框单击鼠标时，能够将输入框和输出框中可能有的内容都清除干净，所以需要为输入框添加一个侦听器和函数来实现这个需求，如图 14-9 所示。

```
32           Output.text = "0x" + int(Input.text).toString(16);
33       }
34   }
35   Input.addEventListener(MouseEvent.CLICK,clean);
36   function clean(event:MouseEvent)
37   {
38       Input.text = "";
39       Output.text = "";
40   }
41
```

**图 14-9　为输入框添加一个侦听器和函数**

代码说明如下。

- 行 35：为输入框添加一个侦听器，侦听鼠标在其上的单击事件。
- 行 36：定义一个函数，用于响应上述事件。
- 行 38~39：将输入框和输出框的内容都清空。

**STEP 16** 测试作品，已经能够完全实现设计要求了。

## 14.1.2 【案例 2】跟随鼠标飞舞的蝴蝶

数字与数学是密不可分的，数字是数学的基础，数学是数字的逻辑体现。对任何一门编程语言来说，数学都是编程语言的基本支撑。本例要使用到坐标的概念，虽然在此前的章节中也多次涉及到这个知识，但是一直没有系统讲解。这里我们就对坐标和位置的关系详细说明一下。

## 【本例知识】

### 1. 笛卡儿坐标系——数学坐标系

笛卡儿坐标系是应用最为广泛的坐标系，也最为大家熟知，如图 14-10 所示。

坐标系说明如下。

（1）$x$ 轴和 $y$ 轴：坐标系有 $x$、$y$ 轴。在 $x$ 轴上的值，从左到右逐渐增大；$y$ 轴上的值，从上到下逐渐减小。坐标系中任意一点的位置对应于坐标 $(x, y)$。

（2）角度：坐标系中的角度从 $+x$ 方向开始，逆时针旋转的角度逐渐增大，旋转一周角度为 360°。

图 14-10　笛卡儿坐标系

（3）象限：$x$ 轴和 $y$ 轴将坐标系划分为 4 部分，每一部分对应一个象限，各象限对应的角度范围分别是：第一象限（0~90°）、第二象限（90°~180°）、第三象限（180°~270°）、第四象限（270°~360°）。

### 2. 计算机坐标系

计算机中也存在一个和笛卡儿坐标系类似的坐标系，但是其 $y$ 轴增长方向是相反的，角度的增长方向也是相反的，如图 14-11 所示。

坐标系说明如下。

（1）$x$ 轴和 $y$ 轴：$x$ 轴从左到右逐渐增大，$y$ 轴从上到下逐渐增大，坐标系中任意一点的位置也用坐标 $(x, y)$ 表示。

（2）角度：坐标系中的角度从 $+x$ 方向开始，顺时针旋转的角度逐渐增大，旋转一周角度为 360°。

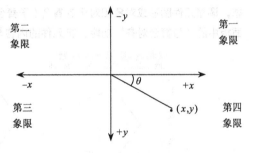

图 14-11　计算机坐标系

（3）象限：$x$ 轴和 $y$ 轴将坐标系划分为 4 个象限，各象限对应的角度范围分别是：第一象限（270°~360°）、第二象限（180°~270°）、第三象限（90°~180°）、第四象限（0~90°）。

### 3. Flash 坐标系与舞台坐标系

Flash 的舞台标系与计算机坐标系相同，但是角度的范围为 −180~180，也就是说，各象限对应的角度范围分别是：第一象限（0~−90°）、第二象限（−90°~−180°）、第三象限（90°~180°）、第四象限（0~90°）。

在 Flash 的舞台上，仅能够显示第四象限的内容，即以舞台的左上角为坐标原点，$x$ 轴向右增大，$y$ 轴向下增大，角度顺时针增长，如图 14-12 所示。选择【视图】/【标尺】命令，能够打开场景标尺，可以度量舞台的宽度和高度，还可以查看在舞台上的各对象的坐标。

图 14-12　Flash 舞台坐标系

### 4. 对象的中心点与注册点

在 Flash CS6 中绘制的图像、输入的文本以及导入的位图、创建的组件等各种对象，无论是否转换为元件，都拥有一个中心点。中心点的最大作用是将各种不规则形状的对象视为一个点。通过中心点，可以控制对象进行旋转、缩放等操作。

默认情况下，所有对象的中心点都在其中心位置。但是我们也可以通过【任意变形工具】调整中心点的位置，如图 14-13 所示。

图 14-13　对象的中心点及调整方法

在 Flash 舞台坐标系中，确定对象坐标值的位置点被称为注册点。注册点是元件所独有的，通常被标识为十字形。注册点是元件的子舞台中心，我们不能够用工具来修改。但是可以进入到元件的编辑状态，调整元件图形或对象相对于其舞台（子舞台）中心的位置，如图 14-14 所示。一般我们常用【对齐】面板中的"与舞台对齐"功能，将元件的内容与其子舞台中心对齐。

图 14-14　元件的注册点及调整方法

需要注意的是，在动画设计时，一般都会选择将元件的注册点与其中心点一致。但是为了功能的需要，有时也会将二者设置为不一致。

### 5. 对象跟随鼠标运动的数学模型

为了便于理解，一般都是采用数学坐标系（笛卡儿坐标系）来分析动画的数学模型，其得到的数学公式可以直接移植到 Flash 坐标系中使用，并据此进行程序设计。

在笛卡儿坐标系中，已知鼠标位置为 $M(x0,y0)$，当前对象位置为 $P(x1,y1)$，下面来分析两点位置关系，以及对象向鼠标点逐步运动的情况，如图 14-15 所示。

图 14-15　求两点连线上 $P$ 的坐标值

可见，要实现 $P$ 点向 $M$ 点的逐渐逼近（具有缓动效果的运动），则按以下步骤。

（1）第一步，计算出角度 $\theta$：

$\Delta x = x0 - x1$

$\Delta y = y0 - y1$

$\theta = \text{Arctan}\,(\Delta y / \Delta x)$

（2）第二步，将对象旋转 $\theta$ 角，以便头部朝向 $M$ 点。

（3）第三步，将 $\Delta x$、$\Delta y$ 划分为若干分段（步长），每次仅运动 1 个步长。

不断重复上述过程，就能够实现 $P$ 点向 $M$ 点的逐渐逼近。

下面来设计一个动画，一只蝴蝶在舞台上不停扇动翅膀，鼠标移动后，蝴蝶就向着鼠标飞去，逐渐靠近，作品效果如图 14-16 所示。

图 14-16　跟随鼠标飞舞的蝴蝶

## 步骤提示

STEP 1　创建一个新的 Flash 文档。

STEP 2　选择【文件】/【导入】/【导入到库】命令，将"蝴蝶 .GIF"文件导入作品，则系统自动创建了一个元件"元件 1"，如图 14-17 所示。

STEP 3　选择"元件 1"，双击进入其编辑状态，可见其时间轴具有多个关键帧，分别载入了 GIF 文件的多个连续变化的蝴蝶图像，如图 14-18 所示。

图 14-17　将"蝴蝶 .GIF"文件导入作品　　　图 14-18　"元件 1"具有多个关键帧

STEP 4　将舞台的背景色设置为灰色，以便将蝴蝶图像的底色去除。

STEP 5　选择第 1 帧，选中蝴蝶图片，单击鼠标右键，选择【分离】命令，则图片被分离为连续的像素点了，如图 14-19 所示。

**STEP** 6 在【工具】面板中选择【套索工具】，然后单击属性区域的【魔术棒设置】按钮，在弹出的【魔术棒设置】对话框中，设定【阈值】为 20，如图 14-20 所示。

**STEP** 7 选择属性区域的【魔术棒】工具，然后用鼠标单击被分离的图像的白色部分，则白色像素点被选中了；按下 Delete 按键，则白色的底色基本被删除了。

图 14-19 图片被分离为连续的像素点

图 14-20 设定【套索工具】的【阈值】为 20

**STEP** 8 将舞台的显示比例调整为 200% 或 400%，然后使用【橡皮擦】工具，将比较影响效果的底色擦除干净，如图 14-21 所示。

图 14-21 清除图像的白色底色

**STEP** 9 同理，将其余各帧的底色也清除干净，仅保留蝴蝶图像。

**STEP** 10 将舞台背景颜色重新调整为白色。

**STEP** 11 选择【插入】/【新建元件】命令，创建一个影片剪辑类型的元件"蝴蝶"；从库面板中将"元件 1"拖入舞台，在【变形面板】将其旋转 135°；最后将蝴蝶头部与舞台中心基本对齐，如图 14-22 所示，也就是将蝴蝶的注册点调整到头部，使其朝向与坐标系的 x 轴方向一致。

图 14-22 调整蝴蝶的角度和注册点

**STEP** 12 回到"场景 1"，将一幅图片"青山 .jpg"导入舞台，并设置舞台【属性】，使舞台匹配内容大小，作为动画的背景。

**STEP** 13 从【库】面板中将元件"蝴蝶"拖入舞台，设置其实例名称为"butterfly"，如图 14-23 所示。

图 14-23 创建舞台对象

**STEP 14** 在时间轴上，新建一个图层，选择其第 1 帧，打开动作面板，输入如图 14-24 所示的代码，利用脚本实现对象向鼠标位置的运动。

```
this.addEventListener(Event.ENTER_FRAME,moveButterfly);
function moveButterfly(evt:Event):void
{
    var dx:Number = mouseX - butterfly.x;          //获得x、y方向的距离差
    var dy:Number = mouseY - butterfly.y;
    var angle:Number = Math.atan2(dy,dx);          //计算旋转角度
    butterfly.rotation = angle * 180 / Math.PI;    //对象旋转
    var vx:Number = dx / 10;                        //取得两个方向的距离的10分之一作为步长
    var vy:Number = dy / 10;
    butterfly.x += vx;                             //对象位置的改变受步长控制，从而产生缓动的效果
    butterfly.y += vy;
}
```

图 14-24 利用脚本实现对象向鼠标位置的运动

代码说明如下。

- 行 1：为当前作品添加一个侦听器，侦测"进入当前帧"事件。
- 行 2：创建自定义函数，响应"进入当前帧"事件。
- 行 4~5：定义两个数值型变量，记录鼠标位置与对象位置的距离差。
- 行 6：计算对象向着鼠标位置的旋转角度，注意这里得到的是一个弧度值。
- 行 7：设置对象的旋转角度，注意需要将弧度值转化为角度值。
- 行 8~9：取得两个方向上的移动步长。
- 行 10~11：将对象按照步长移动一个距离。

这样，在"进入当前帧"事件被反复执行的情况下，函数 moveButterfly 就会被反复调用，从而使蝴蝶对象不断向着鼠标位置点逼近，最终到达位置点。一旦鼠标移动到新的位置，程序就会计算新的位置和角度，并向新的位置点逼近。

**STEP 15** 保存文档。

**STEP 16** 测试作品，可以看到，不论鼠标移动到哪里，蝴蝶都会扇动着翅膀，向着鼠标飞去并逐渐靠近。

### 14.1.3 【案例 3】蹦跳的篮球

把一个篮球从半空中抛下，它会在地面上蹦蹦跳跳，每次抛球的高度不同，篮球弹跳的高度、次数也不同。这样的一个运动能不能模拟呢？下面首先来分析一下篮球下落和弹起时的运动状态。

#### 1. 篮球下落

篮球下落的运动状态如图 14-25 所示，此时篮球要加速下落，即下落速度越来越快。在计算机屏幕坐标系下，这时篮球的 $y$ 坐标要增加，而且这种增加的幅度要越来越大。

因此，我们需要设定一个参数 $g$，用于模拟重力值。下落过程的每一次循环，下落速度都需要用 $g$ 加以修正。

设篮球当前位置坐标为 $y1$，下落的速度为 $yspeed$，则下一下落速度为：

$yspeed=yspeed+g$（下落速度加快）

下一位置的坐标值 $y2$ 为：

$y2=y1+yspeed$（下落距离越来越大）

### 2. 篮球弹起

篮球弹起的运动状态如图 14-26 所示。此时篮球要减速上升，即上升速度越来越慢，最终变化为 0。在计算机屏幕坐标系下，这时篮球的 $y$ 坐标要减小，而且这种减小的幅度在变小。

图 14-25　篮球下落　　　　　　　　　　图 14-26　篮球弹起

问题是，当篮球到达地面时，其速度值为正，数值较大。为使篮球反向弹起，需要使速度转化为负值，然后在重力值的作用下，使其渐趋于 0。

设篮球到达地面时，速度为 $yspeed0$，则在理想状态下，其反弹速度 $yspeed1$ 应为：

$yspeed1=-yspeed0$（反弹速度与下落速度大小相等，方向相反）

若弹起过程的某位置坐标为 $y1$，上升的速度为 $yspeed$，则下一上升速度为：

$yspeed=yspeed+g$（由于此时 $yspeed$ 为负值，而 $g$ 为正，所以 $yspeed$ 渐小）

下一位置的坐标值 $y2$ 为：

$y2=y1+yspeed$（篮球位置向上变化）

　要点提示

一定要注意在篮球弹起时，$yspeed$ 的数值为负值。这样就容易理解篮球速度和位置的变化情况了。

通过上面的分析，我们可以总结篮球速度和位置的变化规律。不论篮球是下落还是弹起，其速度公式和位置公式都是：

$yspeed=yspeed+g$，即：$yspeed\ +=g$

$y2=y1+yspeed$，即：$y\ +=yspeed$

画面的上方，有一个转动的篮球。在任意地方单击鼠标，都会有一个篮球从该位置落下，在地面上蹦跳反弹，逐渐降低，最后停留在地面上。动画效果如图 14-27 所示。

图 14-27　蹦跳的篮球

## 步骤提示

STEP 1　创建一个新的 Flash 文档，保存文档名称为"蹦跳的篮球 .fla"。

STEP 2　选择【文件】/【导入】/【导入到舞台】命令，将一个名为"hua004.jpg"的文件导入到舞台中，作为作品的背景。

STEP 3　调整舞台的属性，使其"匹配内容"，以便背景能够完全覆盖舞台。

STEP 4　选择【插入】/【新建元件】命令，创建一个"影片剪辑"类型的元件"地面"。

STEP 5　在其子舞台上绘制一个灰色的矩形色块，用于表示地面；然后调整矩形色块的顶端与子舞台中心对齐，也就是将内容的注册点放在顶端中央，如图 14-28 所示。

STEP 6　再创建一个"影片剪辑"类型的元件"篮球"，在其中绘制一个深红色的篮球，并设置篮球与舞台中心对齐，如图 14-29 所示。

 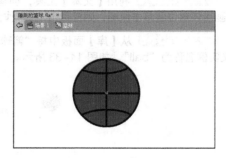

图 14-28　创建元件"地面"　　　　　　　　　　图 14-29　绘制一个深红色的篮球

STEP 7　再创建一个"影片剪辑"类型的元件"篮球转动"；从【库】面板中将"篮球"元件拖入子舞台，使其与舞台中心水平居中、底部对齐，如图 14-30 所示。这样，就将篮球图形的注册点置于篮球的最下方了。

图 14-30　创建"篮球转动"元件

**STEP** **8** 在【时间轴】面板，选择第20帧，按下F5键，将元件长度延长为20帧。

**STEP** **9** 选择第1帧，单击鼠标右键，从快捷菜单中选择【创建补间动画】命令，创建一个20帧的补间动画，如图14-31所示。

图14-31 创建一个20帧的补间动画

**STEP** **10** 在第1帧的【属性】面板中，设置【方向】为"顺时针"，【旋转】为"1次"，如图14-32所示。这样，就能够产生一个篮球旋转的效果了。

**STEP** **11** 回到"场景1"中，从【库】面板中将"地面"元件拖入舞台，置于舞台下端位置，适当调整其大小，然后定义其实例名称为"earth"。

**STEP** **12** 利用【文本】工具，创建一个静态文本框，输入内容"在画面任意位置单击鼠标，则篮球落下"，作为画面的提示信息。

图14-32 设置篮球旋转

**STEP** **13** 从【库】面板中将"篮球转动"元件拖入舞台，使其位于画面上部居中位置，然后定义实例名称为"ball"，如图14-33所示。

图14-33 将"篮球转动"元件拖入舞台

**STEP** **14** 在"时间轴"上，增加一个新的图层。选择其第1帧，打开【动作】面板，在其中输入如图14-34所示的代码，定义篮球出现在鼠标点击位置，并根据前文分析的数学模型，篮球按照一定的重力和速度下落弹起。

图 14-34 控制篮球运动的脚本

代码说明如下。

- 行 1：定义一个整型变量 $g$，作为重力值参数，此为经验值。
- 行 2：定义一个整型变量 yspeed，作为速度参数。
- 行 4：为当前动画创建一个侦听器，侦测在舞台上的鼠标单击事件。
- 行 6：定义"鼠标按下"事件的处理函数。
- 行 8~9：定义篮球的坐标等于鼠标的坐标，也就是让篮球出现在鼠标点击的位置。
- 行 10：速度参数的初始值为 0。
- 行 11：为对象 ball 创建一个侦听器，检测是否在当前帧，是则反复调用函数 BallDown。
- 行 13：创建函数 BallDown。
- 行 15：在当前速度值上增加一个重力值参数。
- 行 16：为对象 ball 的 $y$ 坐标增加一个速度值，这样篮球的位置就与速度值关联起来了。
- 行 17：如果对象 ball 大于等于对象 earth 的 $y$ 坐标，也就是篮球到达地面时。
- 行 19：对象 ball 的 y 坐标就等于 earth 的 $y$ 坐标，也即篮球不能低于地面，最终停留在地面。
- 行 20：速度反向，ball 开始向上弹起；0.9 是经验值，加速运动收敛。

由于当前动画只有 1 帧，所以 onEnterFrame 事件得以反复发生，因此就可以不停地计算篮球的坐标，并将篮球显示在该位置，从而产生一种连续运动的效果。

**STEP 15** 保存文档。

**STEP 16** 测试作品，可以看到，在画面的任何位置单击鼠标，都会有篮球落下，在地面上反复弹跳，并最终停留在地面上。

### 14.1.4 【案例 4】圆环排列的汽车

在作品中，若需要将多个对象按照某种曲线或规律排列，可以使用顺序动画分步实现，但是这种办法太笨拙了，使用脚本是更好的办法。

【 **本例知识** 】

#### 1. 使用计时器控制作品的显示速度

若要控制对象持续显示，可以使用 ENTER_FRAME 事件，也可以使用 Timer 类，后者提供了比前者更加灵活的控制方式。本例我们就用 Timer 类来控制对象的逐渐显示。

Timer 类是计时器的接口，能够按指定的时间序列运行代码。可以创建 Timer 对象以运行一次或按指定间隔重复运行，从而按计划执行代码。一般要使用 Timer.start() 方法来启动计时器，使用 Timer. stop() 方法停止计时器。

### 2. 图片圆环排列的数学模型

一般来说，圆环排列的图片，都要求图片正向始终朝外。为达到这样的效果，就需要计算图片的显示位置和旋转角度，如图 14-35 所示。

图 14-35　图片圆环排列的数学模型

（1）图片的显示位置

已知圆环的中心点位置为（$x0$，$y0$），半径 $R$，图片当前旋转的角度 $\alpha$，求图片在圆环上的当前位置坐标（$x$，$y$）。

根据基本数学知识可知：

$$x = x0 + R \times \cos\alpha$$

$$y = y0 + R \times \sin\alpha$$

（2）图片的旋转角度

设图片的初始正向位置向上。从图中分析可知，当图片处于角度 $\alpha$ 的旋转位置，若要保证图片正向朝外，那么图片的旋转角度 $\beta$ 应为：

$$\beta = \alpha + 90°$$

## 【作品效果】

汽车的图片一幅一幅逐渐显示出来，最终 12 幅图片呈圆环形排列，如图 14-36 所示。

图 14-36　圆环排列的汽车

# 步骤提示

**STEP** **1** 创建一个新的 Flash 文档。

**STEP 2** 调整舞台的大小为"600 像素 ×500 像素",以便汽车图片能够完全显示。

**STEP 3** 选择【文件】/【导入】/【导入到库】命令,将 12 幅汽车图片导入到库中,这些图片都已经提前处理好,具有同样的大小尺寸。

**STEP 4** 创建一个影片剪辑类型的元件"图",为其添加 12 个关键帧,在每个帧中引入一幅汽车图片,并将图片与舞台中心对齐,如图 14-37 所示。

图 14-37 创建元件"图"并引入汽车图片

**STEP 5** 在【库】面板中选择元件"图",单击鼠标右键打开快捷菜单,选择【属性】命令,则打开了元件的【属性】面板。

**STEP 6** 展开"高级",勾选"为 ActionScript 导出"项,然后在【类】输入框中输入"Pic",如图 14-38 所示,设置元件的类名称。

**STEP 7** 单击 确定 按钮,则出现一个警告对话框,如图 14-39 所示,说明系统中没有这个类,将会自动创建这个类的定义。

图 14-38 为元件创建类

图 14-39 警告对话框

**STEP 8** 再次单击 确定 按钮,则系统自动创建了一个名为 Pic 的类,我们在本例的脚本中就可以直接调用这个类了。

**STEP 9** 回到"场景 1",使用文本工具在舞台中心位置输入一个静态文本类型的文本"圆环排列的汽车",作为作品的标题和提示。

**STEP 10** 在时间轴窗口，添加一个新的图层，选择其第 1 帧，打开动作面板，输入图 14-40 所示的脚本，创建一个定时器事件。

```
1  //定义几个全局变量
2  var i:int = 0;//旋转角度的起始值
3  var radius:int = 200;//圆环半径
4  //记录圆心位置，位于舞台的中心
5  var x0:int = stage.stageWidth / 2;
6  var y0:int = stage.stageHeight / 2;
7  var timer = new Timer(500);//创建一个定时器对象，定时间隔为500毫秒
8  //创建一个侦听器，在侦听定时器对象"间隔时间到"事件
9  timer.addEventListener(TimerEvent.TIMER, onTimer);
10  //启动定时器
11  timer.start();
12  //定义函数，响应定时器事件
13  function onTimer(tim:TimerEvent)
14  {
15      //设置角度变化的增量
16      i = i + 30;
17      //如果圆环达到一圈，就停止定时器
18      if (i>330)
19      {
20          timer.stop();
21      }
22      //调用函数开始放置图片，传递当前角度值
23      setPic(i);
24  }
```

图 14-40 创建定时器事件

代码说明如下。

- 行 2：定义整型变量 i，初始值为 0，用于设置旋转角度。
- 行 3：定义整型变量 radius，初始值为 200，作为圆环的半径。
- 行 5~6：定义两个变量，记录舞台的中心位置值。
- 行 7：创建一个定时器对象 timer，定时间隔为 500 毫秒，也就是 0.5 秒。
- 行 9：为 timer 添加侦听器，侦测定时器对象"间隔时间到"事件。
- 行 11：启动定时器。
- 行 13：自定义函数，用于响应定时器事件。
- 行 16：设置角度变化的增量，本例要显示 12 幅图片，则每幅图片均布角度应为 30°。
- 行 18~21：若圆环达到一周，就停止定时器。因为 i 从 0 开始，所以达到 330 以后，就已经是一周了。
- 行 23：调用自定义函数 setPic，将角度变量 i 作为参数传递给函数。

**STEP 11** 继续添加自定义函数 setPic，如图 14-41 所示，根据角度参数计算图片的显示位置和旋转角度。

```
22      //调用函数开始放置图片，传递当前角度值
23      setPic(i);
24  }
25  //定义函数，放置图片，注意需要接收传递过来角度值
26  function setPic(k:int)
27  {
28      var angle:Number = k * Math.PI / 180;//将角度转换为弧度
29      var rx = x0 + radius * Math.cos(angle);//计算图片位置点的坐标
30      var ry = y0 + radius * Math.sin(angle);
31      //创建一个新的Pic对象
32      var myPic=new Pic();
33      //加入场景中
34      addChild(myPic);
35      //控制位置、旋转角度
36      myPic.x = rx;
37      myPic.y = ry;
38      myPic.rotation = 90 + k;
39      //控制元件画面处于第几帧
40      var fm:int=int(k/30);
41      myPic.gotoAndStop(fm);
42  }
```

图层 2:1

图 14-41 自定义函数 setPic

代码说明如下。

- 行 26：自定义函数，需要一个整型的形式参数。

- 行 28：定义一个数值类型的变量 angle，用于将传递过来的角度值转换为弧度，因为 Math 中的函数需要使用弧度。
- 行 29~30：根据前文的数学模型，计算对应角度的图片位置点的坐标。
- 行 32：创建一个新的 Pic 类型的对象 myPic，这就是前面我们用元件"图"创建的类，因此它也具有 12 帧汽车图片。
- 行 34：将 myPic 对象添加到舞台上，使其能够显示出来。
- 行 36~38：设置对象的显示位置和旋转角度。
- 行 40：定义一个整型变量 fm，根据角度值计算这是第几幅图片。
- 行 41：跳转到 myPic 对象的第 fm 帧，并停留在该帧。

**STEP 12** 保存文档。

**STEP 13** 测试作品，可以看到，汽车的图片一幅一幅逐渐显示出来，最终 12 幅图片呈圆环形排列在舞台上。

# 14.2 趣味显示效果

利用 ActionScript，能够产生很多有趣的动画效果。下面来学习几个案例，它们的作品效果分别如图 14-42 所示。

图 14-42　趣味显示效果

## 14.2.1 【案例 5】变色龙

颜色的变换也是 Flash 作品中经常出现的效果，利用脚本能够方便地实现随机变换的颜色，为作品添加很多趣味。

【**本例知识**】

### 1. 颜色偏转

一个颜色由四个通道组成，分别是红、绿、蓝和 alpha 通道，它们的十六进制颜色值分别为：红（0xffff0000）、绿（0xff00ff00）、蓝（0xff0000ff）、透明度 100%（0xff）。

在 Flash 中，可使用 ColorTransform 类调整显示对象的颜色值，通过参数的设置，可以方便地调整红色、绿色、蓝色和 Alpha 透明度这四种颜色通道，也就是颜色的属性。

可以通过下列方式使用 ColorTransform 对象。

（1）在 BitmapData 类的 ColorTransform() 方法的 ColorTransform 参数中。

（2）作为 Transform 对象的 ColorTransform 属性。

必须使用 new ColorTransform() 构造函数创建 ColorTransform 对象后，才能调用 ColorTransform 对象的方法。

ColorTransform 类的调用格式如下。

> ColorTransform( 红色系数，绿色系数，蓝色系数，透明度系统，红色偏移，绿色偏移，蓝色偏移，透明度偏移 )

其中，各颜色系数为 0~1，偏移值为 –255~255。

当 ColorTransform 对象应用于显示对象时，将按如下方法为每个颜色通道计算新值：

> 新颜色值 =（旧颜色值 × 调整系数）+ 颜色偏移值

如果计算后任何一个颜色通道值大于 255，则该值将被设置为 255。如果该值小于 0，它将被设置为 0。

颜色转换不会应用于影片剪辑（如加载的 SWF 对象）的背景色，它们仅应用于附加到影片剪辑的图形和元件。

#### 2. 随机数

在 Flash 动画设计中，经常要用到随机数。在计算机中，无法产生数学意义上的绝对随机数或真随机数，只能通过模拟复杂运算产生类似随机数的伪随机数。在绝大多数情况下，这种伪随机数就能够体现随机数的性质，满足一般的应用需要。

方法：Math.random()

功能：获得一个介于 0 和 1 之间的数字，该数字具有 14 个小数位。

举例：若需要得到 10~20 之间的随机数，可以使用如下脚本代码：

```
int(Math.random()*(10+1))+10
```

说明：首先，利用 Math.random() 方法取得一个 0~1 的随机值；然后，乘以（10+1）得到 0~11 的随机值（有小数位）；第三，取整后，得到了 0~10 的随机整数（含 0 和 10）；最后，加上 10 得到 10~20 的随机整数。

### 【作品效果】

在变色龙的身上单击鼠标，则变色龙的颜色会随机发生变化，如图 14-43 所示。

图 14-43 变色龙

### 步骤提示

**STEP 1** 创建一个新的 Flash 文档。

**STEP 2** 选择【文件】/【导入】/【导入到库】命令，将 1 幅名为"变色龙 .jpg"的图片导入到【库】中。

**STEP 3** 选择【插入】/【新建元件】命令，创建一个"影片剪辑"类型的元件"变色龙"。

**STEP 4** 从【库】面板中将"变色龙 .jpg"图像拖入元件舞台，并与舞台中心对齐。

**STEP 5** 在该图像上，单击鼠标右键，从快捷菜单中选择【分离】命令，则图像被打散为一个像素点集合，如图 14-44 所示。

图 14-44　图像被打散为一个像素点集合

**STEP** 6　在【工具】面板中选择【套索工具】，然后单击属性区域的【魔术棒设置】按钮，在弹出的【魔术棒设置】对话框中，设定【阈值】为 10，如图 14-45 所示。

图 14-45　设定【套索工具】的【阈值】为 10

**STEP** 7　选择属性区域的【魔术棒】工具，然后在被分离的变色龙图像上单击鼠标左键，单独选中其身体部分的色块，如图 14-46 所示。

**STEP** 8　单击鼠标右键，从快捷菜单中选择【剪切】命令，则被选择的色块部分被从舞台上剪切去除了。

**STEP** 9　再创建一个"影片剪辑"类型的元件"变色龙颜色"。

**STEP** 10　在元件舞台上，单击鼠标右键，从快捷菜单中选择【粘贴】命令，则前面剪切的色块内容被粘贴到舞台，如图 14-47 所示，然后将其与舞台中心对齐。这样就能够将变色龙的身体部分单独提取出来了。

图 14-46　选中变色龙身体部分的色块　　　　图 14-47　将变色龙的身体部分单独提取出来

**STEP** 11　返回"场景 1"，首先将元件"变色龙"拖入舞台，然后将元件"变色龙颜色"拖入舞台，将二者准确对齐，使变色龙的轮廓能够完整显示出来。

**STEP** 12 设置"变色龙颜色"元件的实例名称为"mc"。

**STEP** 13 用【文本】工具在舞台右上角空白区域创建一个静态文本框，输入内容"Hi，变色龙"。这时，舞台上的对象情况如图 14-48 所示。

**STEP** 14 在【时间轴】面板中增加一个新图层，选择其第 1 帧，打开动作面板，输入图 14-49 所示的脚本，用代码控制变色龙色块的颜色变化。

图 14-48 舞台上的对象情况

图 14-49 用代码控制变色龙色块的颜色变化

代码说明如下。

- 行 2：导入 ColorTransform 类文件包。在本例这种时间轴代码中，可以不导入，系统一般会内置引用；但是若使用外置 AS 文件，则必须导入。
- 行 4：为对象 mc（也就是变色龙颜色对象）增加一个侦听器，监测在其上的鼠标单击事件。
- 行 6：创建函数，响应 mc 上的鼠标单击事件。
- 行 8：定义一个 ColorTransform 类型的变量对象，其值由自定义函数 getRandomColor 来确定。
- 行 10：调用对象 mc 中内含的 ColorTransform 方法，改变对象自身的颜色。
- 行 13：创建自定义函数 getRandomColor，注意其返回值的类型为 ColorTransform。
- 行 15~17：定义 3 个数值类型的变量，用于记录 3 种颜色的偏移量，利用随机函数使其取值均为 –255~255。
- 行 19：这是一个复合语句，首先隐形地创建一个 ColorTransform 类型的变量对象，然后将上面获得的 3 种颜色的偏移量赋值给它，最后将其返回给调用语句，这里就是第 8 行的调用点。

**STEP** 15 保存文档。

**STEP** 16 测试作品，可以看到，在变色龙的身上单击鼠标，则变色龙的颜色会随机发生变化。

## 14.2.2 【案例 6】图片过渡效果

Flash 包含 10 种过渡效果，我们可以将这些效果应用于影片剪辑对象，方便地实现特殊的显示效果。所有过渡均可以通过包括可选的缓动方法进行自定义，并且大多数过渡接受使用多个可选参数以控制其效果的特定方面。所谓"缓动"，是指动画过程中的渐进加速或减速，它会使我们的动画看起来更逼真。例如，一个球在刚开始运动阶段是以加速形式运动的，在接近停止到完全停止阶段是以减速形式运动的。

Flash 系统通过使用 TransitionManager 来指定过渡并将其应用于影片剪辑对象，可以实现以下 10 过渡效果。

（1）Blinds（遮帘过渡），使用逐渐消失或逐渐出现的矩形来显示影片剪辑对象。

（2）Fade（淡化过渡），淡入或淡出影片剪辑对象。

（3）Fly（飞行过渡），从某一指定方向滑入影片剪辑对象。

（4）Iris（光圈过渡），使用可以缩放的方形或圆形动画遮罩来显示或隐藏影片剪辑对象。

（5）Photo（照片过渡），使影片剪辑对象像放映照片一样出现或消失。

（6）PixelDissolve（像素溶解过渡），使用随机出现或消失的棋盘图案矩形来显示或隐藏影片剪辑对象。

（7）Rotate（旋转过渡），旋转影片剪辑对象。

（8）Squeeze（挤压过渡），水平或垂直缩放影片剪辑对象。

（9）Wipe（划入/划出过渡），使用水平移动的动画遮罩形状来显示或隐藏影片剪辑对象。

（10）Zoom（缩放过渡），通过按比例缩放来放大或缩小影片剪辑对象。

使用 TransitionManager 类的方法和属性，最简单的方法是调用 start() 方法，只须调用一次，就可以创建新的 TransitionManager 实例、指定目标对象、用一种缓动方法应用过渡并启动过渡效果。用法格式如下：

```
TransitionManager.start(目标影片, 过渡效果参数);
```

其中，

"目标影片"是指要使用过渡效果的影片，注意必须是影片剪辑类型的对象；

"过渡效果参数"首先要指示过渡效果的类型，然后给出相关的参数。

例如，下面的脚本为在对象上使用淡化过渡效果，方向为淡入：

```
TransitionManager.start(mc, {type:Fade, direction:Transition.IN, duration:10, easing:Strong.easeOut});
```

## 【作品效果】

用鼠标单击各个按钮，就能够为图像应用不同的显示过渡效果，如图 14-50 所示。

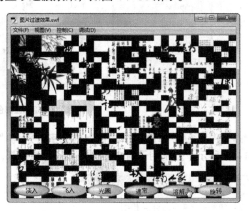

图 14-50　图片过渡效果

## 步骤提示

**STEP 1** 创建一个新的 Flash 文档。

**STEP 2** 选择【文件】/【导入】/【导入到库】命令，将一幅图片"艺术文字 .jpg"导入到库中。

**STEP 3** 创建一个影片剪辑类型的元件"图片"，然后从【库】面板中将"艺术文字 .jpg"拖入其舞台，并设置图片与舞台中心对齐。

**STEP 4** 返回"场景 1"，从【库】面板中将元件"图片"拖入到舞台，设置实例名称为"mc"。

**STEP 5** 调整舞台大小，使其与图片内容大小一致，并调整背景颜色为黑色，如图 14-51 所示。这样，过渡效果表现得更为突出。

图 14-51 调整背景颜色为黑色

**STEP 6** 选择【窗口】/【公用库】/【buttons】命令，打开【外部库】，从中选择"buttons oval"文件夹下的 6 个按钮，将其拖入舞台，置于底部，并均匀排列，如图 14-52 所示。

图 14-52 在舞台中拖入 6 个按钮

**STEP 7** 修改各个按钮上的文字分别为"淡入""飞入""光圈""切换""溶解""旋转"，如图 14-53 所示，分别用于对应不同的显示过渡效果。

图 14-53 修改各个按钮上的文字

**STEP 8** 定义各按钮的名称分别为 button1、button2、…button6。

**STEP 9** 在【时间轴】面板，增加一个新的图层，打开其动作面板，输入如图 14-54 所示的代码，对各显示过渡效果进行调用和参数设置。

图 14-54 对各显示过渡效果进行调用和参数设置

代码说明如下。

- 行 1：导入 transitions 类，由于显示过渡效果不是影片剪辑对象的内置类，因此必须要导入。
- 行 2：导入 transitions 类的 easing（缓动）子类。
- 行 4：为按钮 button1 添加侦听器，侦测鼠标单击事件。
- 行 5：创建自定义函数 fadePic，用于响应 button1 的鼠标单击事件。
- 行 6：为对象 mc 调用淡化过渡效果，方向为进入，持续时间 3 秒，强化缓动效果。
- 行 8~10：为按钮 button2 添加侦听器，为 mc 对象应用飞行过渡效果，方向为进入，持续时间 5 秒。参数 startPoint 定义了过渡效果的起始位置，范围是 1 ~ 9，分别为左上 1、上中 2、右上 3、左中 4、中心 5、右中 6、左下 7、下中 8、右下 9。
- 行 12~14：为按钮 button3 添加侦听器，为 mc 对象应用光圈过渡效果，方向为进入，持续时间 5 秒，起始位置为中心。参数 shape 定义了遮罩形状，分别为 Iris.SQUARE（方形）或 Iris.CIRCLE（圆形）。
- 行 16~18：为按钮 button4 添加侦听器，为 mc 对象应用遮帘过渡效果，方向为退出，持续时间 5 秒，不要缓动效果。参数 numStrips 定义了遮帘效果中的遮罩条纹数，建议的范围是 1 ~ 50。参数 dimension 指示遮帘条纹是垂直（0）还是水平的（1）。
- 行 20~22：为按钮 button5 添加侦听器，为 mc 对象应用溶解过渡效果，方向为进入，持续时间 5 秒。参数 xSections 指示沿水平轴的遮罩矩形部分的数目，建议的范围是 1 ~ 50。参数 ySections 指示沿垂直轴的遮罩矩形部分的数目，建议的范围是 1 ~ 50。
- 行 20~22：为按钮 button6 添加侦听器，为 mc 对象应用旋转过渡效果，方向为进入，持续时间 5 秒。参数 ccw 是一个布尔值，对于顺时针旋转为 false，对于逆时针旋转为 true。参数 degrees 是一个整数，指示对象要旋转的角度，建议的范围是 1 ~ 9999。

**STEP 10** 保存文档。

**STEP 11** 测试作品，可以看到，点击各个按钮，就能够为图像应用不同的显示过渡效果，有些过渡效果还能够产生组合效果，如溶解着飞入等。

### 14.2.3 【案例 7】电视雪花效果

有时我们在作品中会需要产生一种动态的、不规则的杂点效果，类似于在电视屏幕上出现的"雪花"

效果。此类效果用常规动画设计方法是非常难以实现的，但是 ActionScript 提供了实现这种效果的方法。

使用 noise() 方法可以对位图应用杂点效果，其用法格式如下所示。

```
noise(randomSeed, low, high, channelOptions, grayScale);
```

参数说明如下。

- randomSeed (int)：决定图案的随机种子数。为了获得真正的随机效果，通常使用 Math. random() 方法为此参数传递随机数字。
- low：整数，此参数指明为每个像素生成的最低值（0 ~ 255）。默认值为 0。将此参数设置为较低值会产生较暗的杂点图案，而将此参数设置为较高值会产生较亮的图案。
- high：整数，此参数指明为每个像素生成的最高值（0 ~ 255）。默认值为 255。将此参数设置为较低值会产生较暗的杂点图案，而将此参数设置为较高值会产生较亮的图案。
- channelOptions：整数，此参数指明将向位图对象的哪个颜色通道应用杂点图案。此数字可以是四个颜色通道 ARGB 值的任意组合，默认值为 7。
- grayScale：布尔值，设置为 true 时，此参数对位图像素应用 randomSeed 值，可有效地褪去图像中的所有颜色。此参数不影响 Alpha 通道。默认值为 false。

以下示例创建一个位图图像，并对它应用蓝色杂点图案。

```
var myBitmap:BitmapData = new BitmapData(250, 250,false, 0xff000000);
myBitmap.noise(500, 0, 255, BitmapDataChannel.BLUE,false);
var image:Bitmap = new Bitmap(myBitmap);
addChild(image);
```

从上面的代码可以看出，要在作品中产生杂点效果，需要进行以下操作。

（1）创建 BitmapData 类型的变量对象 A，也就是首先要构造一个数据对象，其中的 4 个参数，前面两个必填，就是数据对象区域的长和宽；第三个是 transparent，就是是否允许透明像素，如果能确定不用的话，最好关掉，默认为允许；第四个为填充颜色，BitmapData 既然是 data，那肯定要有初始数据的存在，一开始是一些纯色的填充，默认为白色。

（2）为该变量对象 A 应用杂点效果，也就是只能在数据对象上应用杂点效果。

（3）利用 new 方法将变量对象 A 实例化为 Bitmap 类型的变量对象 B。

（4）将变量对象 B 加入舞台，呈现出来。

下面来设计一个动画，一家人正常在看电视，若按下下面的【捣乱掉线】按钮，则电视机屏幕就会出现雪花点，放松鼠标，则电视机屏幕恢复正常，如图 14-55 所示。

图 14-55　变色龙

14.2.5　【案例 7】电视雪花点效果

# 步骤提示

**STEP 1** 创建一个新的 Flash 文档。

**STEP 2** 选择【文件】/【导入】/【导入到舞台】命令，将 1 幅名为 "看电视 .jpg" 的图片导入到舞台中，并与舞台中心对齐。

**STEP 3** 创建一个影片剪辑类型的元件 "屏幕"，使用【工具】面板中的【矩形工具】，绘制一个白色填充的矩形，如图 14-56 所示。

**STEP 4** 回到场景 1，从【库】面板中将元件 "屏幕" 拖动到舞台，使用任意变形工具调整其实例的大小和位置，使其完整覆盖电视屏幕，如图 14-57 所示。

图 14-56　创建一个影片剪辑类型的元件 "屏幕"

图 14-57　调整元件实例使其覆盖电视屏幕

**STEP 5** 在 "屏幕" 实例的【属性】面板中，设置实例名称为 "TV"，调整其透明度为 0，如图 14-58 所示，这样，该实例在舞台上就呈透明状，不会影响屏幕内容的显示。

图 14-58　设置实例属性

**STEP 6** 再创建一个按钮类型的元件 "小按钮"，在其中绘制一个椭圆，输入文字 "捣乱掉线"，如图 14-59 所示。注意要调整按钮各关键帧中的椭圆颜色和字体颜色，使按钮的不同操作状态有不同的样式。

**STEP 7** 返回 "场景 1"，从【库】面板中将元件 "小按钮" 拖入舞台，调整其实例位置，设置实例名称为 "aButton"。

**STEP 8** 在 "时间轴" 上添加一个新图层，选择其第 1 帧，打开【动作】面板，输入如图 14-60 所示的脚本，利用代码来创建屏幕杂点效果。

图 14-59　制作小按钮

```
1   //记录电视对象TV的大小、位置
2   var TVw:int = TV.width;
3   var TVh:int = TV.height;
4   var TVx:int = TV.x;
5   var TVy:int = TV.y;
6   //定义Bitmap对象类型的变量
7   var bitmap:Bitmap;
8   var btm:BitmapData;
9   //创建位图bitmapdata数据对象
10  btm = new BitmapData(TVw, TVh, true, 0xffffff00);
11
12  aButton.addEventListener(MouseEvent.MOUSE_DOWN, noiseTV);
13  function noiseTV(evt:MouseEvent)
14  {
15      //对读数据执行noise杂点功能
16      btm.noise(int.MAX_VALUE*Math.random(), 0, 0xff, BitmapDataChannel.RED, true);
17      //创建位图
18      bitmap = new Bitmap(btm);
19      addChild(bitmap);
20      bitmap.x = TVx;
21      bitmap.y = TVy;
22      //注册帧循环事件，绘制动态效果
23      stage.addEventListener(Event.ENTER_FRAME, enterframe);
24  }
25  function enterframe(evt:Event):void
26  {
27      //转换杂点数目
28      btm.noise(int(int.MAX_VALUE*Math.random()), 0, 0xff, BitmapDataChannel.BLUE, true);
29      //转换数据
30      bitmap.bitmapData = btm;
31  }
32  aButton.addEventListener(MouseEvent.MOUSE_UP, noiseClr);
33  function noiseClr(evt:MouseEvent)
34  {
35      removeChild(bitmap);
36  }
```

图 14-60　利用代码来创建屏幕杂点效果

代码说明如下。

- 行 2~3：定义两个整型变量，记录对象 TV（也就是"屏幕"元件的实例）的宽度和高度。
- 行 4~5：定义两个整型变量，记录对象 TV 的坐标位置，这里我们取用的是默认的矩形左上角。
- 行 7：定义一个 Bitmap（位图）类型的变量。
- 行 8：定义一个 BitmapData（位图数据）类型的变量。
- 行 10：对位图数据对象进行初始化，其位图区域大小与屏幕大小一致，可透明，白色填充。
- 行 12：为按钮添加侦听器，侦测鼠标按下事件。
- 行 13：自定义函数，响应按钮的鼠标按下事件。
- 行 16：对位图数据对象应用杂点效果，种子值为一个随机值（0~ int.MAX_VALUE），其余参数的含义参见前文说明。
- 行 18：将位图数据对象实例化为位图对象。
- 行 19：将位图对象添加到舞台，使其显示出来。
- 行 20~21：位图对象的显示位置与屏幕对象 TV 的位置一致。
- 行 23：为舞台添加侦听器，侦测进入当前帧事件。
- 行 25：自定义函数，响应舞台的进入当前帧事件。
- 行 28：重新为位图数据对象应用杂点效果。
- 行 30：重新将位图数据对象赋值给位图对象，这样，位图对象的杂点图就发生了变化。当反复执行本函数，则杂点图就反复发生变化，从而产生动态的杂点效果。
- 行 32~36：为按钮添加一个侦听器，侦测鼠标松开事件；若事件发生，就清除位图对象，从而释放内存。

**要点提示**

通常，int 类可使用表示为 32 位带符号整数的数据类型，表示的值的范围是：–2 147 483 648（–2^31）~ 2 147 483 647（2^31–1）。MAX_VALUE 是 int 类的公共常量，大小为 2 147 483 647。

STEP **9** 保存文档。

STEP **10** 测试作品，可以看到，若按下【捣乱掉线】按钮，则电视机屏幕就会出现雪花点；松开按钮，屏幕恢复正常。

## 14.2.4 【案例 8】星光闪烁

孩童的时候，天上的繁星闪烁，总能够引起我无尽的遐思。冬日里冰雪掩映下的星空，更隐藏着无尽的秘密，那闪烁的星星，是否就是神仙的眼睛？本例我们来制作一个小动画，致我们已经逝去的童年。

梦幻的冬雪背景下，天空泛着蔚蓝，有群星闪烁，随机的位置和大小，宛若难以琢磨的精灵。画面效果如图 14-61 所示。

图 14-61 星光闪烁

**步骤提示**

STEP **1** 创建一个新的 Flash 文档。

STEP **2** 选择【文件】/【导入】/【导入到库】命令，将一幅图片"雪景.png"导入到库中。这是一个 png 格式的图片，其背景是透明的。

STEP **3** 创建一个图形类型的元件，名称为"背景"，如图 14-62 所示。

STEP **4** 我们要在其中绘制一个渐变的蓝色背景。进入元件子舞台，选择【窗口】/【颜色】命令，打开【颜色】面板，设置【颜色类型】为"径向渐变"，在下面的颜色区域为第一个色标设置颜色为 00CCFF，为第二个、第三个色标设置颜色为 0033CC，如图 14-63 所示。注意，其中第二个色标是单独添加的，其位置大致位于颜色条中间。

图 14-62 创建"背景"元件      图 14-63 设置颜色样式

**STEP** **5** 在舞台上，首先用矩形工具绘制一个没有边框的矩形，然后再使用【颜料桶工具】，调整光斑位置，使高光区域居于画面左下方，如图 14-64 所示。

**STEP** **6** 创建一个影片剪辑类型的元件"星星"，进入元件子舞台，在【颜色】面板中，设置【颜色类型】为"径向渐变"，在下面的颜色区域为第一个色标设置颜色为 FFFF00，为第二个个色标设置颜色为 FFFFFF，如图 14-65 所示。

图 14-64　绘制背景图形　　　　　　　　　　　　图 14-65　调整颜色类型和色彩

**STEP** **7** 从【工具】面板中选择【多角星形】工具，在其【属性】面板中设置笔触颜色为无色，也就是没有边框；然后单击 选项... 按钮，打开【工具设置】对话框，设置绘图样式为"星形"，边数为 4，星形顶点大小为 0.2，如图 14-66 所示。

图 14-66　设置星形工具的属性

**STEP** **8** 在元件的舞台上，按住 Shift 键，绘制一个星形，然后将其与舞台中心对齐；选择该星形图像，按住 Ctrl 键，拖动复制 2 个星形，在变形面板中将它们缩小到 60%，分别选择 30° 和 60°，如图 14-67 所示。

图 14-67　制作 3 个星形图像

**STEP 9** 将两个变形后的星形图像分别拖动到舞台中心，与主星形图像中心重合，如图 14-68 所示。这样，就完成了星星的制作。注意，要用分别拖动的方法将它们对齐，不要使用对齐面板，否则它们会混合在一起的。

**STEP 10** 创建一个"影片剪辑"类型的元件"星星闪烁"，从库面板中将元件"星星"拖入舞台；在元件实例对象的属性面板中，打开【滤镜】属性栏，从面板的最下方的滤镜工具栏中，单击【添加滤镜】按钮，则出现滤镜工具菜单，如图 14-69 所示。

图 14-68 制作好的星星

图 14-69 滤镜工具菜单

**STEP 11** 从菜单中选择"发光"滤镜，设置其模糊度均为 2 像素，品质为高，颜色为白色，则星星出现了一种发光、略显模糊的效果，如图 14-70 所示。

图 14-70 为星星添加发光的效果

**STEP 12** 在"时间轴"上，首先分别在 24 帧、48 帧添加关键帧，然后调整第 24 帧中"星星"对象的透明度为 30%，最后在各关键帧之间"创建传统补间"动画，如图 14-71 所示。这样，星星就显现出忽明忽暗的闪烁效果了。

**STEP 13** 在【库】面板中，选择"星星闪烁"元件，单击鼠标右键，从快捷菜单中选择【属性】命令，打开【元件属性】面板；展开【高级】选项，勾选"为 ActionScript 导出"项，然后在【类】栏中输入"star"，如图 14-72 所示，为元件创建一个导出类，以便在脚本中调用。

**STEP 14** 单击 确定 按钮，系统出现一个警告框，如图 14-73 所示，说明系统无此类定义，将要自动创建。

**STEP 15** 再次单击 确定 按钮，则系统自动创建了该类。这样，在下面的脚本中就可以通过代码进行调用了。

图 14-71 为星星创建忽明忽暗的闪烁效果

图 14-72 为元件创建一个导出类

图 14-73 系统出现一个警告框

**STEP 16** 返回 "场景 1"，从【库】面板中将元件 "背景" 拖入舞台，然后将图形元件 "雪景 .png" 也拖入舞台，按照效果要求调整二者的位置。

**STEP 17** 再从【库】面板中将元件 "星星闪烁" 拖入舞台，放置在舞台外面，也就是不让其在舞台中显现出来，如图 14-74 所示。

图 14-74 将元件 "星星闪烁" 放置在舞台外面

 **要点提示**

舞台上有影片剪辑类型的元件实例对象，则其各种内置类就能够被自动载入，不需要在脚本中显性引入，为代码设计带来很多方便。但是在实际作品效果中，并不需要这个对象显示出来。

**STEP 18** 在时间轴面板中添加一个新图层，选择其第 1 帧，打开【动作】面板，输入如图 14-75 所示脚本，利用代码来实现星星随机闪烁的效果。

```
1  //创建一个定时器对象，定时间隔为1秒
2  var timer = new Timer(1000);
3  //再创建一个侦听器，在侦听定时器对象"间隔时间到"事件
4  timer.addEventListener(TimerEvent.TIMER, onTimer);
5  //启动定时器
6  timer.start();
7  //定义一个全局变量，用于控制显示的星星数量
8  var i:int = 1;
9
10 //定义函数，响应定时器事件
11 function onTimer(timer:TimerEvent)
12 {
13    //创建一个影片剪辑类型的对象
14    var mystar=new star();
15    //将对象显示在第1层
16    addChildAt(mystar,i);
17    i++;
18    //控制位置、比例和透明度
19    mystar.x = Math.random() * 500;
20    mystar.y = Math.random() * 200;
21    mystar.scaleX = mystar.scaleY = Math.random();
22    mystar.alpha = Math.random();
23    //最多显示8个星星；如果达到5个，就先清除现有层次上的对象，然后重新创建
24    if (i>8)
25    {
26       for (var j:int=i; j>1; j--)
27       {
28          removeChildAt(j);
29       }
30       i = 1;
31    }
32 }
```

图层 2:1

第 1 行（共 32 行），第 1 列

图 14-75　利用代码来实现星星随机闪烁的效果

代码说明如下。

- 行 2：创建一个定时器对象，设置定时间隔为 1000 毫秒，也即 1 秒。
- 行 4：为定时器对象创建一个侦听器，侦听定时器对象"间隔时间到"事件。
- 行 6：启动定时器。
- 行 8：定义一个全局变量，用于控制显示的星星数量。
- 行 11：自定义函数，用于响应定时器事件。
- 行 14：定义一个 star 类型的对象，这个类型就是前文在设计时导出的类。
- 行 16：将对象添加到舞台的第 i 层，使对象能够显示出来。
- 行 17：将变量自增 1。
- 行 19~22：设置新对象的位置、比例和透明度，都采用随机函数来赋值。
- 行 24：如果星星数量超过 8 个，则开始下面的清除操作。
- 行 26~29：使用一个循环，逐渐将各个层次上的显示对象都清除掉。
- 行 30：清除完后，重新设置变量 i，再次进行星星的创建。

**STEP 19** 保存文档。

**STEP 20** 测试作品，可以看到，闪烁的星星的位置和大小都是随机的，并且最多只会显示 8 个星星。

### 14.2.5 【案例 9】雪花飘舞

冬日的雪花，飘飘扬扬，是无数孩童心中的梦想，所以在很多文学作品、电影动画中，都有对雪花的描述。实现雪花飘舞这种动画效果的方法有很多，但是利用脚本来实现肯定是最简便、效果最好的。

### 【作品效果】

在一幅雪夜的背景下，雪花纷纷落下，每朵雪花的大小、位置和下落方位都是随机的；雪花数量最多不超过 200 朵。画面效果如图 14-76 所示。

图 14-76 雪花飘舞

## 步骤提示

**STEP 1** 创建一个新的 Flash 文档。

**STEP 2** 选择【文件】/【导入】/【导入到舞台】命令，将一幅图片"圣诞夜景 .jpg"导入到舞台上。这是这个作品的背景。

**STEP 3** 修改舞台属性，使其与图片大小一致，并设置背景颜色为灰色，以便下面绘制白色的雪花。

**STEP 4** 创建一个影片剪辑类型的元件"雪花"，使用工具面板中的线条工具和椭圆工具等，绘制一个白色的雪花模样的图形，如图 14-77 所示。

图 14-77 绘制雪花

### 要点提示

注意雪花的大小很重要，为了得到较好的效果，雪花的宽和高都不应超过 10。同时还要注意将雪花的中心与舞台中心对齐。

**STEP 5** 在【库】面板中选择"雪花"元件，单击鼠标右键，从快捷菜单中选择【属性】命令，打开其【属性】面板；展开高级属性，选择"为 ActionScript 导出"项，在【类】栏中输入"snowflake"，如图 14-78 所示。为元件创建一个导出类，以便在脚本中调用。

**STEP 6** 单击 确定 按钮，系统出现一个警告框，如图 14-79 所示，说明系统无此类定义，将要自动创建。

**STEP 7** 再次单击 确定 按钮，则系统自动创建了该类。这样，在下面的脚本中就可以通过代码进行调用了。

图 14-78 为元件创建一个导出类

图 14-79 系统出现一个警告框

**STEP**  在【时间轴】面板中添加一个新图层，选择其第 1 帧，打开动作面板，输入如图 14-75 所示脚本，利用代码来实现雪花飘落的效果。

图 14-80 利用代码来实现星星随机闪烁的效果

代码说明如下。

```
// 声明一个整型变量 i，用于计算雪花数量
var i:int = 1;
// 为当前舞台添加一个侦听器，侦测进入当前帧的事件
stage.addEventListener(Event.ENTER_FRAME,mySnow);
// 创建自定义函数，响应进入当前帧事件
function mySnow(event:Event):void
{
    // 创建一个雪花类型的对象 aFlower
    var aFlower:snowflake=new snowflake();
    // 定义 aFlower 的横坐标和纵坐标为随机值，取值范围是舞台宽度和高度的三分之一，这样的话，雪花就会在舞台的上三分之一区域出现
    aFlower.x = Math.random() * stage.stageWidth;
    aFlower.y = Math.random() * stage.stageHeight / 3;
    // 定义雪花的缩放比例为随机值，x、y 方向的比例是一样的
```

```
            aFlower.scaleX = aFlower.scaleY = Math.random();
            // 声明变量 sway，其值为 -1 或 1，用于实现雪花的左右摇摆
            var sway:int = Math.round(Math.random())*2-1;
            // 计数变量 i 自加 1
            i++;
            // 将雪花对象添加到舞台，使其在影片中可见
            stage.addChild(aFlower);
            // 为雪花对象添加侦听器，侦测"进入当前帧"事件
            aFlower.addEventListener(Event.ENTER_FRAME,snowfall);
            // 采用函数嵌套的方法，创建雪花对象下坠的自定义函数
            function snowfall(event:Event):void
            {
                // 声明变量 speed 为随机生成的雪花下落速度，取值在 0~2 之间
                var speed:Number = Math.random() * 2;
                // 雪花对象的 y 坐标根据速度变量持续增加，产生雪花下坠的效果
                aFlower.y += speed;
                // 为雪花对象设置一个随机的旋转角度，取值范围为 0~20
                aFlower.rotation += Math.random() * 20;
                // 为雪花对象的 x 坐标增加一个随机的正负变化，实现左右摇摆的效果
                aFlower.x+=(Math.random()*2)*sway;
                // 当雪花数量大于 200 时
                if (i>200)
                {
                    //清除影片中显示层次为 1 的雪花 ( 背景为 0，第 1 个出现的雪花为 1)
                    stage.removeChildAt(1);
                    // 雪花上限为 200
                    i = 200;
                }
            }
        }
```

🎯 **要点提示**

这里有一个重要概念：当我们使用 addChild() 方法将雪花对象添加到舞台显示时，舞台原始内容的层次为 0，第 1 个出现的雪花层次为 1，第 2 个出现的雪花层次为 2，依次类推。当我们用 removeChildAt() 方法清除层次 1 中的内容后，原来层次 2 中的内容就会跌落到层次 1，层次 3 中的内容就会跌落到层次 2，依次类推。因此，当我们不断清除层次 1 上的内容，就是不断将当前舞台上最先出现的雪花清除掉了。

**STEP 9** 保存文档。

**STEP 10** 测试作品，可以看到，雪花纷纷在舞台上部产生，每朵雪花的大小、位置和下落方位都是随机的。

# 14.3 小结

本章我们练习了几个有趣的案例，可见 Flash 的脚本语言能够为动画设计带来极大的便利。ActionScript 作为一种高级编程语言，和其他语言一样具备各种数学运算的能力，其使用到的各种函数和方法一般都是由公共类 Math 提供的。

很多有趣的动画作品，都需要借助数学的知识来设计，一般首先分析数学模型，找出数学公式和规律，然后在这个公式的基础上开展程序设计。

Chapter

# 15

## 第15章
## 综合实例

随着网络技术的飞速发展，Flash动画已经深入人们的日常生活，被广大用户所认识和接受，并随之出现一大批忠实的追随者，无数年轻人借助Flash技术实现了他们的创意和梦想。Flash功能强大，若想要设计出优秀的作品，还需要大家认真地学习和积极地钻研。

### 学习目标

- 掌握图形的创建步骤。
- 掌握普通顺序动画的制作。

# 15.1 顺序动画综合实例

这里通过 3 个小的综合实例，练习图形的创建、普通顺序动画的制作。作品的设计效果如图 15-1 所示。

图 15-1　普通顺序动画综合实例

## 15.1.1　一杯绿茶

本例侧重于学习复杂渐变色和图形组合的创建与调整，创建复杂图形时为了便于调整一个图形的形态而不干扰其他图形，需要用到图层、元件和【库】面板等相对复杂的知识点，对于未涉及的知识点只要按照步骤操作即可，这些知识会在后续的章节详细讲述。

在黄色的背景下，两片绿茶从杯子中伸出，杯子也透出隐隐的绿意，如图 15-2 所示。

图 15-2　一杯绿茶

### 步骤提示

**STEP 1** 新建一个 Flash 文档，设置背景色为黄色。

**STEP 2** 选择 ◎ 工具，在【颜色】中设置边线为"无"，设置填充色为"灰绿色"，在舞台中绘制椭圆形作为盘子的基本形，如图 15-3 所示。

**STEP 3** 选择图形，按 Ctrl + C 组合键复制图形。新建"图层 2"，选择【编辑】/【粘贴到当前位置】命令，粘贴图形。向上适当移动图形位置。

**STEP 4** 选择填充色，在【颜色】面板，将填充色调整为线性渐变，使其左侧为灰绿色，右侧为白色。

**STEP 5** 选择填充色，选择渐变变形工具 ⬛，旋转渐变色的角度，并缩小渐变区域，如图 15-4 所示。

图 15-3　绘制椭圆形　　　　　　　　　　　　　　　图 15-4　调整渐变色

**STEP 6** 新建"图层 3"，选择 ◎ 工具，设置【颜色】下的边线为"无"，设置填充色为径向渐变，在舞台中绘制椭圆形作为杯子口形态。

**STEP 7** 选择填充色，在【颜色】面板调整径向渐变，先增加一个颜色指针，依次调整各指针的颜色，使左侧为深绿色，中间为中绿色，右侧为浅绿色，调整 3 个指针位置，如图 15-5 所示。

STEP 8 在"时间轴"上，单击"图层 3"右侧的□按钮，使图层以轮廓方式显示。

STEP 9 用鼠标拖曳所有图层右侧🔒图标下的区域，锁定所有图层。

STEP 10 在"时间轴"上，增加一个新层"图层 4"，将其拖到"图层 3"下面，如图 15-6 所示。

图 15-5 调整渐变色

图 15-6 调整图层位置

STEP 11 选择"图层 4"第 1 帧，选择 ╲ 工具，设置笔触颜色为黑色，绘制杯身的基本外形。选择 ▶ 工具，调整轮廓为上大下小的图形，如图 15-7 所示。

STEP 12 选择 ◇ 工具，选择线性渐变色填充杯身图形，删除轮廓线。

STEP 13 选择填充色，在【颜色】面板，调整为"线性渐变"，使左侧色彩指针为灰绿色，右侧为白色。

STEP 14 选择填充色，选择渐变变形工具 🖿，旋转渐变色的角度，并调整渐变区域，如图 15-8 所示。

图 15-7 绘制杯身外形

图 15-8 调整杯身渐变色

STEP 15 在"时间轴"上，单击"图层 3"右侧的□按钮，取消图层轮廓显示方式。

STEP 16 用鼠标拖曳所有图层右侧🔒图标下的区域，锁定所有图层。

STEP 17 在"时间轴"上，在"图层 3"上面增加新层"图层 5"。

STEP 18 选择"图层 5"第 1 帧，选择 ╲ 工具，设置笔触颜色为黑色，绘制把手的基本外形。选择 ▶ 工具，调整轮廓形状，如图 15-9 所示。

STEP 19 选择 ◇ 工具，选择线性渐变色填充把手正面图形。

图 15-9 绘制茶杯把手

STEP 20 选择填充色，在【颜色】面板，调整放射状渐变，使左侧色彩指针为深绿色，右侧为白色。

STEP 21 选择填充色，选择渐变变形工具 🖿，旋转渐变色的角度，并调整渐变区域，如图

15-10 所示。

**STEP 22** 选择 工具，选择线性渐变色填充把手上面的图形。

**STEP 23** 选择填充色，选择渐变变形工具 ，旋转渐变色的角度，并调整渐变区域，如图 15-11 所示。

图 15-10 填充把手的正面

图 15-11 调整渐变色方向

**STEP 24** 选择轮廓线，按 Delete 键删除笔触。

**STEP 25** 将"图层 5"拖到"图层 4"下面，调整把手相对杯身的位置。

**STEP 26** 取消"图层 3"的锁定，选择图形，按 Ctrl + C 键复制图形。

**STEP 27** 在【时间轴】窗口中，在"图层 3"上面增加新层"图层 6"。选择【编辑】/【粘贴到当前位置】命令，粘贴图形。

**STEP 28** 选择 工具，缩小椭圆形。选择填充色，在【颜色】面板，调整径向渐变，使左侧色彩指针为土黄色，右侧为浅黄色。

**STEP 29** 选择填充色，选择渐变变形工具 ，向下移动渐变色的中心位置，如图 15-12 所示。

**STEP 30** 在时间轴上，在"图层 3"上面增加新层"图层 7"。

**STEP 31** 选择 工具，设置边线为无，设置填充色为"径向渐变"，在舞台中绘制椭圆形作为杯子投影形态。

**STEP 32** 选择填充色，在【颜色】面板，调整"径向渐变"，调整右侧色彩指针为白色，设置【Alpha】值为"0%"。调整左侧色彩指针为深绿色，并向右适当移动，设置【Alpha】值为"100%"。

**STEP 33** 选择渐变变形工具 ，调整渐变区域，如图 15-13 所示。

图 15-12 调整渐变色形态

图 15-13 绘制并调整投影

**STEP 34** 将"图层 7"拖到"图层 5"下面，调整投影图形位置，如图 15-14 所示。

**STEP 35** 新建"图层 8"，选择 工具，选择黑色绘制树叶形状。选择 工具，调整轮廓形状，如图 15-15 所示。

图 15-14 调整图形顺序

图 15-15 绘制树叶形态

**STEP 36** 在【颜色】面板，调整线性渐变，使左侧色彩指针为深绿色，右侧为浅绿色。选择 工具，分别填充树叶图形。

**STEP 37** 分别选择填充色，选择渐变变形工具，旋转渐变色的角度，并调整渐变区域，如图 15-16 所示。

**STEP 38** 选择轮廓线，按Delete键删除笔触。

**STEP 39** 选择图形，按Ctrl + C键复制图形。

**STEP 40** 在"时间轴"上，在"图层 8"上面增加新层"图层 9"。选择【编辑】/【粘贴到当前位置】命令。

**STEP 41** 选择图形，选择【修改】/【变形】/【水平翻转】命令，翻转图形，调整图形位置，如图 15-17 所示。

图 15-16 填充并调整树叶

图 15-17 复制新树叶图形

**STEP 42** 选择工具，调整右侧树叶的形状，使整体形状略大于左侧图形，如图 15-18 所示。

调整右侧树叶形态

图 15-18 调整树叶形态

**STEP 43** 选择【控制】/【测试场景】命令，打开播放器窗口，观看效果。

绘制复杂图形时，最好采用分层的方式进行绘制，这样图层之间相对独立，图形又不会沾粘，图层透明不影响观察整体效果，如果需要制作动画效果，等绘制完成后再进行整合，这样就十分便利。

## 15.1.2　大礼盒

### 【作品效果】

创建如图 15-19 所示的效果，金色礼盒不断放射出光芒，高贵神秘，洋溢出浓浓的喜庆气氛。

图 15-19　大礼盒

### 步骤提示

**STEP** **1** 新建一个 Flash 文档，【尺寸】为"550 像素 × 260 像素"，以文件名"大礼盒.fla"保存。

**STEP** **2** 新建一个影片剪辑元件"礼盒"，选择【文件】/【导入】/【导入到舞台】命令，导入素材文件"礼盒.wmf"文件，如图 15-20 所示。

**STEP** **3** 新建一个影片剪辑元件"背景"。打开【颜色】面板，选择"线性渐变"类型，设置两个渐变颜色指针，如图 15-21 所示。

图 15-20　导入图形

图 15-21　设置渐变色

**STEP** **4** 选择▢工具，在【属性】检查器中，将【笔触颜色】设为无，在舞台上画出一个长方形。

**STEP** **5** 选择所画的长方形，在【属性】检查器中调整【宽】、【高】数值和坐标值，精确设置长方形的大小和位置，如图 15-22 所示。

**STEP** **6** 选择▢工具，顺时针旋转填充颜色 90° 并缩小填充范围，形成上浅下深的变化，如图 15-23 所示。

图 15-22　设置长方形

图 15-23　调整填充颜色

**要点提示**

使用 工具顺时针旋转填充颜色，一定要确信 按钮被激活，这样能够确保精确旋转 90°。

**STEP 7** 新建一个影片剪辑元件"光线"。在【颜色】面板中修改渐变颜色指针的数值，如图 15-24 所示。

**STEP 8** 选择 工具，在舞台上画出一个长方形，调整其宽和高数值为"30×190"。取消对长方形的选择，使用 工具修改长方形的形状，形成上宽下窄的光束图形，如图 15-25 所示。

图 15-24 设置渐变色

图 15-25 调整形状

**要点提示**

使用 工具进行调整时，一定要确信 按钮没有激活，这样才能够确保精确调整。

**STEP 9** 选择 工具，逆时针旋转填充颜色 90° 并扩大填充范围，形成上浅下深的变化，产生光线逐渐减弱的效果。

**STEP 10** 新建一个影片剪辑元件"光芒"。从【库】面板中，将"光线"元件拖放到舞台，选择 工具，调整实例变形点的位置，如图 15-26 所示。

**STEP 11** 在【时间轴】面板中，选择第 18 帧，按 F6 键插入关键帧，并对第 18 帧中的实例进行逆时针旋转处理。

**STEP 12** 在【属性】检查器中，从【颜色】下拉菜单中选择【Alpha】，将其数值设为"20%"，降低实例的透明度，如图 15-27 所示。

变形点的位置

图 15-26 调整变形点的位置

【Alpha】数值

图 15-27 降低透明度

**STEP 13** 用鼠标右键选择第 1 帧，从打开的快捷菜单中选择【创建传统补间动画】命令，使 1 ~ 18 帧产生光线旋转减弱的补间动画。

**STEP 14** 返回到场景 1，从【库】面板中将"背景"元件拖放到舞台，设置实例的坐标值为（0,0）。

**STEP 15** 在【时间轴】面板中，单击按钮新建一个图层，层名自动设为"图层 2"。

**STEP 16** 在【时间轴】面板中，用鼠标右键选择"图层 1"第 1 帧，从打开的快捷菜单中选择【复制帧】命令。

**STEP 17** 用鼠标右键选择"图层 2"第 1 帧，从打开的快捷菜单中选择【粘贴帧】命令。这样"图层 2"第 1 帧中也出现了一个"背景"元件实例。

**STEP 18** 选择"图层 2"中的"背景"元件实例，在【属性】检查器中调整坐标值，如图 15-28 所示，使两个"背景"元件实例无缝衔接完全覆盖住舞台。

**STEP 19** 选择【修改】/【变形】/【垂直翻转】命令，使这一实例垂直翻转。

**STEP 20** 在【属性】检查器【色彩效果】的【样式】下拉菜单中选择【高级】，然后减少红色数值"-30"，如图 15-29 所示。

图 15-28 调整变形点的位置

图 15-29 降低透明度

**STEP 21** 在【时间轴】面板中同时选择两个图层的第 45 帧，按 F5 键插入帧。

**STEP 22** 在【时间轴】面板中，单击按钮插入一个"文件夹 1"。然后双击文件夹名称，修改为"背景"。

**STEP 23** 分别将"图层 1"和"图层 2"拖放到"背景"文件夹中，如图 15-30 所示。

**STEP 24** 选择"背景"文件夹，选择【插入】/【时间轴】/【图层】命令，在"背景"文件夹上方增加一个"图层 3"。

**STEP 25** 从【库】面板中，将"礼盒"元件拖放到两个"背景"实例的中央交界处，成为"图层 3"的对象。

**STEP 26** 用鼠标右键单击"图层 3"的层名，从打开的快捷菜单中选择【插入图层】命令，在"图层 3"的上方增加一个"图层 4"。

**STEP 27** 复制"图层 3"的第 1 帧，然后粘贴到"图层 4"的第 1 帧。

**STEP 28** 选择"图层 3"中的实例，选择【修改】/【变形】/【垂直翻转】命令，使这一实例垂直翻转。按 ↓ 键向下移动，形成一个倒影效果，如图 15-31 所示。

图 15-30 文件夹

图 15-31 向下移动实例

**STEP 29** 在【属性】检查器【色彩效果】的【样式】下拉菜单中选择【Alpha】，将其数值设为"60%"，降低实例的透明度。并对实例进行水平倾斜调整，使倒影更加真实，如图 15-32 所示。

**STEP 30** 在【时间轴】面板中，单击 按钮插入一个"文件夹 2"，然后双击文件夹名称，修改为"礼盒"。分别将"图层 3"和"图层 4"拖放到"礼盒"文件夹中，折叠"背景"文件夹和"礼盒"文件夹。

**STEP 31** 在"礼盒"文件夹上方增加一个"图层 5"。从【库】面板中，将"光芒"元件拖放到礼盒的中央，如图 15-33 所示。

图 15-32　水平倾斜调整

图 15-33　放置实例

**STEP 32** 在"图层 5"上方增加一个"图层 6"。从【库】面板中，将"光芒"元件拖放到礼盒的中央。打开【变形】面板，取消【约束】，分别设置水平和垂直，以及旋转角度，按 Enter 键应用，如图 15-34 所示。

**STEP 33** 新建一个"光芒"文件夹，然后将"图层 5"和"图层 6"放入其中。

**STEP 34** 在"光芒"文件夹中继续增加图层直到"图层 20"，每个图层均放置一个"光芒"元件实例，并调整它们的大小与旋转角度，形成如图 15-35 所示的光芒四射效果。

图 15-34　调整实例

图 15-35　组合出光芒效果

　**要点提示**

各个图层放置的"光芒"元件实例一定要有所区别，产生自然随机的显示效果。

**STEP 35** 在【时间轴】面板中，折叠"光芒"文件夹，将"光芒"文件夹拖动到"礼盒"文件夹下方，形成光芒从礼盒后面射出的效果，如图 15-36 所示。

**STEP 36** 选择【控制】/【测试影片】命令测试动画，就会看到礼盒不断放射出光芒。此例可参见素材文件中的"大礼盒 .fla"文件。

图 15-36　调整文件夹的顺序

斜角滤镜可以增加图形的立体感，使平面的图形绘制转换成立体效果，不用再去绘制图形的不同里面，简化了绘制流程，丰富了图案效果，同时可以设置不同的参数，使前景和背景融合得更加自然。

### 15.1.3　多场景广告

【作品效果】

这个实例是一个完整的地产广告，如图 15-37 所示，从上到下依次是三个场景要表现的内容。第一个场景主要利用运动引导层动画实现文字的不规则运动及摆放；第二个场景主要利用遮罩层动画实现两个图像间的百叶窗式划变，其中百叶窗式图案的制作利用了时间轴特效；第三个场景主要利用多层补间动画来完成，相对简单。实例制作过程涉及许多实用技巧，希望读者加以掌握，融会贯通地应用到自己的创作中。

图 15-37　多场景广告

下面首先来制作"场景 1"。

【步骤提示】

**STEP 1** 打开素材文件"通盛素材 .fla"。打开【颜色】面板，选择【线性渐变】类型，设置渐变颜色指针的数值，如图 15-38 所示。

**STEP 2** 新建一个影片剪辑元件"天空"。选择▢工具，将【笔触颜色】设为无，画出一个长方形。然后在【属性】检查器中，将其大小调整为"360 像素 ×150 像素"。

**STEP 3** 在工具面板选择▣工具，按长方形大小调整填充色，形成上深下浅的变化。

图 15-38　设置渐变色

**STEP 14** 返回到"场景1",将"天空"元件从【库】面板中拖出完全覆盖舞台。

**STEP 15** 增加一个"图层2",从【库】面板中将"椰树"元件拖放到舞台的右下角。

**STEP 16** 增加一个"图层3",将"云"元件拖放到舞台三次并进行调整,以便三者有所区别,如图15-39所示。然后将这三个元件实例全选,转换为一个影片剪辑元件"云朵"。

图 15-39　调整元件实例

**STEP 17** 增加一个"图层4",选择 T 工具,【字体】选"华文新魏",【字体大小】设为"45",颜色选"#FF66FF",输入文字"通盛"。

**STEP 18** 确信文字"通盛"被选择,选择【修改】/【分离】命令,使其成为两个单独的字符。然后分别转换为影片剪辑元件"通"和"盛"。

**STEP 19** 将舞台上的"通"和"盛"元件实例同时选择,选择【修改】/【时间轴】/【分散到图层】命令,元件实例被分配到新加的两个层中,如图15-40所示。

图 15-40　分散到图层

**STEP 10** 在图层"盛"上增加六个图层,从【库】面板中将"我"等六个元件拖放到相应图层对应的舞台上,如图15-41所示。

**STEP 11** 调整图层"盛"和"通"的位置,使图层从上到下形成"我与通盛有个约会"这样一个顺序。在"图层4"画出一条路径曲线，然后调整包含文字的元件实例，如图15-42所示。这是下面制作的动画中，文字最终停留的位置。

图 15-41　放置元件　　　　　　　　　　　　　　　　图 15-42　将元件吸附到路径上

**STEP 12** 对包含文字的八个图层，在第36帧按 F6 键。在"图层4"的第36帧按 F5 键，在其他三个图层的第41帧按 F5 键，并锁定图层。

**STEP 13** 制作运动引导层动画，使文字依次沿曲线路径运动，如图15-43所示。

所有字符运动的起始位置

右边的字符先出现，运动距离远，因此被引动层中的动画要有一定的时间间隔

图 15-43　运动引导层动画

**STEP 14** 使用 工具，同时按 Shift 键依次选择字符，全选第36帧的元件，按 Ctrl + C 组合键复制。

**STEP 15** 在"图层4"上新建一个"图层13"，在第37帧按 F6 键，按 Ctrl + Shift + V 组合键原位粘贴出所复制的字符，确认它们全部处于被选择状态，再将它们转换为一个影片剪辑元件"文字"。

**要点提示**

将包含单个文字的元件集合转换为一个元件，是为了下一步统一放大处理做准备。

**STEP 16** 在"图层13"制作传统补间动画，使"文字"元件实例经过5帧就快速放大8倍，调整位置使"盛"字位于舞台中央，如图15-44所示。

**STEP 17** 解除"图层3"锁定，制作补间动画，使"云朵"元件实例从第1~41帧由左向右移动。

图 15-44　制作补间动画

下面继续来制作"场景 2"。

**步骤提示**

**STEP　1** 插入一个"场景 2"。从【库】面板中将"底图"位图拖放到舞台,其左上角与舞台左上角对齐。按 F8 键将舞台上的"底图"转换成一个影片剪辑元件"背景"。

**STEP　2** 在【时间轴】面板中,在第 15 帧插入关键帧,在第 40 帧插入帧。

**STEP　3** 调整第 15 帧中"背景"元件实例的位置,使其左下角与舞台左下角对齐,制作传统补间动画使"背景"元件实例由下向上运动。

**STEP　4** 增加一个"图层 2",在第 15 帧插入关键帧,从【库】面板中将"房 .jpg"拖放到舞台,其左上角与舞台左上角对齐,然后转换成影片剪辑元件"背景 1",如图 15-45 所示。

图 15-45　实例位置

**STEP　5** 增加一个"图层 3",在第 15 帧插入关键帧,选择 工具,将【笔触颜色】设为无,在舞台上方画出一个"360 像素 ×15 像素"大小的长方形,然后将其转换为影片剪辑元件"遮罩"。

 **要点提示**

这个长方形将在后面制作遮罩效果,其宽度与舞台一致,高度为舞台的十分之一。

**STEP　6** 在【库】面板中双击"遮罩"元件,进入其编辑修改界面,然后将舞台上的长方形转换为一个影片剪辑元件"遮"。

**STEP 7** 在第 12 帧插入关键帧，垂直压缩"遮"元件实例到"5.0%"，在第 1~12 帧制作传统补间动画，在第 13 帧插入空白关键帧，产生了长方形垂直压缩直到消失的动画效果。

 **要点提示**

在【变形】面板中调整的垂直压缩数值，并不一定能够完全执行，比如这里如果设置为"1.0%"，可能会按"3.3%"执行。因此，为了保证长方形垂直压缩直到消失，在第 13 帧插入空白关键帧，最终用于遮罩效果时，就会使下面的图像完全显示，避免残留。

**STEP 8** 返回"场景 2"的"图层 3"。选择舞台上的"遮罩"元件实例，在垂直方向上复制 9 组，共 10 组"遮罩"实例。

**STEP 9** 打开【对齐】面板，将最下面的"遮罩"实例与舞台下沿对齐，将最上面的"遮罩"实例与舞台上沿对齐，其他等间距对齐，并完全覆盖住舞台，如图 15-46 所示进行设置。

**要点提示**

复制 10 行，能够正好将舞台覆盖，这也是前面绘制长方形时，其高度为舞台十分之一的原因。

**STEP 10** 按 F8 键将舞台上的 10 个"遮罩"实例转换成一个影片剪辑元件"遮罩总"，此时的图层排列效果如图 15-47 所示。

图 15-46 复制并排列元件实例

图 15-47 对应画面效果

**STEP 11** 调整"图层 1"和"图层 2"的位置，将"图层 1"的第 28~40 帧删除，将"图层 3"设置为遮罩层，"图层 1"变成被遮罩层，如图 15-48 所示。

图 15-48 修改图层类型

 **要点提示**

遮罩效果仅在第 15~27 帧显示，持续时间为 13 帧，与"遮罩"元件中的动画持续时间一致。

**STEP** 12 增加一个"图层 4"，在第 1 帧输入文字"3月26日隆重开盘"，字体"方正姚体"，大小"40"，颜色"黄色"。按F8键将文字转换成一个影片剪辑元件"开盘"。双击进入元件，为其添加"投影"滤镜，如图 15-49 所示。

图 15-49　设置滤镜参数

**STEP** 13 返回"场景 2"，在第 1~5 帧制作传统补间动画，使文字由"900.0%"快速缩小到"100.0%"，并调整文字位置使"隆"字位于舞台中央，如图 15-50 所示。

**STEP** 14 在【库】面板中，由"天空"元件直接复制出一个"白板"元件。双击"白板"元件，进入其编辑修改界面，将长方形的填充色改为白色。

**STEP** 15 返回"场景 2"。增加一个"图层 5"，在第 36 帧按F6键插入关键帧，将"白板"元件拖放到舞台上，调整其位置完全覆盖舞台。

图 15-50　制作动画

**STEP** 16 在第 40 帧按F6键插入关键帧，制作第 36~40 帧的传统补间动画，使"白板"元件实例的透明度由"20.0%"变成"100.0%"，如图 15-51 所示。

图 15-51　"白板"元件实例的动画

下面来制作"场景3"。

## 步骤提示

STEP 1 插入一个"场景3"。将"天空"元件从【库】面板中拖放到舞台，使其完全覆盖舞台。

STEP 2 增加一个"图层2"，从【库】面板中将"拼图"位图拖放到舞台，其图像左端与舞台左上角对齐，然后转换成一个影片剪辑元件"合图"。

STEP 3 在"图层1"的第40帧插入帧，在"图层2"的第40帧插入关键帧。

STEP 4 选择"图层2"第40帧中的图像向左移，使图像的右端与舞台右端对齐，然后设置第1~40帧的传统补间动画。

STEP 5 增加一个"图层3"，仍然使用"方正姚体"，颜色选红色，字体倾斜，在舞台下部输入字符"机不可失快快抢购！"，然后将其转换为一个影片剪辑元件"抢购"，如图15-52所示。

"抢购"元件实例      "合图"元件实例

图15-52 放置元件

STEP 6 在"图层3"的第10帧插入关键帧。选择"图层3"第1帧中的实例，向下移出舞台，设置第1~10帧的传统补间动画。

STEP 7 选择"图层3"的第1~10帧，按Alt键向右拖动，在第20帧处复制出新帧，如图15-53所示。

图15-53 复制出新帧

STEP 8 选择【控制】/【测试影片】命令测试动画，就会看到各个场景依次播放。此例可参见素材文件中的"通盛地产.fla"文件。

场景与场景之间的变换，只提供了一种切换的方式，比较单调。为此在这个实例中，"场景1"与"场景2"的切换前后，设置了文字快速放大接着快速缩小的"遮挡"方式，"场景2"与"场景3"的切换前，设置了一种"闪白"方式。这两种转换技巧，在实际工作中是非常有用的。

# 15.2 脚本动画综合实例

本节通过3个脚本动画的综合实例，进一步练习程序代码的分析与设计。这几个作品的动画效果如图15-54所示。

图 15-54　脚本动画综合实例

## 15.2.1　电子图册

本例主要是练习数组的使用，以及在添加侦听器时如何传递参数，这都是高级 Flash 动画作品设计时常遇到的问题。

### 【本例知识】

#### 1.　数组

数组是具有相同数据类型的数据集合，是编程语言中重要的数据结构之一，一般经常使用的是一维索引数组。

这种数组中的每个元素都存储在指定编号的位置中，这个位置称为该数组的索引。数组的元素都可以用唯一的整数下标来索引，该索引从 0 开始，这意味着数组中的第一个元素为 [0]，第二个元素为 [1]，依此类推。

要创建 Array 对象，可以使用 new Array() 构造函数，然后使用数组访问（[]）运算符初始化数组或访问数组元素。

下面的例子创建一个 Array 对象，该对象包含 5 个初始元素，长度为 5，并用字符串"one"填充第一个元素，然后将字符串元素"two"赋值给第 4 个元素。

```
var myArr:Array = new Array(5);
trace(myArr.length);                          // 当前数组的长度 5
myArr[0] = "one";
myArr[3] = "two";
trace(myArr);                                 // one,,,two,
```

#### 2.　通过侦听器事件传递动态参数的方法

ActionScript 3.0 中的 addEventListener 事件，在创建侦听器时，监听会自动传递一个事件对象参数给处理函数，可是不能传递其他参数。但是我们在设计脚本时，经常会遇到要求向事件响应函数传递参数的情况。这该如何处理呢？

一般比较常用的方法就是使用函数的嵌套，如：

```
addEventListener(xxEvent,function(e:Event){ doSth(a,b,c); })
```

在这个案例中，我们就要用到这种方法来传递参数。

### 【作品效果】

鼠标在画面左侧的著名建筑物缩略图上经过，会出现一个半透明的方框，同时在画面右侧的主窗口上能够显示出完整的建筑物大图片，如图 15-55 所示。

图 15-55　电子图册

## 步骤提示

**STEP 1** 创建一个新的 Flash 文档。

**STEP 2** 调整舞台的大小为 650 像素 ×500 像素，以便这些建筑图片能够完全显示。

**STEP 3** 选择【文件】/【导入】/【导入到库】命令，将 5 幅建筑物图片导入到库中，这些图片都已经提前处理好，具有相似的大小尺寸。

**STEP 4** 创建一个影片剪辑类型的元件"元件 1"，在其子舞台中引入一幅建筑物图片，并将图片左上角与舞台中心对齐，也就是将元件的注册点置于图片的左上角，如图 15-56 所示。

**STEP 5** 同理，再创建 4 个元件，将建筑物图片分别引入，注意都要将元件的注册点置于图片的左上角。这样做的目的是为了在显示图片时能够利用左上角来定位。

**STEP 6** 在【库】面板中，选择"元件 1"，单击鼠标右键，从快捷菜单中选择【属性】命令，弹出【元件属性】对话框；打开其【高级】选项，选中"为 ActionScript 导出"项，在【类】栏中输入类名称"p1"，如图 15-57 所示。

图 15-56　将元件的注册点置于图片的左上角

图 15-57　设置"元件 1"所导出的类名称为 p1

**STEP 7** 单击确定按钮，出现一个系统提示框，说明若系统没有这个图像类，需要自动创建。再次确定后，系统就会自动创建一个名为 p1 的图像类，使我们在脚本中可以直接调用了。

**STEP 8** 同理，为另外 4 个元件也创建图像类 p2、p3、p4、p5。

**STEP 9** 再创建一个影片剪辑类型的元件"按钮遮盖"，在其子舞台中绘制一个矩形，注意用白色或灰色填充，将其与舞台中心对齐，如图 15-58 所示。

图 15-58　创建元件"按钮遮盖"

**STEP 10** 再创建一个按钮类型的元件"图像按钮 1"，在其子舞台中引入第一个建筑物的图像，根据实际需要缩小到 15%，然后与舞台中心对齐，如图 15-59 所示。

图 15-59　创建元件"图像按钮 1"

**STEP 11** 在【指针经过】帧和【按下】帧分别添加关键帧。

**STEP 12** 为使指针经过时能够产生一个半透明白色方框，需要在【指针经过】帧加入前面制作"按钮遮盖"元件，并设置其透明度 Alpha 值为 50%。

**STEP 13** 同理，再创建 4 个图像按钮元件，最终【库】面板中的元件如图 15-60 所示。

**STEP 14** 回到"场景 1"，将各个图像按钮拖入舞台，布置在舞台左侧，再使用直线工具绘制一条直线将按钮区域与主内容区域分隔开，然后设置各按钮的实例名称分别为"imaBtn1""imaBtn2""imaBtn3""imaBtn4""imaBtn5"，如图 15-61 所示。

**STEP 15** 在【时间轴】上，添加一个新的图层，选择其第 1 帧，打开动作面板，输入如图 15-62 所示的脚本，用代码实现图册的交互显示。

图 15-60　【库】面板中的元件

图 15-61　布置舞台内容

图 15-62　用脚本实现图册的交互显示

代码说明如下。

- 行 2~6：声明 5 个对象，分别对应前面我们创建的几个图像类，因此它们也就具有了该类的图片。
- 行 8：声明一个数组对象 arr，其初始值为 5 个图像类的对象。
- 行 10：声明一个影片剪辑类型的对象 mc，作为下面图像显示的容器。
- 行 12：将对象 pic1 加载到容器 mc 中，也就是 mc 对象首先能够显示 pic1。
- 行 14：将对象 mc 实例化，使其在当前舞台上可见，舞台显示深度为 0。
- 行 16：设置 mc 对象的 $x$ 坐标为 0，其 $y$ 坐标没有设置，默认为 0；由于此前我们设置图片的左上角为注册点，所以图片按照左上角坐标（150,0）来显示。

行 18~22：为各按钮分别添加一个侦听器，监测鼠标经过事件；若事件发生，就调用自定义函数 showPic，并传递 2 个参数值，其中第 1 个是鼠标事件，第 2 个则是函数需要的变量值。

行 25：创建自定义函数，响应鼠标事件，定义一个整型变量 k，用于接收传递过来的参数值。

行 28：判断对象 mc 中已添加的子对象数量是否不为 0，也就是说 mc 中有显示对象。

行 31：如果是，则移除容器深度为 0 的子对象。

行 34：在 mc 中重新加载一个子对象，该子对象是数组的第 k−1 个元素，其容器显示深度为 0。

行 36：将 mc 对象在舞台上显示出来，舞台显示深度为 0。

行 38：设置 mc 对象的 x 坐标为 0。

根据脚本代码分析，当作品开始运行时，首先加载并显示第 1 幅图片 pic1，作为舞台的初始显示图像；当鼠标经过第 1 个图像按钮时，程序首先用第 31 句移除初始显示对象，然后加载第 0 个数组元素，也就是 pic1；当鼠标经过第 2/3/4/5 个图像按钮时，程序都会首先移除当前显示对象，然后加载对应的新图像并显示出来。

**STEP 16** 保存文档。

**STEP 17** 测试作品，可以看到，鼠标在建筑物缩略图上经过，缩略图上会出现一个半透明的方框，同时在主窗口上显示出完整的建筑物图像，画面切换非常流畅。

### 15.2.2　电流效果

一般情况下，电波表现为一种跳动的不规则折线波形。利用一般的动画设计技术，很难表现这种随机跳动的折线波形。但是利用数学方法，就能够很方便地实现这种效果。

**【本例知识】两点之间电波图形的数学模型**

已知屏幕上有 $A(x0,y0)$、$B(x1,y1)$ 两点，求两点连线上增量点 $P(x,y)$ 的坐标值，如图 15−63 所示。

图 15-63　求两点连线上 $P$ 的坐标值

以 $P$ 点在 $x$ 轴上的增量为计算依据，则：

$x = x0 + \Delta x$

$y = y0 + \Delta x * \tan\theta$

从图中分析可得：

$\tan\theta = (y1-y0)/(x1-x0)$

所以，得到 $P(x,y)$ 的坐标计算公式如下：

$x = x0 + \Delta x$

$y = y0 + \Delta x *(y1-y0)/(x1-x0)$

在动画设计中，当我们将 $\Delta x$ 以一定的步长逐渐增大，可以得到一系列的点，将这些点连接起来，就可以得到 $AB$ 连线。

若要产生波形，就需要为 $P$ 点的 $y$ 坐标添加一个随机扰动，即：

$y = y + 20 * Math.random()$

**【作品效果】**

画面上有两个探针和两个按钮，单击【开始】按钮，就能够在两个探针之间产生随机跳动的电流波形，而且能够将左侧探针随意拖动；单击【停止】按钮，则关闭电流波形。作品效果如图 15−64 所示。

图 15-64 电流效果

## 步骤提示

**STEP 1** 创建一个新的 Flash 文档。

**STEP 2** 选择【插入】/【新建元件】命令，创建一个名为"探针"的影片剪辑类型的元件，如图 15-65 所示。

**STEP 3** 使用【线条】工具绘制两条直线，相互垂直，构成一个探针形状，如图 15-66 所示。注意要设置笔触为 3，探针顶端与舞台中心对齐，这样，探针的注册点就在其顶端。

图 15-65 创建"探针"元件

图 15-66 绘制探针

**STEP 4** 返回"场景 1"，从【库】面板中将"探针"元件拖入到舞台，创建两个实例对象，放置在舞台左右，分别定义名称为"point1"和"point2"。

**STEP 5** 选择【窗口】/【公用库】/【buttons】命令，打开【外部库】面板，从"buttons bar"文件夹下拖动"bar blue"和"bar green"到舞台，建立 2 个按钮对象，如图 15-67 所示。

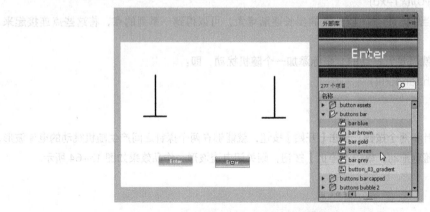

图 15-67 建立 2 个按钮对象

STEP 06 修改两个按钮的显示文字为"开始"和"停止",如图 15-68 所示。

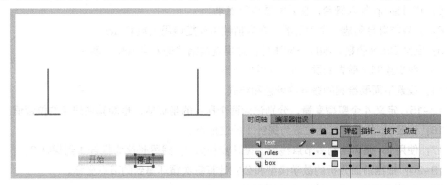

**图 15-68　修改按钮显示文字**

STEP 07 设置两个按钮的实例名称分别为"startBtn"和"stopBtn",如图 15-69 所示。

**图 15-69　设置两个按钮的名称分别为"startBtn"和"stopBtn"**

STEP 08 在【时间轴】面板中,新增"图层 2"。选择其第 1 帧,打开【动作】面板,输入如图 15-70 所示的脚本,为【开始】按钮添加生成波形的代码。

```
var sp:Shape = new Shape;
startBtn.addEventListener(MouseEvent.CLICK,init);
function init(evt:MouseEvent)
{
    addChild(sp);
    stage.addEventListener(Event.ENTER_FRAME,Draw);
}
function Draw(evt:Event)
{
    sp.graphics.clear();
    sp.graphics.lineStyle(1,0x00AAEE);
    var x0:int=point1.x;
    var y0:int=point1.y;
    var x1:int=point2.x;
    var y1:int=point2.y;
    sp.graphics.moveTo(x0,y0);
    for (var i:int=2; i <= x1-x0; i=i + 2)
    {
        var rx = x0+i;
        var ry = y0+(y1-y0)/(x1-x0)*i;
        ry=ry + 20 * Math.random();
        sp.graphics.lineTo(rx,ry);
    }
}
```

**图 15-70　为【开始】按钮添加生成波形的代码**

代码说明如下。

- 行 1:定义一个空对象 sp,用于绘制舞台上不存在的波形。
- 行 2:为 startBtn 按钮创建一个侦听器,侦测鼠标在按钮上单击的事件。

- 行3：创建函数 init，响应按钮的单击事件。
- 行5：将对象 sp 加入舞台，使其能够显示出来。
- 行6：为当前舞台创建一个侦听器，在当前帧中反复调用函数 Draw。
- 行8：定义 Draw 函数，响应一般事件，这里就是指"进入当前帧"事件。
- 行10：每次绘制之前先清屏，将 sp 对象清除。
- 行11：设置下面要绘制的线条的颜色和样式。
- 行12~15：定义 4 个整型变量，分别记录两个探针的坐标值，也即其注册点的位置值。
- 行16：设置 sp 的绘制起始位置为探针 1 的注册点。
- 行17：使用 for 循环绘制多节点线段，循环步长为 2，线段长度为探针 1 到探针 2。
- 行19~20：根据前面分析的数学模型和公式计算每次循环得到的节点坐标。
- 行21：为节点产生一个 y 方向上的随机扰动。
- 行22：绘制连线到当前节点。

**STEP 9** 现在测试影片，我们已经能够利用【开始】按钮产生一个动态的电波图形了。下面我们再为【停止】按钮添加脚本，继续输入如图 15-71 所示的代码，用于停止电波图形。

```
21          ry=ry + 20 * Math.random();
22          sp.graphics.lineTo(rx,ry);
23      }
24  }
25  stopBtn.addEventListener(MouseEvent.CLICK,clearWave);
26  function clearWave(evt:Event)
27  {
28      sp.graphics.clear();
29      stage.removeEventListener(Event.ENTER_FRAME,Draw);
30  }
31
```

图 15-71 为【停止】按钮添加脚本

代码说明如下。

- 行25：为 stopBtn 按钮创建一个侦听器，侦测鼠标在按钮上单击的事件。
- 行26：创建函数 clearWave，响应按钮的单击事件。
- 行28：清除当前绘制的对象 sp。
- 行29：利用 removeEventListener 方法清除前面创建的 ENTER_FRAME 事件侦听器。

**STEP 10** 再次测试影片，单击【停止】按钮就能够让电波图形消失了。下面我们来继续添加脚本，控制左侧探针能够被拖动，其代码如图 15-72 所示。

图 15-72 控制左侧探针能够被拖动

代码说明如下。

- 行 32~35：为探针 point1 添加一个鼠标事件侦听器，检测若对其产生"鼠标经过"事件，则将鼠标光标样式设置为手型。
- 行 36~39：为探针添加一个鼠标事件侦听器，若发生"鼠标移除"事件，则将鼠标光标样式设置为自动，即正常的指针状。
- 行 41~44：为探针添加一个鼠标事件侦听器，若发生"鼠标按下"事件，则探针可以被移动。
- 行 36~39：为探针添加一个鼠标事件侦听器，若发生"鼠标松开"事件，则停止探针移动。

**STEP 11** 代码设计全部完成，保存作品。

**STEP 12** 现在测试影片，则完全能够实现案例要求的设计效果。

### 15.2.3　时钟

在网上经常可以遇到显示当前时间的钟表程序，使用 ActionScript 的 Date 类，我们可以方便地设计出自己的电子时钟。

【本例知识】

#### 1. Date 类

Date 类记录了系统的日期和时间信息。Date 类的实例表示一个特定时间点，可以查询或修改该时间点的属性（如月、日、小时和秒）。

（1）Date 类常用的公共属性

- date：Number，按照本地时间返回 Date 对象所指定的表示月中某天的值（1 ~ 31 的一个整数）。
- day：Number，只读属性，按照本地时间返回该 Date 所指定的星期值（0 代表星期日，1 代表星期一，依此类推）。
- fullYear：Number，按照本地时间返回 Date 对象中的完整年份值（一个 4 位数，例如 2000）。
- hours：Number，按照本地时间返回 Date 对象中一天的小时值（0 ~ 23 的一个整数）。
- milliseconds：Number，按照本地时间返回 Date 对象中的毫秒值（0 ~ 999 的一个整数）部分。
- minutes：Number，按照本地时间返回 Date 对象的分钟值（0 ~ 59 的一个整数）部分。
- month：Number，按照本地时间返回 Date 对象的月份值（0 代表一月，1 代表二月，依此类推）。
- seconds：Number，按照本地时间返回 Date 对象的秒值（0 ~ 59 的一个整数）。
- time：Number，Date 对象中自 1970 年 1 月 1 日午夜（通用时间）以来的毫秒数。

（2）Date 类常用的公共方法

- Date(yearOrTimevalue:Object, month:Number, date:Number = 1, hour:Number = 0, minute:Number = 0, second:Number = 0, millisecond:Number = 0)：Number，构造一个新的 Date 对象，该对象将保存指定的日期和时间。
- getDate()：Number，按照本地时间返回 Date 对象指定的月中某天的值（1 ~ 31 的一个整数）。
- getDay()：Number，按照本地时间返回该 Date 所指定的星期值（0 代表星期日，1 代表星期一，依此类推）。
- getFullYear()：Number，按照本地时间返回 Date 对象中的完整年份值（一个 4 位数，如 2000）。
- getHours()：Number，按照本地时间返回 Date 对象中一天的小时值（0 ~ 23 的一个整数）部分。
- getMilliseconds()：Number，按照本地时间返回 Date 对象中的毫秒值（0 ~ 999 的一个整数）部分。

- getMinutes()：Number，按照本地时间返回 Date 对象中的分钟值（0 ~ 59 的一个整数）部分。
- getMonth()：Number，按照本地时间返回该 Date 中的月份值（0 代表一月，1 代表二月，依此类推）部分。
- getSeconds()：Number，按照本地时间返回 Date 对象中的秒值（0 ~ 59 的一个整数）部分。
- getTime()：Number，按照通用时间返回 Date 对象中自 1970 年 1 月 1 日午夜以来的毫秒数。
- setDate(day:Number)：Number，按照本地时间设置月中的某天，并以毫秒为单位返回新时间。
- setFullYear(year:Number, month:Number, day:Number)：Number，按照本地时间设置年份值，并以毫秒为单位返回新时间。
- setHours(hour:Number, minute:Number, second:Number, millisecond:Number)：Number，按照本地时间设置小时值，并以毫秒为单位返回新时间。
- setMinutes(minute:Number, second:Number, millisecond:Number)：Number，按照本地时间设置分钟值，并以毫秒为单位返回新时间。
- setMonth(month:Number, day:Number)：Number，按照本地时间设置月份值以及（可选）日期值，并以毫秒为单位返回新时间。
- setSeconds(second:Number, millisecond:Number)：Number，按照本地时间设置秒值，并以毫秒为单位返回新时间。
- setTime(millisecond:Number)：Number，以毫秒为单位设置自 1970 年 1 月 1 日午夜以来的日期，并以毫秒为单位返回新时间。

### 2. 表盘特征分析

钟表的表盘样式是大家都很熟悉的，如图 15-73 所示，下面来简单分析一下。

图 15-73　表盘

（1）表盘的刻度

表盘的刻度，分成 2 种，一种是较短的刻度，每 6° 一格，我们先暂时称之为"分刻"；另一种是较长的刻度，每 30° 一格，这里称之为"时刻"。数字是与时刻对应的。

（2）指针的转动

对应于每一秒钟，秒针要转动一分刻小格，也就是 6°。因此，若当前系统秒钟数为 mySeconds，则秒针转动角度为：

　　　　秒针转动角度 = mySeconds * 6

对应于每一分钟，分针要转动一分刻小格，也就是 6°；同时，秒针每增加 10 秒钟，分针就应增加旋转 1°；这样，当秒针转 1 圈（60 秒）时，分针正好又转动了 6°，指向了下一刻度线。因此，若当前系统分钟数为 myMinutes，则分针的转动角度为：

　　　　分针的转动角度 = myMinutes * 6 + mySeconds / 10

对应于每一小时，时针要转动一个时刻大格，也就是 30°；同时，分针每增加 2 分钟，时针就应增加旋转 1°；这样，当分针转 1 圈（60 分）时，时针正好又转动了 30°，指向了下一刻度线。因此，若当前系统分钟数为 myHour，则时针的转动角度为：

　　　　时针的转动角度 = myHour * 30 + myMinutes / 2

由于时针一圈是 12 小时，若超过 12 小时，则小时数应减去 12，也即：

　　　　如果 myHour > 12 则 myHour = myHour – 12

## 【作品效果】

画面上有一个精美的时钟，包含完整的刻度，以及时针、分钟和秒针，能够准确显示出当前系统时间；同时，在下方还有一个动态的数字显示的日期和时间。作品效果如图 15-74 所示。

图 15-74 时钟

## 步骤提示

**STEP 01** 创建一个新的 Flash 文档。

**STEP 02** 创建一个图形类型的元件"圆环"，选择【工具】面板中的【椭圆】工具，设置笔触为"10"，然后在舞台上绘制一个大的圆环（按住 Ctrl 键可以绘制出圆形），再绘制一个黑色小圆点，然后使用【对齐】面板将它们与舞台中心对齐，如图 15-75 所示。

图 15-75 在舞台上绘制一个圆环

**STEP 03** 创建一个"影片剪辑"类型的元件"时针"，选择【工具】面板中的【线条】工具，设置笔触为"5"，然后在舞台上绘制一条直线（按住 Shift 键可以绘制出垂直线），然后使用【对齐】面板调整其下端与舞台中心对齐，如图 15-76 所示。

**STEP 04** 再创建一个"影片剪辑"类型的元件"分针"，选择【工具】面板中的【线条】工具，设置笔触为"3"，然后在舞台上绘制一条直线（按住 Shift 键可以绘制出垂直线），然后使用【对齐】面板调整其下端与舞台中心对齐，如图 15-77 所示。

图 15-76 创建时针元件

图 15-77 创建分针元件

**STEP 05** 再创建一个"影片剪辑"类型的元件"秒针"，使用【线条】工具，设置笔触为"2"，颜色为"红色"，然后在舞台上绘制一条直线和一个小圆环，然后使用【对齐】面板将圆环与舞台中心对齐，直线下端离开舞台中心约十分之一，如图 15-78 所示。

图 15-78 绘制秒针元件

**STEP 06** 回到"场景1"，在时间轴上，将图层1的名称修改为"表盘"；然后从【库】面板将元件"圆环"拖入舞台，然后使用【对齐】面板将其与舞台中心对齐。

**STEP 07** 在【时间】轴面板，将"表盘"层锁定；增加一个新图层，命名为"分刻"；使用【线条】工具在舞台上绘制一条直线（按住Shift键可以绘制出垂直线），使其与表盘圆环大小一致；然后使用【对齐】面板调整其与舞台中心对齐，如图 15-79 所示。

图 15-79　绘制一条直线

**STEP** **8** 选中该直线，然后在【变形】面板中，在【旋转】栏中输入 6，然后反复单击面板下部的【重制选区和变形】按钮，则能够生成一系列的间隔 6° 的直线，如图 15-80 所示。

图 15-80　生成一系列的间隔 6° 的直线

**STEP** **9** 再使用【椭圆】工具绘制一个圆形（按住 Ctrl 键可以绘制出圆形），使其大小略小于表盘圆环；使用【对齐】面板将其与舞台中心对齐。

**STEP** **10** 先取消对该圆形的选择，然后重新选择之，按下键盘的 Delete 键将其删除，则会留下完美的时间刻度线，如图 15-81 所示。

图 15-81　绘制分钟刻度线

**STEP** **11** 同理，再锁定图层"分刻"；增加一个新的图层，修改名称为"时刻"；绘制一条直线，使其与表盘圆环大小一致；选中直线，使用【变形】面板，在【旋转】栏中输入 30，然后反复单击面板下部的【重制选区和变形】按钮，则能够生成一系列的间隔 30° 的直线，如图 15-82 所示。

图 15-82　生成一系列的间隔 30° 的直线

**STEP 12** 再利用绘制和清除圆形的方法，将多余的线条清除，就能够得到时间刻度线，如图 15-83 所示。

图 15-83　得到时间刻度线

**STEP 13** 再锁定图层"时刻"；增加一个新的图层，修改名称为"数字"；使用【文本】工具在表盘上输入各个时刻数值，如图 15-84 所示。

图 15-84　在表盘上输入时刻数值

**STEP 14** 锁定图层"数字"，再增加一个新的图层，修改名称为"指针"；从【库】面板将"时针"元件拖入舞台，调整其注册点与表盘中心对齐，定义实例名称为"hPointer"，如图 15-85 所示。

图 15-85　添加时针

**STEP 15** 从【库】面板将"分针"元件拖入舞台，调整其注册点与表盘中心对齐，定义实例名称为"mPointer"。

**STEP 16** 再将"秒针"元件拖入舞台，调整其注册点与表盘中心对齐，定义实例名称为"sPointer"，如图 15-86 所示。

图 15-86 添加分针和秒针

**STEP 17** 取消对图层"表盘"的锁定，用【文本】工具在舞台下部绘制一个动态文本框，名义名称为"info"，适当定义字体大小、颜色，如图 15-87 所示。注意要选中【在文本周围显示边框】项。

图 15-87 添加一个动态文本框

**STEP 18** 表盘上的对象已经都创建完成了，下面需要来添加脚本了。增加一个新的图层，修改名称为"脚本"，打开动作面板，在其中输入如图 15-88 所示的代码。

```
var myTimer:Timer = new Timer(100);
myTimer.addEventListener(TimerEvent.TIMER,myClock);
myTimer.start();
function myClock(event:TimerEvent):void
{
    var myDate:Date = new Date();
    var myYear = myDate.fullYear;
    var myMonth = myDate.month + 1;
    var myDay = myDate.date;
    var myWeek = myDate.day;
    var myHour = myDate.hours;
    var myMinutes = myDate.minutes;
    var mySeconds = myDate.seconds;
    var weekArray:Array = new Array("星期日","星期一","星期二","星期三","星期四","星期五","星期六");
    info.text = myYear + "年" + myMonth + "月" + myDay + "日" + "，" + weekArray[myWeek] + "，" + myHour + ":" + myMinutes + ":" + mySeconds;

    if (myHour>12)
    {
        myHour = myHour - 12;
    }
    hPointer.rotation = myHour * 30 + myMinutes / 2;
    mPointer.rotation = myMinutes * 6 + mySeconds / 10;
    sPointer.rotation = mySeconds * 6;
}
```

图 15-88 输入时钟脚本

代码说明如下。

- 行1：定义一个定时器对象，其时间间隔为100毫秒，即0.1秒。
- 行2：为定时器添加侦听器，侦测"定时间隔到"事件。
- 行3：启动定时器。
- 行4：创建自定义函数，响应"定时间隔到"事件。
- 行6：定义一个日期对象myDate。
- 行7：定义一个变量，记录完整年份值。
- 行8~13：定义各个变量，分别记录当前月份、日期、星期、小时、分钟、秒钟。
- 行14：创建一个数组对象，其中数值为各星期名称。
- 行15：在动态文本中显示完整的年、月、日、星期几、时、分、秒。
- 行17~20：如果当前小时数大于12，则减去12，详细解释见前文。
- 行21~23：根据前文分析，计算时针、分针、秒针的旋转角度。

**STEP 19** 保存文档。

**STEP 20** 测试作品，可以看到，时钟能够准确显示当前时间，而且在动态变化着。

# 15.3 多媒体课件实例

Flash 动画的一个重要的应用领域就是多媒体教学。相对于其他多媒体制作软件，如 PowerPoint、Authorware、Director 等，Flash 更简单、灵活，画面效果更丰富。目前大部分的教学课件都是采用 Flash 来设计。这里我们就做几个简单的课件，效果如图 15-89 所示。

图 15-89　多媒体教学课件

## 15.3.1　小学加减法

家有小学生，天天练习加减法，要写好多练习题的。我们是否能够为孩子设计一个小动画，自动出题和检测答案呢？当然，这是很简单的。

### 【本例知识】

在 Flash 动画设计中，经常要用到随机数。在计算机中，无法产生数学意义上的绝对随机数或真随机数，只能通过模拟复杂运算产生类似随机数的伪随机数。在绝大多数情况下，这种伪随机数就能够体现随机数的性质，满足一般的应用需要。

方法：Math.random()

功能：获得一个介于 0~1 的数字，该数字具有 14 个小数位。

举例：若需要得到 10~20 的随机数，可以使用如下脚本代码。

```
int(Math.random()*(10+1))+10
```

说明：首先，利用 Math.random() 方法取得一个 0~1 的随机值；然后，乘以（10+1）得到 0~11 的随机值（有小数位）；第三，取整后，得到了 0~10 的随机整数（含 0 和 10）；最后，加上 10 得到 10~20 的随机整数。

## 【作品效果】

单击【出题】按钮随机产生加减法题目，输入答案后，单击【检查】按钮，自动检查答案是否正确，并根据正确与否播放不同的反馈声音。作品效果如图 15-90 所示。

图 15-90　小学加减法

## 步骤提示

**STEP 1** 创建一个新的 Flash 文档。

**STEP 2** 选择菜单命令【文件】/【导入】/【导入到舞台】，将素材文件"background.jpg"导入到作品中，直接呈现在舞台上。

**STEP 3** 单击舞台的空白界面，在其【属性】面板的【属性】项下，单击 按钮，打开【文档设置】对话框，在【匹配】中选择"内容"项，如图 15-91 所示。

图 15-91　调整舞台大小

**STEP 4** 单击 确定 按钮后，舞台自动缩小到与背景图片一样的大小。

**STEP 5** 在舞台上，使用【文本】工具绘制一个静态文本框，输入文字"小学生加减法测试"作为作品的标题，适当设置字体的样式。

**STEP 6** 再使用【文本】工具，绘制一个动态文本框，注意要选中"在文本周围显示边框"项；适当设置字体样式，最后定义其名称为"num1"，如图 15-92 所示。这个文本框用于显示运算式的第一个操作数。

图 15-92　绘制一个动态文本框

**STEP** 7 同理，再绘制 2 个动态文本框，分别定义名称为"num2"和"num3"，如图 15-93 所示。这 2 个文本框分别用于显示运算式的第 2 个操作数和用户输入的答案。

图 15-93　再绘制 2 个动态文本框

**STEP** 8 用【文本】工具绘制一个静态文本框，输入内容"="，用于显示等式的等于号。

**STEP** 9 再用【文本】工具绘制一个动态文本框，不需要选中"在文本周围显示边框"项；然后定义其名称为"operator"，如图 15-94 所示。这个文本框用于显示操作符。

图 15-94　再绘制一个动态文本框

**STEP** 10 选择【窗口】/【公用库】/【buttons】命令，打开【外部库】面板，选择【buttons rect flat】文件夹中的"rectangle flat blue"项，将其拖入舞台，如图 15-95 所示。

图 15-95　将一个按钮拖入舞台

**STEP 11** 同理，将 "rectangle flat orange" 项也拖入舞台。

**STEP 12** 修改第 1 个按钮的文字为 "出题"，名称为 "nextBtn"；修改第 2 个按钮的文字为 "检查"，名称为 "ohcokBtn"，如图 15-96 所示。

图 15-96　修改按钮文字

**STEP 13** 最后在舞台上绘制一个动态文本框，定义其名称为 "info"，如图 15-97 所示，用于显示答案是否正确的提示信息。

图 15-97　绘制一个动态文本框

**STEP 14** 在时间轴窗口，增加一个新层，选择其第 1 帧，打开【动作】面板。

**STEP 15** 首先针对【出题】按钮，添加一个侦听器，调用函数以便随机出题，如图 15-98 所示。

图 15-98　随机出题

代码说明如下。

- 行 1：为按钮增加侦听器，检测鼠标单击事件。
- 行 2：自定义函数，响应鼠标单击事件。
- 行 4：定义一个整型变量 temp，其值由函数 randomNum 确定一个 30~70 的随机值。
- 行 5：用文本框 num1 显示变量 temp 的值。
- 行 6：文本框 num2 显示一个 0~temp 的随机值。
- 行 7：操作符框的内容由函数 randomOperator 来确定。
- 行 8/9：将文本框 num3 和 info 的内容清空。

**STEP 16** 下面再添加两个函数的脚本，输入如图 15-99 所示的代码。

图 15-99　创建两个函数

代码说明如下。

- 行 11：定义 randoNum 函数，有两个整数类型的参数 min 和 max，返回值为整型值。
- 行 13：取得 min ~ max 的随机整数值。
- 行 14：返回取得的随机值。
- 行 16：定义 randomOperator 函数，其返回值为一个字符串。
- 行 18：定义一个字符串类型的变量 randomOperator。
- 行 19：定义一个数值类型的变量 $i$，其值为 0~1 的随机值。
- 行 20：判断如果 $i<0.5$，则变量 randomOperator 的值为 "+"，否则为 "-"。
- 行 28：返回取得的运算符。

**STEP 17** 现在测试作品，可以看到我们已经能够用【出题】按钮创建题目了。

**STEP 18** 继续创建【检查】按钮的脚本，输入如图 15-100 所示的代码，开始检查答案是否正确。

```
28          return randomOperator;
29  }
30  checkBtn. addEventListener(MouseEvent.CLICK, checkAnswer);
31  function checkAnswer(event:MouseEvent)
32  {
33      var Aresult:int = 0;
34      var n1:int = int(num1.text);
35      var n2:int = int(num2.text);
36      if (operator.text == "+")
37      {
38          Aresult = n1 + n2;
39      }
40      else
41      {
42          Aresult = n1 - n2;
43      }
44      if (Aresult == int(num3.text))
45      {
46          info.text = "回答正确";
47      }
48      else
49      {
50          info.text = "回答错误";
51      }
52  }
```

图 15-100　创建【检查】按钮的脚本

代码说明如下。

- 行 30：为【检查】按钮增加侦听器，检测鼠标单击事件。
- 行 31：自定义函数 checkAnswer，响应鼠标单击事件。
- 行 34、35：用 n1 和 n2 记录两个文本框中的数值，注意要利用函数 int 将文本框内容转换为整型。
- 行 36：判断如果操作数文本框中的内容是"+"，就执行加法；否则执行减法。
- 行 44：判断计算结果与答案文本框中的内容是否一致，是就在 info 文本框中显示回答正确的提示，否则显示回答错误。

**STEP 19** 现在测试作品，我们已经可以自动判断答案是否正确了。

**STEP 20** 下面来为作品添加声音。选择【文件】/【导入】/【导入到库】命令，将两个声音文件"right.wav"和"wrong.wav"导入库中。

**STEP 21** 在【库】面板中，选择"right.wav"文件，双击，打开其【声音属性】面板；选择【ActionScript】选项卡，勾选【为 ActionScript 导出】，然后在【类】文本框中输入"right"，如图 15-101 所示。

图 15-101　设置声音对象的类名称

**STEP 22** 单击 确定 按钮，则系统出现一个对话框，如图 15-102 所示，说明系统将自动创建一个类定义。

图 15-102　系统将自动创建一个类定义

**STEP 23** 单击 确定 按钮，则该声音类 right 被自动创建。

**STEP 24** 同理，为"wrong.wav"文件创建声音类 wrong。

**STEP 25** 现在就可以在脚本中调用这两个声音类了。继续添加脚本代码，如图 15-103 所示，根据检查结果来决定播放哪个声音对象。注意这里要首先在第 47 行、51 行添加两句代码，然后在后面添加函数。

```
44      if (Aresult == int(num3.text))
45      {
46          info.text = "回答正确";
47          playMusic(1);
48      }
49      else
50      {
51          info.text = "回答错误";
52          playMusic(0);
53      }
54  }
55  function playMusic(k:int)
56  {
57      var snd:Sound;
58      if (k == 1)
59      {
60          snd = new right();
61      }
62      else
63      {
64          snd = new wrong();
65      }
66      snd.play();
67  }
```

图 15-103　调用并播放声音对象

代码说明如下。

- 行 47：如果回答正确，就调用函数 playMusic，传递参数值 1；否则（第 52 行），传递参数值 0。
- 行 55：创建函数，带有 1 个整数类型的参数。
- 行 57：定义一个声音类型的变量 snd。
- 行 58：如果参数值为 1，则实例化 snd 为 right 类，也就是调用 right.wav 声音文件。
- 行 64：如果参数为 0，则实例化 snd 为 wrong 类。
- 行 66：使声音对象开始播放。

**STEP 26** 脚本设计完毕，保存作品。

**STEP 27** 测试作品，可以单击【出题】按钮随机产生加减法题目，输入答案后，单击【检查】按钮，自动检查答案是否正确，并根据正确与否播放不同的反馈声音。

### 15.3.2　曲柄滑块机构

曲柄滑块机构在实际生活中是被广泛应用的，例如发动机的主要工作原理就是利用活塞在汽缸中的运动，通过连杆带动曲柄的转动来实现运动的输出。为了通过动画来精确地模拟这个过程，首先要分析其数学模型。

【数学分析】

为了便于分析，可以将曲柄滑块机构的运动简化为直线运动与圆周运动的合成，如图 15-104 所示。

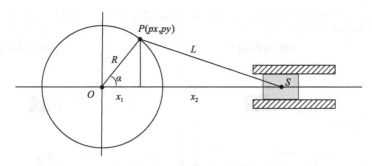

图 15-104　曲柄滑块机构的运动简化模型

　　曲柄 *OP* 围绕圆心做圆周运动，通过连杆 *PS* 拉动活塞沿轴线做直线运动。圆周中心点为 *O*，曲柄和连杆连接处为关节点 *P*，坐标为（*px,py*），活塞中心点为 *S*。

　　根据曲柄滑块机构运动特点，可以知道，曲柄长度为 *R* 不变，连杆长度为 *L* 不变。现在要考虑当曲柄转动时，*S* 点的位置值，即已知，求 $S(sx, sy)$。由于 *S* 点的 *y* 坐标是不会变化的，所有只需要计算 *S* 点的 *x* 坐标即可。

　　曲柄转动，就是角度值 $\alpha$ 在变化，可以求得 *P* 点的坐标（*px,py*）为：

$px = R \times \cos(\alpha)$

$py = R \times \sin(\alpha)$

　　根据上图分析可知，*S* 点的 *x* 坐标 *sx* 值被 *P* 点在 *x* 轴的投影分成两部分 $x_1$ 和 $x_2$，则：

$sx = x_1 + x_2$

　　其中

$x_1 = px$

$x_2 = \sqrt{L^2 - py^2}$

　　若 *O* 点不在坐标系原点，则 *P*、*S* 的坐标值均须加上 *O* 点的坐标偏移 (*ox,oy*)。

　　在初始位置时，$\alpha = 0$，此时可以计算得到曲柄长度和连杆长度，如图 15-105 所示。

$R = px - ox$

$L = sx - px$

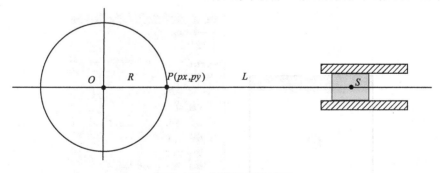

图 15-105　曲柄滑块的初始位置

## 【作品效果】

　　曲柄围绕轴心转动，通过长度固定的连杆带动活塞运动，【开始】和【停止】按钮能够控制机构的运动，效果如图 15-106 所示。

图 15-106　曲柄滑块机构

## 步骤提示

**STEP 1** 创建一个新的 Flash 文档。

**STEP 2** 创建一个"影片剪辑"类型的元件"圆形"，使用【直线】工具和【椭圆】工具，绘制一个圆、一个中心点和两条直线，并将它们与舞台中心对齐，如图 15-107 所示，其中，圆要使用虚线，作为关节点的运动轨迹。

图 15-107　创建元件"圆形"

**STEP 3** 再创建一个"影片剪辑"类型的元件"关节"，在其中绘制一个小圆，设置笔触大小为 2，如图 15-108 所示。注意要将其与舞台中心对齐。

图 15-108　创建元件"关节"

**STEP 4** 再创建一个"影片剪辑"类型的元件"滑块"，使用矩形工具在其中绘制一个黑白渐变色的矩形，再用【椭圆】工具绘制一个小圆形用于标识出滑块的中心，如图 15-109 所示。注意要将它们与舞台中心对齐。

图 15-109 创建元件"滑块"

**STEP 5** 返回"场景 1",从【库】面板中将元件"圆形"拖入舞台,定义其名称为"base",如图 15-110 所示。

图 15-110 将元件"圆形"拖入舞台并定义名称

**STEP 6** 然后绘制一条水平直线,使其与"圆形"实例的水平线齐平。使用【对齐】面板将二者与舞台中心垂直中齐,如图 15-111 所示。

图 15-111 将二者与舞台中心垂直中齐

**STEP 7** 再将元件"关节"拖入舞台,定义名称为"links",将其准确对齐在圆形轨迹的水平 0° 位置,如图 15-112 所示。

图 15-112 将元件"关节"拖入舞台并与圆形轨迹对齐

**STEP 08** 将元件"滑块"拖入舞台，定义名称为"slider"，如图15-113所示。

图 15-113　将元件"滑块"拖入舞台并定义名称

**STEP 09** 选择全部舞台对象，使用【对齐】面板将它们与舞台中心垂直中齐，如图15-114所示。

图 15-114　将全部对象与舞台中心垂直中齐

 要点提示

之所以这里要强调对象与舞台中心垂直中齐，是因为后面的计算中要使用对象的垂直位置关系。当然，我们也可以在代码中利用舞台大小来定义各个对象的位置。

**STEP 10** 使用文本工具在舞台上添加一个静态文本框，输入内容"曲柄滑块机构"。

**STEP 11** 使用【窗口】/【公用库】/【buttons】命令，打开【外部库】，从中"buttons bar"文件夹下，选择"bar blue"和"bar green"，将它们拖入舞台，如图15-115所示。

图 15-115　在舞台上添加按钮

**STEP 12** 修改按钮的显示文字，并分别定义实例名称为"startBtn"和"stopBtn"，如图 15-116 所示。

**图 15-116 修改按钮的显示文字并定义实例名称**

**STEP 13** 在时间轴上，增加一个新层，选择其第 1 帧，打开动作面板。在其中输入如图 15-117 所示脚本代码，定义几个全局变量。

**图 15-117 定义全局变量**

代码说明如下。

- 行 1~3：注释语句，说明可以根据需要导入事件类和定时器类，在某些情况下这是有必要的。
- 行 6：定义一个 Shape 类型的空对象，用于绘制舞台上不存在的曲柄和连杆。
- 行 7：定义一个整型变量，用于记录曲柄旋转的角度。
- 行 8：定义一个整型变量，记录曲柄的长度。在初始位置时，曲柄长度等于关节点与圆形中心 x 坐标差。
- 行 9：定义一个整型变量，记录连杆的长度。在初始位置时，连杆长度等于滑块与关节点的 x 坐标差。
- 行 10：创建一个定时器对象，设置定时间隔为 5 毫秒。

**STEP 14** 下面继续添加代码，如图 15-118 所示，为【开始】按钮添加侦听器，以便启动定时器。

```
7    var i:int = 0;//旋转角度的增加步长
8    var radius:int = links.x - base.x;//曲柄的长度
9    var crank:int = slider.x - links.x;//连杆的长度
10   var timer = new Timer(5);//创建一个定时器对象，定时间隔为5毫秒
11
12   //注册鼠标在开始按钮上单击事件的侦听
13   startBtn.addEventListener(MouseEvent.CLICK,init);
14   //创建事件侦听函数init，响应按钮事件
15   function init(evt:MouseEvent)
16   {
17       //将空对象加入舞台
18       addChild(aLine);
19       //再创建一个侦听器，在侦听定时器对象"间隔时间到"事件
20       timer.addEventListener(TimerEvent.TIMER,onTimer);
21       //启动定时器
22       timer.start();
23   }
24
```

**图 15-118 为【开始】按钮添加侦听器**

代码说明如下。

- 行 13：为按钮添加一个侦听器，侦测鼠标在其上点击的事件；若事件发生，则调用函数 init。
- 行 15：自定义函数 init，用于响应上述事件。
- 行 18：将前面创建的空对象 aLine 加入舞台，使其能够显示出来。
- 行 20：为前面创建的定时器对象添加一个侦听器，侦测定时器对象"间隔时间到"事件。
- 行 22：启动定时器。

**STEP 15** 下面我们来定义函数 onTimer，如图 15-119 所示，准备绘制曲柄和连杆。

图 15-119 自定义函数 onTimer

代码说明如下。

- 行 25：自定义函数 onTimer，用于响应定时器事件。
- 行 28：调用图形对象的 clear() 方法，在每次绘制新的线条（曲柄和连杆）之前清除旧的线条。
- 行 30：设置线条的颜色和样式，宽度为 2，颜色为蓝色。
- 行 32：调用函数 Draw 绘制线条，传递角度变量 $i$，以便在该角度绘制线条。
- 行 34：设置角度每次增量为 2。

**STEP 16** 继续添加代码，创建自定义函数 Draw，如图 15-120 所示。

图 15-120 创建自定义函数 Draw

代码说明如下。

- 行 37：创建自定义函数 Draw，注意其带有一个整型的形式参数，用于接收传递过来的角度值。
- 行 39：定义一个数值型变量，用于将传递过来的角度值转换为弧度。
- 行 40~41：记录圆心的位置。
- 行 42~43：依据前文分析得到的公式，计算关节点的位置。

- 行 45~46：依据前文分析得到的公式，计算滑块的 $x$ 坐标位置。Math.pow($x,n$) 用于计算参数 $x$ 的 $n$ 次方。
- 行 48：将绘图起点移动到圆心位置。
- 行 50：从当前位置（圆心）绘制一条线到关节点，其坐标为 ($rx,ry$)，这就是曲柄了。
- 行 52：从当前位置（关节点）绘制一条线到滑块，这就是连杆了。
- 行 54~55：将关节点移动到 ($rx,ry$)。

**STEP 17** 现在测试动画，已经可以利用【开始】按钮实现曲柄滑块机构的运动了。

**STEP 18** 现在我们继续添加脚本，以实现利用【停止】按钮可以停止曲柄滑块机构的运动，代码如图 15-121 所示。

图 15-121 利用【停止】按钮可以停止曲柄滑块机构的运动

代码说明如下。

- 行 58：为按钮添加侦听器，侦测鼠标单击事件。
- 行 60：自定义函数，响应上述事件。
- 行 63：停止定时器。

**STEP 19** 脚本设计完毕，保存作品。

**STEP 20** 测试作品，单击【开始】按钮可以启动曲柄滑块机构的运动，单击【停止】按钮则运动停止。

### 15.3.3 组装实验仪器

【作品效果】

按照中学化学教学中"实验室制乙烯"的仪器要求，将各个实验仪器组装成完整的实验装置。若仪器放置位置基本正确，就被锁定到正确试验位置；若位置不对，就自动返回原位置。作品效果如图 15-122 所示。

图 15-122 组装实验仪器

## 【制作实验仪器按钮】

为了使仪器在被选择和拖动时，能够发生明显的变化，需要将仪器制作成按钮。为了使仪器能够被拖动，需要将仪器按钮再引入到影片剪辑中。这样【影片剪辑】元件就具有了按钮的效果。

**STEP 1** 创建一个新的 Flash 文档。

**STEP 2** 将 6 个实验仪器图片（铁架台、烧瓶、酒精灯、水槽、导管和集气瓶）导入到库中。

**STEP 3** 创建一个【图形】类型的元件"集气瓶"，从库中将图片"集气瓶.png"拖入舞台，并与舞台中心对齐，如图 15-123 所示。

图 15-123  创建图形类型的元件"集气瓶"

**STEP 4** 创建一个【按钮】类型的元件"酒精灯按钮"；在【弹起】帧下，将库面板中的"酒精灯"图形元件拖入舞台，与舞台中心对齐。

**STEP 5** 选择【指针经过】帧，利用F6键插入一个关键帧，这时，它会自动继承【弹起】帧中的酒精灯图形。

**STEP 6** 选择酒精灯对象，在属性面板中设置【样式】为"色调"，然后选择一种颜色，如青色，则酒精灯的色彩改变为相应的青色，如图 15-124 所示。这样，就能够使鼠标指针经过时，图形在色彩上有一个明显的变化。

图 15-124  改变【指针经过】帧对象的色调

**STEP 7** 再在【按下】帧插入一个关键帧，将酒精灯的色调修改为黄色，如图 15-125 所示。这样，酒精灯按钮就会在弹起、指针经过及按下情况下表现出 3 种不同的色彩。

**STEP 8** 同理，重复步骤 3 ~ 7，为其他仪器建立按钮，分别命名为"烧瓶按钮"、"导管按钮"、"水槽按钮"和"集气瓶按钮"，如图 15-126 所示。

图 15-125　修改【按下】帧中对象的色调

图 15-126　创建其他仪器按钮

**要点提示**

铁架台不需要制作为按钮，因为仪器的组装要以铁架台为基准进行，铁架台不可移动。

**STEP 9** 创建一个【影片剪辑】类型的元件"酒精灯影片"，从库面板中拖动"酒精灯按钮"元件到舞台上。这样，就建立了一个具有按钮特性的【影片剪辑】类型的元件。

**STEP 10** 同理，将其他仪器也都制作成这种能够表现出按钮特性的【影片剪辑】类型的元件，如图 15-127 所示。

图 15-127　具有按钮特性的【影片剪辑】类型的元件

## 【定义仪器目标位置】

**STEP 1** 选择【插入】/【新建元件】命令，建立一个【影片剪辑】类型的元件"区域"，绘制一个没有填充色的矩形框；设置边框线颜色为草绿、样式为虚线，如图 15-128 所示。

图 15-128　绘制矩形框

**STEP 2** 在【时间轴】上添加一些关键帧，创建虚线框闪烁的动画效果，如图 15-129 所示。

图 15-129　创建虚线框闪烁的效果

**STEP 3** 返回"场景 1"，修改"图层 1"的名称为"仪器"。

**STEP 4** 选择第 1 帧，利用文本工具，在舞台上创建内容为"组装实验仪器"的静态文本框，说明动画的题目。

**STEP 5** 为了对后面的拖放操作有一个提示，再创建一个动态文本框，在【属性】面板中设置实例名称为"info"，如图 15-130 所示。

图 15-130　创建一个动态文本框

**STEP 6** 将"铁架台"图形元件拖动到舞台上,并在铁架台下方绘制一条直线,代表桌面,如图 15-131 所示。

图 15-131 引入蜡烛烛台图片

**STEP 7** 从库面板中拖动"酒精灯影片"、"烧瓶影片"、"导管影片"、"水槽影片"和"集气瓶影片"元件到舞台上,并按照仪器正确的位置摆放好。

**STEP 8** 在【属性】面板中,分别定义各元件实例名称为"p1"、"p2"、"p3"、"p4"和"p5",如图 15-132 所示。

图 15-132 将元件拖入舞台并定义实例名称

**STEP 9** 在【时间轴】窗口添加一个新层"图层 2",修改图层名称为"位置"。

**STEP 10** 选择其第 1 帧,从库面板中拖动元件"区域"到舞台上,调整虚线框的位置,使其中心与酒精灯中心基本对齐。

**STEP 11** 定义"区域"元件的这个实例名称为"A1",如图 15-133 所示。

图 15-133 建立元件"区域"的实例

**STEP 12** 同理，再建立"区域"元件的另外 4 个实例，分别对应其他仪器的目标位置，使它们中心与各自对应的仪器中心（形心）基本重叠，如图 15-134 所示；然后分别定义各实例名称为"A2"、"A3"、"A4"和"A5"。

实例名称：A3

实例名称：A2

实例名称：A5

实例名称：A1

实例名称：A4

图 15-134 创建并调整各仪器的目标位置

**STEP 13** 将"仪器"层中的仪器位置打乱，如图 15-135 所示。

组装实验仪器

图 15-135 打乱仪器位置

舞台元素基本制作完成，下面就需要判断仪器的位置是否正确。这种判断主要是利用影片剪辑类型对象所具有的 startDrag（开始被拖动）和 hitTestPoint（检测是否碰撞）方法来实现的。

设置各目标区域在动画开始时不可见，拖动各实验仪器到目标位置，当仪器被放下时，判断其与自己的目标位置是否重叠（碰撞），就是将仪器锁定到目标区域中心，否则仪器回到原始位置。利用动态文本框显示信息。

## 【判断仪器位置是否正确】

**STEP 1** 在"场景 1"】时间轴上，添加一个新层，命名为"代码"。

**STEP 2** 打开【动作】面板，输入如图 15-136 所示代码，用数组记录实验仪器的名称和位置，定义目标区域不可见。这样，在动画开始播放时，不会显示仪器的目标区域。

图 15-136　添加初始代码

代码说明如下。

- 行 2：定义一个数组类型的变量 pArray，用于记录各实验仪器的名称。
- 行 4：定义一个数组类型的变量 aArray，用于记录各目标位置的名称。
- 行 6~11：定义一个二维数组，记录各试验仪器的初始位置。
- 行 13：设置所有的目标区域都不可见。

**STEP 3** 为每个仪器对象添加两个侦听器，分别侦测"鼠标按下"和"鼠标松开"两种事件，并利用函数嵌套的办法传递一个序号参数，如图 15-137 所示。

图 15-137　为每个仪器对象添加两个侦听器

代码说明如下。

- 行 15：为仪器 p1（酒精灯）添加一个侦听器，侦测"按钮按下"事件，并利用函数嵌套的办法传递一个序号参数 1 给自定义函数 dragP。
- 行 16：为仪器 p1（酒精灯）添加一个侦听器，侦测"按钮松开"事件，并利用函数嵌套的办法传递一个序号参数 1 给自定义函数 hitP。

**STEP 4** 编写自定义函数 dragP，用于响应"鼠标按下"事件，如图 15-138 所示。

图 15-138　响应"鼠标按下"事件

代码说明如下。

- 行 27：自定义函数名称，注意其带有一个整型的形式参数 k，用于判断是哪个对象的调用。
- 行 30：将传递过来的序号减 1，因为下面要从数组中取值，而数组元素的序号是从 0 开始的。
- 行 32：从数组 pArray 中读出元素值，就知道是哪个对象了，然后使其开始被拖动。
- 行 34：从数组 aArray 中读出元素值，就知道是哪一个位置图像了，然后将其显示出来。

**STEP 5** 继续添加如图 15-139 所示代码，创建自定义函数 hitP，判断当鼠标放开时仪器对象是否被放置到正确的位置。

代码说明如下。

- 行 37：自定义函数名称，注意其带有一个整型的形式参数 k，用于判断是哪个对象的调用。
- 行 42：停止对仪器的拖动。
- 行 44：使目标位置的图像不可见。
- 行 46：利用 hitTestPoint 方法检测仪器对象与目标区域的中心位置点是否重叠。

图 15-139　判断当鼠标放开时仪器对象是否被放置到正确的位置

- 行 48~50：若重叠，则将仪器放置在目标位置（仪器对象的坐标等于目标位置的坐标），然后在动态文本框中显示提示信息。
- 行 54~56：若不重叠，就将仪器对象放回其初始位置（这个初始位置信息记录在二维数组 oArray 中），然后给出提示信息。
- 行 57：利用跟踪语句显示对象的初始位置。trace 语句一般用于代码调试，对最终的作品没有影响，被忽略。

**STEP 6** 脚本设计完毕，保存作品。

**STEP 7** 测试作品，每个仪器在鼠标指针经过和拖动时都有明显的色彩变化。仪器被拖动到基本合适的位置松开后，就会被锁定到完全正确的位置，否则返回原位置。同时，对于每次操作正确与否都给出了提示。

# 15.4 小结

本章的主要目的是使读者进一步理解 Flash 动画作品的设计思路。实例虽然都不算复杂，但是都包含了一些设计的技巧。例如"组装实验仪器"这个作品，要拖放一个对象，就要使对象能够响应鼠标按下和鼠标放开事件，影片剪辑和按钮元件的实例都能够接受这些事件。但是，一方面，只有按钮元件能够在光标经过和按下时表现出与弹起时不同的外观。另一方面，要对对象进行拖放控制和位置检测等，该对象就必须是影片剪辑。所以要实现本范例动画的效果要求，被拖动的对象必须既是按钮的实例，又是动画的实例，是二者的结合。

在实际动画设计过程中，特别是在模拟一些现实对象时，对象的运动分析是非常有必要的。只有正确理解运动的过程，合理使用数学工具，总结出对象的运动规律和公式，才能够设计出逼真的动画作品。